“十三五”国家重点出版物出版规划项目
海洋生态科学与资源管理译丛

喘息——氧气、温度与鳃呼吸动物的生长

Gasping Fish and Panting Squids：Oxygen，Temperature and the Growth of Water-Breathing Animals

［加］丹尼尔·保利（Daniel Pauly） 著
杜建国 陈明茹 王 枫 叶观琼 译
周秋麟 杨圣云 校

海洋出版社
2022年·北京

图书在版编目（CIP）数据

喘息：氧气、温度与鳃呼吸动物的生长/（加）丹尼尔·保利（Daniel Pauly）著；杜建国等译. —北京：海洋出版社，2021.12

书名原文：Gasping Fish and Panting Squids：Oxygen，Temperature and the Growth of Water-Breathing Animals

ISBN 978-7-5210-0883-8

Ⅰ.①喘… Ⅱ.①丹… ②杜… Ⅲ.①鳃-呼吸-研究 Ⅳ.①Q476

中国版本图书馆 CIP 数据核字（2021）第 276785 号

图字：01-2022-1105 号

CHUANXI——YANGQI WENDU YU SAI HUXI DONGWU DE SHENGZHANG

译丛策划：王　溪
责任编辑：屠　强　王　溪
责任印制：安　淼

海洋出版社　出版发行

http://www.oceanpress.com.cn
北京市海淀区大慧寺路 8 号　邮编：100081
北京顶佳世纪印刷有限公司印刷　新华书店北京发行所经销
2021 年 12 月第 1 版　2022 年 2 月第 1 次印刷
开本：787mm×1092mm　1/16　印张：13.25
字数：280 千字　定价：120.00 元
发行部：010-62100090　邮购部：010-62100072　总编室：010-62100034

上苍不会让树长到天上去（凡事都有个自然的界限）。

——歌德《诗与真》，1811[1]

译者序

上小学时，我喜欢用广口玻璃罐头瓶饲养池塘捞来的小鱼，每个瓶子最多只能养两条，多了不行；读研究生时，改用比罐头瓶稍大的鱼缸养观赏鱼，发现加用充气泵的鱼缸中的鱼生长得较好；后来，由于工作需要偶尔去养殖场调研，对养殖池塘中成排的增氧机印象非常深刻；甚至，厦门南普陀寺的放生池，由于放生的鱼太多，这几年也安装了 5 台增氧机；近年，同事研究发现，台湾海峡出现了 13 种暖水性鱼类新记录种。这些生活或工作的经验，使我隐隐地感觉到鱼类的生长与温度和水体溶解氧含量存在一定的关系。但遗憾的是，对这个问题并没有深入思考。

2015 年初，我到加拿大不列颠哥伦比亚大学做访问学者，遇到世界渔业生态学大师 Daniel Pauly 教授，有幸读到他获得国际生态学会杰出生态学奖后为《杰出生态学丛书》撰写的《喘息——氧气、温度与鳃呼吸动物的生长》，为书中提出的鳃-氧限制理论（Gill-Oxygen Limitation Theory，GOLT）所折服。这本书从鱼类和无脊椎动物的生长基础、鳃面积限制效应的证据、季节性生长波动、生长与繁殖的关系、鱼类体内 pH 的动态变化及其与生长的关系、全球变暖背景下的鱼类分布和生产力等多个方面，系统阐述了鳃-氧限制理论。这一理论科学地解释了我从少年起见到的种种现象。在我国，庞大的水产养殖业必须注意鱼类和无脊椎动物氧气的供应问题，而捕捞业也日益受到全球变暖的影响。于是，与Pauly教授讨论后，就有了将该书翻译成中文的想法，把其中所包含的思想传递给广大的中文读者，为我国渔业的可持续发展提供可借鉴的思路和信息。

本书由杜建国、陈明茹、王枫、叶观琼翻译，周秋麟和杨圣云审校并润色了初稿。需要说明的是，本书并不仅仅是对原著照本宣科的翻译；为了中文版的出版，作者重新修订了文本和图表，并补充了最新文献。加拿大多伦多的科学插图画家 Evelyn Liu 女士，密切配合作者和译者，重新绘制了所有的图表并翻译了图中的文字。译者也在正文和参考文献中增加了部分中国在这一领域的研究内容。感谢自然资源部第三海洋研究所朱晓芬和阙璐梅同学在文字编辑和排版时的协助，感谢加拿大不列颠哥伦比亚大学的 William W. L. Cheung 博士和中国科学院海洋研究所的梁翠博士审读初稿全文。最后，感谢 Daniel Pauly 教授，他将自己认为最重要的作品托付给我们，我们既感到荣幸，又感到压力巨大，因为翻译一位学术大师的著作是一项重任，堪比受托照顾他们的孩子。所幸的是，在此过程中，我们成了朋友。本书的出版得到了国家自然科学基金（42176153、41676096）、双多边国际合作项目（HC01-190702）、留学人员科技活动项目（2016176）和中东盟海上合作基金的资助，并被列入“十三五”国家重点出版物出版规划项目。

本书涉及的内容非常广泛，多种学科相互交叉，译者水平有限，疏漏和不足之处在所难免，敬请广大专家、学者及读者批评指正。

译　者

2021年秋于厦门

原著序

本书希望提出一个适用于鱼类和水生无脊椎动物生长及相关生理现象的统一理论[2]，其中，理论定义为一套支持性强、证据充分的假说，可以解释一系列不同的现象，并做出可检验的预测。然而，我面临的问题是，人们会普遍认为，我要解释的现象基本上不需要加以解释，更不用说一个明确的理论的一部分了。而且，人们也会普遍认为，这些现象本身就是如此，或者要用特定假说加以解释，可是如果意识不到这些假说要解释的现象本身具有相关性，则难以理解这些假说之间是互不相容的。

本书要解释的现象包括：

- 为什么鱼类和水生无脊椎动物是这样生长的（渐近生长，可预测生长；生长与温度的相关性等）？
- 为什么达到性成熟时，鱼类个体大小与其最大个体的比值是可预测的，即使最大个体会因环境压力而变化，但性成熟的个体有时却“跨越（回避）”产卵阶段？
- 为什么鱼类和水生无脊椎动物的食物转换效率随个体大小、温度和溶解氧含量的变化而变化？
- 为什么仔鱼的耳石（和鱿鱼幼体的平衡石）有非常明显的日轮，而到了成体却不那么明显？
- 为什么季节生长波动强烈的冷温带鱼类内脏脂肪含量高，而分布在水温变化范围窄的热带和极地鱼类却不这样？
- 为什么鱼类和水生无脊椎动物的空间分布是这样的，它们为什么要洄游？

在本书中，我提出了一个鳃-氧限制理论（以下简称“GOLT”理论），以简约地解释上述现象。所谓“简约”，即尽量不做特定假设（事实上也没有），而是根据在几何学、化学、生理学等学科中已完善建立的原理加以解释。此外，这个解释并不在于论证水下呼吸生物与其他动物具有本质的差异，而是认为它们与呼吸空气的生物之间的差异只是更为宏大的主题，即进化过程的变异，这将在第九章讨论。

不过，在一头扎进解释之前，必须简要地探讨一下科学“解释”的定义。这么做，绝非墨守成规、咬文嚼字，定义过程可以明确读者与作者之间的交流规则。

可靠的科学解释必须满足既有区别又有关联的 3 个条件：

（1）与基础学科一致；

（2）符合简约法则（“如无必要，勿增实体”）①；

（3）独立于观察者和/或立场。

第一个条件源于 Wilson（1998）：不同的学科虽然独立自主地研究关注的现象，但其中的解释，如果违反其他学科（或由逻辑学和数学）建立的约束条件，也是不可接受的。因此，生物有机体必须符合物理定律，生物有机体的组成分子必须符合化学研究建立的约束条件[3]。

因此，各种现象的解释都“映射”出相关基础学科学者遵守的约束条件、法则或“定律”。例子之一就是根据生物学观测建立的“伯格曼法则”（Bergmann，1847），该法则解释了为什么高纬度的哺乳动物和鸟类普遍比生活在气温较高的气候带的同类拥有更大的个头和更短的附肢（耳、肢、尾等）。这可以用一个事实来解释：哺乳动物和鸟类的身体（体积的增长往往与长度的立方成比例）产生的热量，要通过体表（与长度的平方成比例）散热（辐射出热量）。因此，在进化过程中增加体质量、缩小附肢，可以缩小单位体积的体表面积，从而降低热量散失[4]。显然，伯格曼法则按照一致性原则，特别是和几何学和物理学的既定法则的一致性，解释了一种生物学现象。

这种“解释”的关键特征是避免了无限回溯求证（infinite regres）：观测一旦映射到更基础的框架中，就已经得到解释，也就没有必要将这个基础的框架再映射到更基础的框架中去。因此，在上面的例子中，生物学家没有必要去解释为什么热量散失与表面积成比例——虽然至少在一段时间内，这曾经是物理学家研究的有趣问题（Boltzmann，1884）。

在科学领域，简约要求一个解释应该比需要解释的对象“小”。例如，达尔文对生命的多样性做过一个“简短”的解释（Darwin，1859），Casti（1989，148 页）将其改写后称为“达尔文公式”，或者“变异+遗传+自然选择=适应”。简短且优雅的解释的终极例子可能是 $E=m \cdot c^2$，即能量等于质量乘以光速的平方（Einstein，1905；Galison，2002）[5]。简约法则显然是“奥卡姆剃刀”的另一种表达，这一科学的法则认为，在相互竞争的假设中，应选择其中最简洁的假设，“不必要的概念或实体”应该舍弃[6]。

第三，对科学的解释最微妙的要求是其必须是非局限的，即它不能偏向一个有特殊利益的观察者或者立场。Stenger（2007）完美地解释了这条科学解释的条件：“为了保证我们写下的任何自然法则都是客观的和普遍适用的，它必须以这样的方式来制定，即不取决于任何特定观察者的角度。这个原则必须适用于所有‘参照系’的任何观察点。”因此，例如，任何一个客观规律都不可以取决于某些特定观察者遴选的特定时间或特定空间。

这与生物学有何相关？但我们研究的生物学恰巧就是这么一门学科，它的从业人员

---

① 也称为奥卡姆剃刀定律（Occam's Razor），即由 14 世纪英格兰的逻辑学家、圣方济各会修士奥卡姆的威廉（William of Occam，约 1285 年至 1349 年）提出的“如无必要，勿增实体”，即“简单有效原理”。正如他在《箴言书注》2 卷 15 题说“切勿浪费较多东西去做，用较少的东西，同样可以做好的事情。”——译者注

（往往自认为）可以放心地宣称，他人提出推广的假设不适用生物学研究的分类单元或生物学过程或生态系统，并且不需要对此做出解释[7]。但是生物学与物理学一样，结果必须独立于参照系[8]。同时，生物学也应该独立于人类在生命树中的位置，而人类的位置在很大程度上取决于人体生理（也就是呼吸空气的陆生哺乳动物的生理），而且（或多或少）还会对其他生命模式抱有偏见，例如，本书论及的对水下呼吸低等脊椎动物和无脊椎动物的偏见[9]。

我早就该写这本书了。"GOLT" 理论的基本特征早在 1977—1978 年就已明确形成[10]，我的博士论文，即"鳃的大小和温度是鱼类生长的调控因子：von Bertalanffy 生长方程的推广"（Pauly，1979）提出了这个理论。博士论文使我拿到了科学研究和学术生涯必备的学位，仅此而已。我确实发表了"GOLT" 理论的主要观点（Pauly，1981），包括测试"GOLT" 理论的部分原理的论文（Pauly，1982a，1984，1988a，1998b），但是，总的来说，这些论文的影响有限，只有几百次引用，其中一些论文对此还持否定态度。

此外，在周围同事的有口无心的笑谈中，我对氧气和水生动物生长之间的关系的痴迷还成了被打趣的对象，但始终没有人站出来为这个观点辩护，尽管我认为它应得到人们的拥护；逐渐地，这个观点淡出了人们的视线。不过，这些年，我收集有关这项研究进展的文献越来越多，随时注意是否有重大发现或稿件证明我的这个观点存在逻辑错误，或者是存在对基础生理学的误解。如果真有事实证明我错了的话，那我早已在一声遗憾的叹息中，将所收集到的那些资料销毁殆尽了。

但是，驳斥的意见并没有出现。相反，越来越多确凿的证据却纷至沓来，于是我想真该就这个观点写出点东西了。同样，我逐渐认识到最初辩护论证失败的原因是因为观点的建立和提法不全面（提法不清晰），而且第一篇论文还发表在不合适的杂志上。开篇布局于事无补。况且，那篇论文发表的时候我还年轻，而在科学领域，年轻人是不应该发表规范性的论文的。"首先证明你自己，然后告诉我们如何解释我们的数据！"这一直都是德高望重的科学家们所秉承的，而我却没有遵照执行[11]。

现在，我也是资深科学家了，我获得了 Otto Kinne 基金会授予的 2007 年度杰出生态学奖，按照基金会的规定，获奖者必须写一本书。这为我提供了一个极好的机会，让我来写写同事们"戏谑"的我的"氧气的故事"，即"GOLT" 理论，也就是读者眼前的，用我多年积累的笔记和参考文献修订完善的这本书[12]。本人无意在正文部分多费笔墨，因此，很多证据都放在尾注里。请读者诸君看过尾注之后再来评判本人论点论据的正误得失。

最后一件事："GOLT" 一词中的"T" 是"理论"（theory）的缩写，与"假说"无关，这并不是因为我想自夸，而是因为"假说"这个词含义太狭隘。正如本书介绍的，"GOLT" 理论通过一整套的推理，阐明了一个核心假说（水下呼吸生物受限于氧气供应），在扩展中又给出了更多的证据，做出了许多新的预测[13]。这种对看似风马牛不相及的领域中的许多事实做出解释的复杂结构，通常称为“理论”。是的，我相信我的观点比随意炮制的“虚构故事”理智得多。不过，我也知道“GOLT”理论仍然难免存在谬误[14]，即使其中包含了“理论”这个词，要让人全面接受依然存在完善的空间。

Daniel Pauly

致　谢

首先，我要感谢已故的 Kinne 博士和他的国际生态研究所，以及由 Bo Baker 博士领导的杰出生态学奖（ECI）评委会，授予我“2007 年度杰出生态学奖（海洋生态）”，并感谢 Konstantinos Stergiou 博士提名我为候选人。接受杰出生态学奖的条件之一是要承诺为国际生态学研究所出版的《杰出生态学丛书》（*Excellence in Ecology Series*）撰写一本专著；荣幸之至，本书正是《杰出生态学丛书》的第 22 本专著[15]。

本书的编写经历了三个“阶段”。第一阶段是我的博士研究阶段（1977—1979 年），我要感谢我的导师，现在是我的朋友，G. Hempel 教授，他引导我按照我自己的想法开展研究，只是为了让我步入正轨才做了一些干预。同时，我要感谢已故的 Fritz Thurow 博士，他认为我的观点可能是正确的，而且如果是正确的话，那将是非常重要的。最后，我要感谢的是当年就职于联合国粮食及农业组织的 Gary Sharp 博士，虽然我们现在可能关系疏远了，但是在 1978 年那次短暂访问中他给了我亟需的非常重要的鼓励，那时我的想法刚刚形成，而我接触的大多数研究生和年轻的科学家甚至都没有试着去理解我想表达的观点。不过，也有例外。我特别感谢 Ulrich Damm，Dieter Delling，Helmut Maske，D. Reimers 和 Cornelia Nauen 的帮助和鼓励。同时，我非常感谢基尔大学动物学系的 H. Kuenemann 博士和 D. Jankowski 教授，他们帮助我形成了一些与蛋白质降解有关的观点。

促成本书的第二个阶段的工作几乎全部都是在国际水生资源管理中心（ICLARM）完成的。我的职业生涯是在 1979 年中由此开始的，我的新同事，特别是 Roger Pullin，John Munro 和 Jay Maclean，以及后来加入的 Villy Christensen 和 Rainer Froese，非常耐心地聆听我的想法，有时还帮我查参考文献，这点我非常感激。但是他们似乎更欣赏我做的其他研究工作，即热带水生动物的种群动态，它们在鱼塘中的生长，生态系统模型的研究以及最终形成的“FishBase”（www. fishbase. org）。这些研究使我不得不专注于对当时而言更重要的工作。然而，我尽可能在这些研究和关于氧气在限制水生生物生长中的作用的想法之间建立了联系，因此，在这一阶段我撰写了一系列论文，进一步确立了“GOLT”理论。

1980—2007 年这段时期，我想单独加以致谢。除了国际水生资源管理中心的同事外，我还要感谢 Harden Jones 博士的勇气（见尾注 155），感谢 A. R. Longhurst 博士邀请我合著一本书，该书专门用一章的篇幅概述我的想法，感谢 A. van Dam 博士检验这些想法并将它们结合到他的水产养殖鱼类生长的仿真模型中，感谢 M. R. Lipinski 博士邀请我去南非，让我在一次鱿鱼专家会议上做了主题报告，这迫使我将这些想法具体化，还要感谢 Jeppe Kolding 博士在实验中对这些想法进行了严格检验。

促成本书的第三个阶段开始于我获得杰出生态学奖的 2007 年秋季，因为我很快意识到，这将是一个极好的机会让“氧气的故事”重获新生。然而，本书各章节的编撰直到 2009 年 4 月初才真正开始，地点是在德国不来梅港的阿尔弗雷德韦格纳研究所。我要感谢该研究所的所长 Karin Lochte 博士和领导底栖-浮游过程研究组的 Claudio Richter 博士邀请我赴阿尔弗雷德韦格纳研究所 3 个月，感谢 Ursula Liebert 女士帮助我找到自己的路，感谢我的老朋友 Wolf Arntz，Tom Brey 和 Victor Smetacek 对我的照顾和支持。

几位同事和朋友阅读和评论了整个书稿，他们是 William Cheung（他编写和绘制第八章的一些文字和图表），Rainer Froese，Maria-Lourdes ‘Deng’ Palomares（他为我的许多新例子提供了参考文献），Konstantinos Stergiou，特别是 Hans Otto Pörtner，他重点审读了生理机能部分的书稿。对他们，我深为感激。我采纳了他们的一些意见，但并不是全部。因此，本书如有任何错误，均由我个人负责。

其他几位同事（包括我以前的学生）和朋友回答了若干具体问题，其中包括 Mark Prein（鲤鱼养殖）；Michael Vakily（双壳类的生长，图 7.1C）和 Miriam Balgos（鱿鱼的生长；图 7.1D）以及 William Laurence（植物的压力和繁殖之间的联系）。

我还要感谢 Andrew Bakun 完成了本书的最后一章，并在其中使用“GOLT”理论打开了关于海洋生态系统的全新思维方式。

最后，我感谢中国自然资源部第三海洋研究所的杜建国博士等人将本书翻译成中文，将书中包含的思想带给广大的潜在读者。毕竟，中国庞大的水产养殖业必须注意养殖鱼类和无脊椎动物的氧气供应，而那里的捕捞业也日益受到全球变暖的影响。

Daniel Pauly

加拿大温哥华

符号和缩略词

a：表达为 $Y = a \cdot X^b$ 的关系式中的乘项，例如，在体长 - 体质量关系式中。

A：鱼类尾鳍的长宽比，作为鱼类活动水平的指标，定义为 h^2/s ，其中 h 是尾鳍的高度，s 是它的表面积。也可用作：体质量增长季节性波动的 VBGF 的参数(方程 4.2)。

ATP： 三磷酸腺苷，细胞中主要的能量传递和储存分子。

b：体长 - 体质量关系中的指数，普遍接近于 3，范围在 2.5 ~ 3.5 之间。

b'：食物转化率(K_1) 和 W 之间关系的指数，例如方程 2.2。

BL：体长：推算水生动物游泳速度的参考体长($BL \cdot S^{-1}$)。同时也可以表示：一种未定义的体长量度，可能指标准体长(SL)，叉长(FL)，全长(TL) 或者其他(见注解 30)。

C：体长增长的 VBGF 方程中的参数，经调整后用于表达季节性生长波动，同时表达这种波动的幅度。在实际应用中，当冬季点 $dl/dt = 0$ 时，C 的变动范围在 0(无波动) 和 1 之间。也可作为碳的符号。

℃：摄氏度，温度单位。

d：水生动物鳃面积(G') 或者耗氧量(Q') 和体质量(W) 之间的关系指数，表达为 G' 或 $Q' = a \cdot W^d$。注意，本书假设 $d = d_G = d_Q$(见下文)。

d_G：水生动物鳃面积(G') 和体质量(W) 之间的关系指数，表达式为 $G' = a \cdot W_G^d$ (见 d)。

d_Q：水生动物耗氧量(Q') 和体质量(W) 之间的关系指数，表达式为 $G = a \cdot W_Q^d$ (见 d)。

dl/dt：体长增长率，VBGF 体长方程的一阶导数。

dw/dt：体质量增长率，VBGF 体质量方程的一阶导数。

$(dw/dt)_{max}$：最大生长率，体质量 $\approx 0.3 \cdot W_\infty$ 时达到。

dw'/dt：各种蛋白酶的净累积率(方程 3.1)。

dP：鳃两侧上皮细胞氧气分压差，单位是 atm①。

D：狭义的 VBGF 生长方程的参数，$D = 3 \cdot (1 - d)$， 或者 $D = b - p$，其中“b” 是体长 - 体质量关系指数，“p” 是鳃面积(G') 或者代谢率(Q') 和体长(L) 关系指数。

① 1 atm = 1.01325×10^5 Pa。—— 编者注

D_{high}：鱼类或无脊椎动物的稚体和成体的栖息深度范围上限(见 8.2 节)。

D_{low}：鱼类或无脊椎动物的稚体和成体的栖息深度范围下限(见 8.2 节)。

e：2.718 28……

exp(x)：e 的 x 次幂。

F：渔业捕捞瞬时死亡率(时间$^{-1}$)，表达式为 $F = Z - M$。

FAO：联合国粮农组织。

FL：叉长；鱼类从吻部顶端到最短的尾鳍中线末端之间的长度。

FGS：鱼类生长模拟器；由荷兰瓦赫宁恩大学开发的鱼类生长模型。

G：鳃相对表面积，表达式为 G'/W[见方程(5.2)]。

G'：水下呼吸动物的鳃表面积。

GI：鳃面积指数，表达式为 $GI = G'/W^{0.8}$，其中 G' 单位是 cm^2，W 单位是 g。

GOLT：鳃 - 氧限制理论。

h：鱼尾鳍高度。

H：同化作用系数[见方程(1.1)]。

Hg：由毫米汞柱表达的分压。

k：分解代谢系数[方程(1.1) 右边的负项]；*Rubner*(1911) 称之为“消耗率”。

k'：指数增长模型的系数[见方程(1.19)]。

k_{den}：单位时间活性酶蛋白变性比例[见方程(3.1)]。

kg：千克。

k_S：方程(3.1) 中酶蛋白的合成速率常数，即单位时间内的合成量。

K：VBGF 生长方程参数，单位时间维度，表达接近渐近体长(或体质量) 时的速率。K 不是“生长速率”，K 与 k 的关系是 $K = k/3$。

K_1：食物总转化率；给定时期内的生长增量 / 食物摄取比率。

K_2：食物净转化率；给定时期内的生长增量 /(食物摄取 - 排泄) 的比率。

l：升。

ln：以 e 为底数的对数(也可以表示为 $\log_e$)。

log：以 10 为底数的对数(也可表示为 $\log_{10}$)。

L：鱼类或无脊椎动物的个体体长符号(另见 SL 和 TL)。

L_{max}：某个物种或其种群内的最大个体长度(视研究对象而定)。

L_∞：渐近体长；VBGF 生长方程的一个参数，表示给定水生动物种群的个体可能达到的平均体长，假设它们有无限的生长期；应该大致对应于 L_{max}。

L_m：给定水生动物种群的个体初次性成熟的平均体长。

L_m/L_∞：生殖负荷(见 6.2 节)。

L_{high}：鱼类或无脊椎动物物种纬度分布范围的极向极限(见8.2节)。

L_{low}：鱼类或无脊椎动物物种分布范围的低纬度限制(见8.2节)。

L_t：特定年龄的体长；VBGF或其他生长方程预测的年龄为t时的平均体长。

m：方程(1.1)中分解代谢系数的指数；m一般假定为1。

$m \cdot s^{-1}$：米每秒，表示水生动物的游泳速度。

M：瞬时自然死亡率(时间$^{-1}$)，表达式为$M = Z - F$。

n：用于推导关系式和/或包含在图形中的数据点数量。

p：联系鳃表面积和体长(L)的关系式$G' = a \cdot L^p$中的指数。

pH：物质酸性(pH < 7)或碱性(pH > 7)的度量。

P：生长性能指数，等于$\log(K \cdot W)$，其中K和W是生长方程VBGF的参数。

p：随机形成关系的概率(* 代表$p < 0.05$，** 代表$p < 0.01$)[16]。

PP：初级生产力，海洋初级生产力主要由微型藻类即浮游植物产生。

Q：相对耗氧量，表达式为Q'/W(见方程5.1)。

Q'：在特定时间段内，有机体消耗的氧气量。

Q_∞：生物体处于渐近生长中的相对耗氧量；可在P图上看到(见图1.4)。

Q/B：鱼类或无脊椎动物的年龄组单位质量消耗的食物；一般计算年消耗量。

r：(线性)关联系数；在适当情形下，系指线性化后的变量，例如，以$\log W$与$\log L$的关系表达体长-体质量关系。

r^2：判定系数，即可由统计模型解释的变异比例。

r_m：最大内在种群增长率，以“a^{-1}”表示。衡量一个种群对捕捞等压力的承受能力。

R：复(线性)相关系数。

R^2：多元判定系数，即可由多元统计模型解释的变异比例。

s：鱼尾鳍的表面积；也可以表示秒。

$\sin(e)$：三角形对边与斜边的比值[方程(5.1)]。

SI：游泳能力指数，定义为$SI = V \cdot BL^{-1}$，V表示鱼类或无脊椎动物的持续游泳速度($cm \cdot s^{-1}$)，BL(或SL)表示体长(cm)。

SL：鱼类的标准体长，从吻部顶端到尾下骨或者是尾柄的肉质部分末端(不包括尾鳍)的长度。

t：年龄，通常以年为单位。

t_0：生长方程VBGF的一个参数，表示特定种群的鱼类或无脊椎动物在长度为零时的理论“年龄”，假定它们一直按照方程所预测的那样生长。在方程(1.19)中也作为“初始年龄”。

t_m：给定鱼类或无脊椎动物种群在初次性成熟时的平均年龄(a)。

t_{max}：给定的鱼类或无脊椎动物物种或种群能达到的最大年龄(即寿命；以年为单位)。

t_s：VBGF 的参数，经调整后用于表达体长的季节生长波动，以一年中的一个时间段表示 $t = 0$ 和正弦波动起点间的时间差[见方程(4.1)]。

$t_{s'}$：VBGF 的参数，经调整后用于表达体质量的季节生长波动，以一年中的一个时间段表示 $t = 0$ 和正弦波动起点间的时间差[见方程(4.2)]。

T：温度(℃)。

T'：温度(K)。

TL：全长。鱼类全长为当尾叶与身体主轴一致时，从吻部的顶端到尾鳍最长射线(不包括细丝)末端间的长度。对虾全长为从喙的顶端到尾节末端的长度。

TPP：适宜温度剖面，根据物种分布范围及其栖息地的水温推导获得。

V：鱼类或无脊椎动物持续游泳速度($cm \cdot s^{-1}$)。

VBGF：von Bertalanffy 生长方程，用于描述水生动物的体长或体质量的生长率。

W：鱼类或无脊椎动物个体体质量符号。

W'：变性作用所需的酶蛋白的量[方程(3.1)]。

W_∞：渐近体质量；VBGF 的参数，表示给定的鱼类或无脊椎动物种群的个体可以达到的平均质量，假设它们能无期限地生长。也可以表示与体长相对应的体质量。

W_{max}：物种或其某个种群的最大个体质量记录(视研究对象而定)。

W_t：VBGF 或者其他生长方程预测的年龄 t 时的平均体质量。

WBD：水 - 血液距离或“水 - 毛细血管距离”，即鳃片的有效厚度[方程(1.10)]。

WP：冬季点(winter point)：一年中的一个时间点，在这个时间点上生长最慢，即 $C = 1$ 时，$dl/dt = 0$[见方程(4.1)]。

Z：瞬时总死亡率(时间$^{-1}$)，即自然死亡率(M)和捕捞死亡率(F)之和。

β：联结 K_1 和体质量关系的指数。

t：时间间隔。

T：以年度为周期的最高月平均温度(夏季)和最低月平均温度(冬天)的差。

φ：生长性能指数，等于 $\log K + 2/3\log W_\infty$，其中，$K$ (a^{-1}) 是 VBGF 的代谢参数，W_∞ 是渐近体质量(克)。

φ'：生长性能指数，等于 $\log K + 2\log L$，其中，K (a^{-1}) 和 L (cm) 是 VBGF 的参数。

π：圆周率，约等于 3.141 59。

*：显著性，$p < 0.05$。

* *：显著性，$p < 0.01$。

目　录

第一章　鱼类与无脊椎动物生长和呼吸的研究基础……………………………… (1)
1.1　水生动物生长和呼吸的早期研究 ……………………………………… (1)
1.2　定义、假设和局限性……………………………………………………… (2)
1.3　Ludwig von Bertalanffy 理论的再讨论 ……………………………………… (3)
第二章　鳃面积限制效应的证据 ……………………………………………… (11)
2.1　鱼类肠道、鳃及生长的可预测性 ……………………………………… (11)
2.2　捕鱼和养鱼的视角………………………………………………………… (21)
2.3　仔鱼、塑料鱿鱼、二维和呼吸空气的水生动物…………………………… (25)
2.4　作为复杂二维物体的鳃和汽车散热器…………………………………… (35)
第三章　氧气的作用 …………………………………………………………… (38)
3.1　如何让一辆老爷车跑得更快……………………………………………… (38)
3.2　水生动物的食物转化率…………………………………………………… (38)
3.3　将氧气纳入复杂的食物模型……………………………………………… (42)
第四章　温度的作用 …………………………………………………………… (46)
4.1　温度升高为什么实际上加快新陈代谢…………………………………… (46)
4.2　鱼类、脂肪和"烫手山芋" ……………………………………………… (47)
4.3　为什么分布在冷水区的鱼类个体更大…………………………………… (49)
4.4　一个明显的异常现象:温暖水域中的大鱼 ……………………………… (52)
第五章　季节性生长波动 ……………………………………………………… (56)
5.1　水生动物生长波动的早期研究…………………………………………… (56)
5.2　体长生长的季节波动……………………………………………………… (56)
5.3　体质量生长的季节波动…………………………………………………… (58)
第六章　生长与繁殖的关系 …………………………………………………… (61)
6.1　生长不会"因繁殖而减缓" ……………………………………………… (61)
6.2　幼体向成体过渡的"季节间"机制 ……………………………………… (63)
6.3　成熟和产卵的"季节内"机制 …………………………………………… (69)
6.4　严重过度捕捞的鱼类为何在个体小时达到性成熟……………………… (73)

第七章 鱼类体内 pH 的动态变化及其与生长的关系 ……………………………… (75)
7.1 活力、pH、压力和疼痛 …………………………………………………………… (75)
7.2 耳石、平衡石和贝壳上的日轮结构 …………………………………………… (75)
7.3 “烧坏的金枪鱼”和“胶化的比目鱼” ………………………………………… (79)
7.4 大鱼和小鱼体内的酶………………………………………………………………… (80)
第八章 全球变暖背景下的鱼类分布和生产力 …………………………………… (82)
8.1 鱼类的分布深度与氧气和温度的关系………………………………………… (82)
8.2 20 世纪的鱼类分布和生产力 …………………………………………………… (87)
8.3 鱼类分布、生产力和全球气候变化 …………………………………………… (92)
第九章 管窥生命本质 ……………………………………………………………………… (97)
第十章 氧气限制………………………………………………………………………………… (101)
尾 注 ……………………………………………………………………………………………… (104)
参考文献 ………………………………………………………………………………………… (151)

第一章　鱼类与无脊椎动物生长和呼吸的研究基础

1.1　水生动物生长和呼吸的早期研究

意大利解剖学家 Marcelo Malpighi（1628—1694）发表了有关活体生物呼吸的重要观点，从历史来看，他可以称为是第一个提出动物生长演化和生理学理论的自然学家。为此，Nordenskiöld（1946，162 页）写道："……在 Malpighi 理论的基础上，建立了一个适用于所有生物的普遍性的呼吸理论——因为所有的理论推测在所有生物体生命现象的一致性方面都属于精明的猜测。他认为生物越完美，呼吸器官就越小：人类和高等动物具有一对相对较小的肺，而水生动物具有结构紧凑、鳃丝繁多的鳃，昆虫的气管遍布全身。关于呼吸对生物的作用，他认为包括了促进食物营养的输送和'发酵'。"

Malpighi 推测的两个概念在研究生长方面具有重要意义：

- 呼吸器官的大小与动物的"完美"程度有关；
- 呼吸器官（这里指鳃）在同化（如发酵）摄入的食物中起重要作用。

早期的解剖学家和生理学家陆续对此进行了阐述（Dean et al，1962），例如 Samuel Collins（1685，第一卷，221 页），介绍了大比目鱼颊瓣的功能及其在呼吸中的作用（Gudger，1946）。另外，Linnaeus（1758）在其故友、鱼类学家 Peter Artedi（1705—1735）的研究基础上，根据鳃对脊椎动物的鱼类和海洋哺乳类进行了分类学研究，但两者之间的这种差别至今依然得不到充分重视。

另一方面，对生长的研究引起了对个体大小与年龄相关的研究[17]。鱼类年龄判读的先驱者是 Van Leeuwenhoek（1632—1723）和 Hederström（1759）。Van Leeuwenhoek 通过鳞片鉴定鲤鱼的年龄，Hederström 率先报道了鱼骨（如脊椎骨；见 Jackson，2007）上的环纹。在该研究静默了一个多世纪之后，Hoffbauer（1898）在对鳞片的研究中重新发现了年龄鉴定技术，Reibisch（1899）开创了利用耳石鉴定年龄的先河，Heincke（1905）研究了鱼类骨骼在年龄鉴定中的应用。Petersen（1891）和 Fulton（1904）率先建立了根据水生动物体长频率鉴定其年龄的方法。

20 世纪初，欧洲和北美的许多水域出现了后来称为"过度捕捞"的最初迹象，鱼类生长研究成为新兴的渔业生物学的核心内容［见 Mohr（1927，1930，1934）[18]和 Graham（1943）等文献］。

在随后的几十年里，年龄鉴定技术日益精确和完善；同时，还研发了可靠的鱼类体长逆算方法和年龄鉴定技术的验证方法（Beamish and McFarlane，1983 综述）。这些进展的结果是积累了鱼类个体大小与年龄关系的大量数据，这些数据适用于在欧洲和北美海洋和淡水中的大多数经济鱼类。在此期间，科学家也努力建立了若干数学公式，包括：（1）根据体长和体质量描述水生动物的生长；（2）直接匹配任何一组生长数据[19]；（3）可以很容易地纳入定量渔业产量模型；（4）允许比较不同物种或者同一物种不同种群的生长状况的数学公式，从而促进了根据已知种群或物种对鲜有研究的种群或物种的推测研究。

上述列出的所有特性对生物学和渔业生物学都有重要意义，而大多数生长公式都没有表达全部的特性。例如，高阶多项式在特定时间间隔内充分描述了生长（Sebens，1987），但却既不能揭示生长过程的内在关系，也不能开展种群和物种之间的比较。Gompertz（1825），Robertson（1923），Pearl 和 Reed（1925），Richards（1959），或是 Krüger（1964）提出的生长曲线或属于纯粹从经验出发，或属于论证错误（见 Beverton 和 Holt 1957，97～99 页，以及 von Bertalanffy 1951，298～303 页关于这些方程的广泛讨论）。

1.2　定义、假设和局限性

下文的假设（除非明确说明）适用于本书全文。

• 体重以体质量表示。所有的质量都以克（g）表示，均指“圆的”或“活体”（未开膛破腹）的质量；同时，时间用年表示，适用于所有生长率或其他速率；

• 假设体质量与体长的关系式为 $W=a\cdot L^b$，$b=3$，除非另有说明。Carlander（1969）指出在水生动物中，体长指数值偏离 3 太多（比如，小于 2.5 和大于 3.5）一般是有问题的，或者是个体大小范围有限，这个偏离已经在其后的综述确认，尤其是 Froese（2006）的综述；

• 本书的“鱼类（fish）”一词，除非另有说明，指的是所有的硬骨鱼和软骨鱼类，以及无颌鱼类（没有上下颌的鱼）；而“水生动物（fishes）”则除鱼类外还包括水生（海洋和淡水）无脊椎动物，它们通过鳃获得了所需的绝大部分氧气[20]。但是，不含通过皮肤呼吸和/或适合呼吸空气的辅助器官（例如，弹涂鱼 *Periophthalmus* spp. 或者是骨舌鱼 *Arapaima gigas*）获得大部分甚至绝大部分氧气的“鱼类”（2.4.3 明确探讨呼吸空气的鱼类）[21]。

• 除了关于幼鱼生长和新陈代谢的 2.4.1 的内容外，本书研究的对象是变态后期的鱼类（及适用的无脊椎动物）。

• 在第五章之前，不明确探讨水生动物生长的季节性因素。

• “需氧量”一词指的是鱼类需求的或“需要”的氧气量，而不是观测到的 O_2 的消耗量（或“代谢量”），氧气消耗量指的是“供应”（或是“输送”，见 Pörtner and Knust，2007）到鱼体的氧气量。这类似于动物的摄食量，摄食量只反映“供应量”，可能满足或不能满足其生理需要，而非它的“需求量”[22]。事实上，这一区别（Pörtner and Knust，2007 也提到过）可以认定为本书的关键。

1.3　Ludwig von Bertalanffy 理论的再讨论

1.3.1　10 个步骤和 1 个图表

Ludwig von Bertalanffy（1934，1938，1949，1951，1960，1964）以及 Bertalanffy 和 Müller（1943），根据 Pütter（1920）的生理学研究结果，提出了生长方程。Bertalanffy 在其《理论生物学》（Theoretische Biologie）的第二版（1951）全面确立该方程，其中生长率定义为随时间发生的体质量变化，整个变化本身是两个相反过程的净结果，一个是增加体质量（同化作用）；另一个是降低体质量（异化作用）（注意，这个定义说明当同化作用小于异化作用，生长率可能是负数），其数学表达式为

$$\mathrm{d}w/\mathrm{d}t = HW^{d} - kW^{m} \tag{1.1}$$

式中，$\mathrm{d}w/\mathrm{d}t$ 是生长率，W 是动物的体重（更准确说是质量），而 H 和 k 分别是同化系数和异化系数。这个微分方程可以用两种不同的方式加以整合。

• 将指数 d 的值设为 2/3、m 的值设为 1，这就引出了所谓“狭义”von Bertalanffy 生长方程或 VBGF。之所以称之为“狭义”生长方程，因为它属于广义 VBGF 的特例（见下文）；

• 允许 d 和 m 取不同的值，形成所谓的“广义 VBGF”（见 1.3.3）。

Beverton 和 Holt（1957）改造了 von Bertalanffy 原先的方程式，重建了狭义 VBGF 方程式，将其应用于渔业生产模型（单位补充量的渔获量），并证明其适用性广，为生物学家接受该方程做出了贡献。Beverton 和 Holt 重建的方程式还有助于方程式中的参数与生长率以外的生物现象的联系（Beverton and Holt，1957，并见下文），这种联系就是他们自己以及建立了其他生长方程的其他作者都不曾尝试着去建立的。

正如本方程式定义的，生长率与体质量和时间相关。因此，生长数据直接或间接与体质量数据和时间数据关联，从而使生长过程可以根据体质量和时间数据重建。因此，特定栖息地、特定种群的鱼类所达到的体长和体质量最大值可以认为是生长过程数据，这个最大值（L_{max}，W_{max}）可以假定为方程（1.1）所表示过程的极值

$$HW^d - kW^m = 0 \tag{1.2}$$

[注意，理论上，鱼类的生长永不停止，方程（1.2）永不会成立。] 为了给 VBGF 的推广奠定合适的基础，将 von Bertalanffy 的生长概念应用于水生动物应当是合适的。因此，我们把 von Bertalanffy 的系统论证分解，分别表述其“观点”，也分别评估其有效性。大多数的表述观点都来自 von Bertalanffy（1951）的第四部分第七章。

观点 1：生长是两个相反趋势的连续过程的净结果，一个是增加身体物质（合成代谢）、另一个是分解身体物质（分解代谢）[见方程（1.1）]；

观点 2：当分解代谢等于合成代谢时，生长停止 [见方程（1.2）]；

观点 3：分解代谢发生在鱼类的所有活细胞中，因此它与鱼类的重量成正比，也就是与鱼类的体质量成正比；

观点 4：水生动物的合成代谢与呼吸率成比例（见 von Bertalanffy，1951，表 19，280 页）；

观点 5：水生动物的呼吸率与表面积成比例（见 von Bertalanffy，1951，表 19，280 页）。

观点 4 和观点 5 的逻辑结果是，在水生动物中，合成代谢应与表面积成比例。然而，这一推论在 von Bertalanffy 的所有出版的著作中都不明确。也许他觉得这是显而易见的。在这里，我们明确提出：

观点 6：生长受到表面积的限制；

下文继续陈述 von Bertalanffy 的观点：

观点 7：制约生长的表面积的增加与线性的平方成比例（等速生长）；

观点 8：事实上，孔雀花鳉 *Poecilia reticulata*[23] 的呼吸频率随其体质量的 2/3 次方增加或者与体长的平方成比例，是上述论点（观点 1~7）正确性的依据；

观点 9：确实与新陈代谢的“2/3 法则”有偏差，但是在水生动物中没有发生过（von Bertalanffy，1951，第六章第 2 部分）；

观点 10：常数 k 在负向方程（1.1）和方程（1.2）中是 Rubner（1911）的磨损率“Abnützungsquote”，即为单位时间的体质量的分数。然而，一般来说，常数 k 可以认为等于“生长抑制，体质量比例因子”（von Bertalanffy，1938）。

这里，主要根据 von Bertalanffy（1951）的第六章和第七章，以图形模型的形式总结了 Von Bertalanffy 的生长理论（图 1.1）。该模型在以下各段落详细描述。

鱼类摄食的食物（这里用蛋白质表示）会被吸收，也就是被分解成氨基酸，进入鱼体内的“氨基酸池”。这个池中的氨基酸有一部分被“燃烧”（见图 1.1 的排泄 Ⅰ），因此获得的化学能用于合成新的蛋白质，就是从氨基酸池中提取促进自身生长的“建筑材料”。同时，在合成过程中，体内的原生蛋白质不断降解（见 1.3.2）。

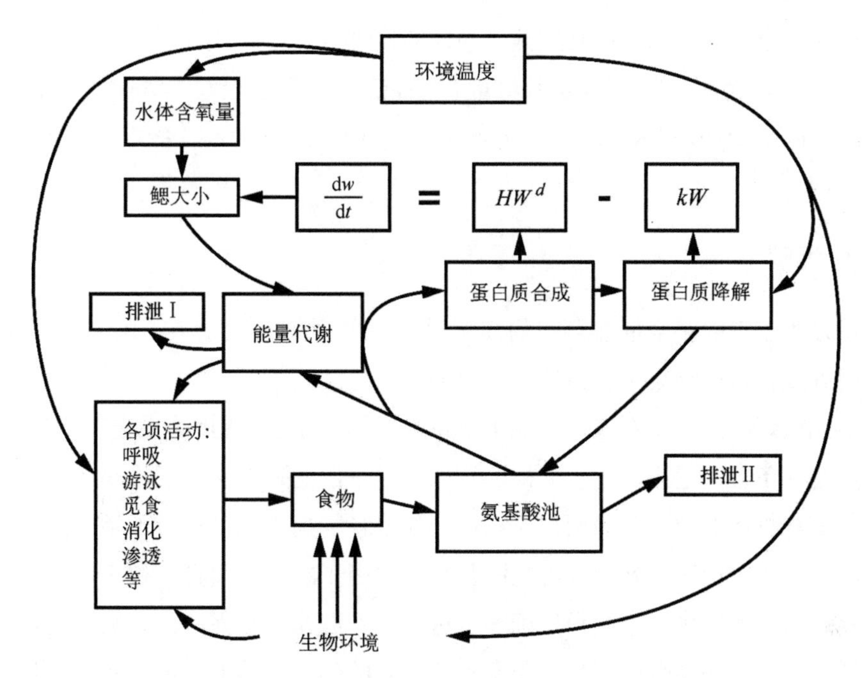

图 1.1　鱼类和水下呼吸无脊椎动物的生长模型，其中强调了鳃和氧气供需在蛋白质合成中的作用［修改自 Pauly，1981；另见方程（1.1）］

另一方面，鱼类体内物质合成（所以，也就是对降解物质的取代）的速率受氨基酸池的补充速率（降解过程本身也有一定的贡献）和氨基酸池物质氧化过程中可利用的氧气量的限制。高氧供应将允许从氨基酸池中合成最大数量的体内物质；低氧供应只允许有限的合成速率，因此部分物质从氨基酸池中溢出，“以不完全氧化的氮化合物形式通过鳃和肾向外排泄”，引用自 Webb（1978），他援引了 Forster 和 Goldstein（1969）、Savitz（1969，1971）、Olson 和 Fromm（1971）以及 Niimi 和 Beamish（1974）的论文。Kajimura 等（2004）也证实了上述现象的存在，在图 1.1 中称作“排泄Ⅱ”。

一旦水生动物达到一定的大小，获得的氧气和蛋白质中就有一部分用于形成性腺产物，性腺产物会定期离开鱼体（参见 4.2 节和第六章）。同时，若合成的总量减去分解的部分结果是正数，那么鱼类就生长，同时将增加鳃的表面积，从而增加单位时间内渗透进体内的总氧气量。然而，体质量往往比鳃的表面积增加得更快，而鳃表面积的相对值（=鳃的大小/体质量）则随着鱼体的增大而减小，从而导致单位体质量的氧气供应下降。

因此，随着体质量的增加，单位体质量的氧气供应量逐渐减少，结果，在大型鱼类中，单位体质量的能量代谢、合成速率相对较低。然而，单位时间降解的体内物质的量，随着体质量的增加而增加，而不断生长的鱼逐渐达到一个程度，即体内物质的合成正好冲抵物质的降解的程度［方程（1.2）］[24]。

Webb（1978）证实了这最后一点，指出氮的损失量随着水生动物个体的增大而增大，但在生长较快的小型水生动物中则较低。同样的概念可以通过计算个体大小不同的水生动物的生长转化率（食物的摄入量/生长增量）来表达，这类实验总是说明随着个体的增大，转化率下降（Jones，1976；Kinne，1960，Gerking，1971；Menzel，1960）。关于这一点的讨论详见第三章。

1.3.2 3 个误解

如果不是为了消除至今依然存在的 3 个最常见的误解，关于 von Bertalanffy 鱼类生长概念的说明到此就可以结束了，但这 3 个误解却让它结束不了。

误解 1：Ricker（1958）写道："von Bertalanffy 一再努力为 VBGF 奠定理论生理学基础，显然认为这是一条普遍适用的生长规律。然而，他采用的一个基本假设是，新陈代谢中的合成代谢过程与机体有效吸收表面积成正比。如果食物提供总是过量的话，这么说可能是合理的，所以吸收表面积实际上可能是限制生长的因子之一；而且在被引证用于支持这一相关性的孔雀鱼的实验中，食物提供确实是过量的。但在自然界中，鱼类普遍没有那么幸运；鱼类胃里平均食物量普遍较少，观察到的鱼类的生长率的大幅度变化就可以证明，这既是我们在相同环境中比较鱼类不同个体，也是在不同（但相似的）水域中比较种群时得到的结果。因此，有效吸收表面积似乎不太可能是限制野生鱼类生长的因子之一。"

Ricker（1958，196 页）的这一论述，甚至在其著作的最后一版（1975）中还是这样论述，说明他强烈反对肠道表面积是鱼类生长的限制因子。其实，Von Bertalanffy 写的是，在水生动物中，合成代谢率与呼吸率成正比，呼吸率与表面积成正比。他从来没有提出消化道表面积是潜在限制因子的说法。

同样的误解也存在于 Beverton 和 Holt（1957，32 页）的著作中，他们写道："根据一般的生理学概念，von Bertalanffy 认为合成代谢率可以与营养物质的吸收速率成正比，因此与吸收表面积的大小成正比。"

Ricker（1958）以及 Beverton 和 Holt（1957）确实没有弄明白[25]，就反驳了 von Bertalanffy 的理论。

误解 2：根据孔雀鱼的实验结果，Von Bertalanffy 明确指出，表面积的大小限制了合成代谢率，因此，合成代谢率与体长的平方成正比。虽然在这里可以证明，生理表面积确实限制了合成代谢率，但也可以证明，只有在少数情况下，表面积才与体长的平方成正比例。这里的重点是，von Bertalanffy 将"表面"这个词的含义限定在其几何性质上，即表面积的增长与身体体积的 0.667 次方成恒定的线性比例，但忽略了以下事实，即"表面积"可以充分异速生长，与指数高于或低于 2/3（或 0.667）的幂成比例。灵长类动物大脑皮层的表面积或大多数水生动物的鳃表面（见下文）就可以证明。因此，von Bertalanffy 关于生长和代谢类型的概念落脚于"表面积和质量之间的比例原则"是错误的，因为在这种生长和代谢类型中，可能还存在另一条表面积比例原则。

误解 3：这一误解是由于 von Bertalanffy 著作中术语“分解”和“分解代谢”的使用不一致造成的。体内物质（这里指蛋白质）的完全分解涉及一系列的单一步骤和大量不同的酶。不过，这些大量的单一步骤可以简单地归纳为两个主要阶段。

阶段 1（预氧化阶段），这个阶段发生的反应有两个共同特征：

i）轻度放热（产生废热）；

ii）不需要氧气。

因此，蛋白质可能在没有变性过程的情况下解构，比如，失去其四级结构和三级结构（这些结构使其无法发挥作用，如酶），而不需要与任何提供能量（释放）的反应联系在一起，而且也不需要消耗任何氧气[26]。

阶段 2（氧化阶段），这个阶段发生的反应有以下共同特征：

iii）强烈释能（产生 ATP）；

iv）需要氧气。

在阶段 2 结束时，氨基酸序列分解为 H_2O，CO_2 和 NH_3，并获得了大量的 ATP，可用于合成新蛋白质，满足各种活动的能量需求。

因此，当论述水生动物的分解代谢率与其身体质量成正比时，von Bertalanffy 指的可能只是第一阶段。预氧化分解确实只能与身体质量成正比，也就是说，缺乏四级结构和三级结构变性成氨基酸序列的体内蛋白，确实从体内的原生蛋白质池中移除了[27]。

这些蛋白质一旦水解，就与从食物吸收中获得的氨基酸一起进入“氨基酸池”（图 1.1），并可能参与 von Bertalanffy 所说的“Betriebstoffwechsel”（能量代谢）。另一方面，这种能量代谢又同时受到待氧化的氨基酸供应和氧气供应的限制，后者与体质量的幂成正比，但其中的指数明显小于 1（后面讨论的几组除外，尤其是幼鱼；见 2.4.1）。因此，分解代谢的第二阶段并不与体质量成正比。

分解代谢分为两个不同的阶段，大多数生理学文献证实，只有第二个阶段需要氧气（见 Scheer，1969，21 页、278 页或 Karlson，1970，129 页及之后的论述）。然而，在引出他的生长理论时，von Bertalanffy 并没有明确提出这一划分，这个疏忽可能是造成误解 3 的原因。

因此，Ursin（1967，2359 页）写道：“人们显然忽略了这样一点：虽然分解代谢过程在全身各处进行，但必要的氧气供应必须通过一些表面或其他途径来实现，主要是鳃。我们的基本假设是匀速增长，这 2/3 意味着分解代谢与 $w^{2/3}$ 成比例。正如在其他地方所讨论的，这也被认为是不真实的，因此，必须放弃等速增长的假设。事实上，鱼鳃不会和鱼体等速生长，因为随着鱼体的生长，新的结构单位也在增加。”

Ursin（1967）的这句话表达了他关于生长模式的一个关键概念（Ursin，1967，1978；

Andersen and Ursin 1977；Sperber et al，1977）。然而，Ursin（1967）真正忽略的是这个分解过程的第一阶段，即不需要氧气（如蛋白质变性）就足以使蛋白质不可利用的阶段[28]。因此，为了维持恒定的原生蛋白质池，鱼体必须首先降解，然后再合成这些失去的蛋白质；而且，为了保证生长，合成的蛋白质量要超过损失量（Hawkins，1991）。这才是 von Bertalanffy 重申 Pütter 的基本方程时的原意[29]。

因此，方程（1.1）指的合成代谢的速率（HW^d）是原生蛋白质合成的速率，而分解代谢率（kW）是蛋白质变性和/或水解的速率。因此，k 代表了 von Bertalanffy（1938）提出的“生长抑制、质量比例因子”。

1.3.3　狭义的和广义的 VBGF

方程（1.1）可以改写为

$$dw/dt = HW^{2/3} - kW \qquad (1.3)$$

式中，d 假设为 2/3 及 m 为 1，因此，在积分中，假设体质量正比于体长的立方，结果获得

$$W_t = W_\infty \{1 - \exp[-K(t - t_0)]\}^3 \qquad (1.4)$$

对于体长增长，

$$L_t = L_\infty \{1 - \exp[-K(t - t_0)]\} \qquad (1.5)$$

式中，W_t 和 L_t是年龄 t 时的个体大小，W_∞ 和 L_∞ 是渐近个体大小，t_0 是个体大小（体质量或体长）为零时的年龄，如果鱼的生长方式是由方程（1.4）或方程（1.5）预测的，而 K，也就是$k/3$，有维度时间$^{-1}$（关于 K 的生物学解释详见 4.1）[30]。

如图 1.2 所示，$d = 2/3$ 基本不适用于水生动物[31]，因此 d 值应该$\neq 2/3$。Richards（1959）修订了两个定义（$d=2/3$ 和 $m=1$），重点修订了其中的体长增长。此外，他还将其版本的 VBGF 作为一个纯粹的经验公式，并没有对有关合成代谢与分解代谢的指数的可能值加以理论限制。

VBGF 的广义版本如下，$d\neq 2/3$ 以及 $m=1$：

其中体长方程式为[32]

$$L_t = L_\infty [1 - \exp(-KD(t - t_0))^{1/D}] \qquad (1.6)$$

体质量方程式为

$$W_t = W_\infty \{1 - \exp[-(3D/b) \cdot K(t - t_0)]\}^{b/D} \qquad (1.7)$$

方程（1.6）和方程（1.7）中所包含的参数都定义为方程（1.4）和方程（1.5）的，$D=3(1-d)$，例如，$D=b-p$，“b”是体长-体质量关系的指数，“p”为 $G' = a \cdot L^p$。[33]中体长（L）和鳃表面积（G）之间关系的指数，而且，当体长-体质量间是等速生长时，$b=3$，方程（1.7）可简化为

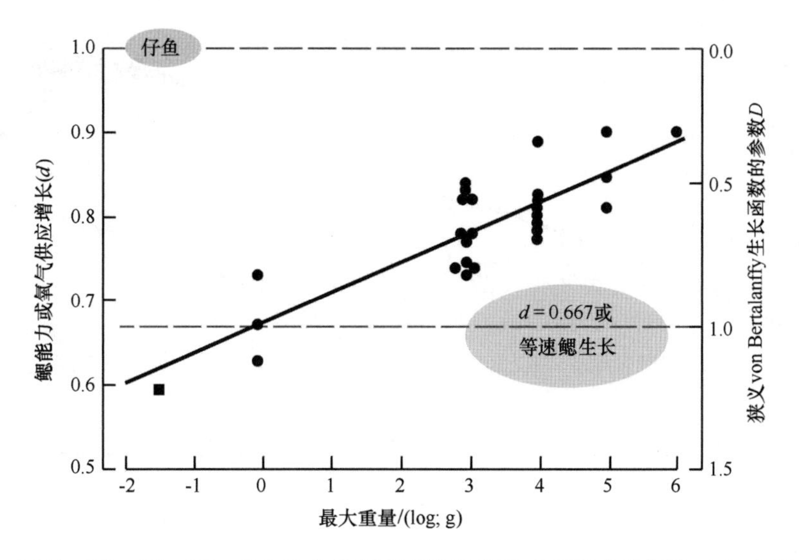

图 1.2　26 种（种、属、科）水生动物的鳃表面增长指数或新陈代谢指数（d）与最大质量的关系，这些鱼小到虾虎鱼，大至金枪鱼（Pauly，1981）。左下角的方块代表吕宋神秘虾虎鱼（*Mistichthys luzonensis*），是在图中直线画出后添加的（Pauly，1982a），左上角的椭圆也是如此，它代表仔鱼的情况。图中回归线代表 $d=0.6742+0.03574 \cdot \log W_{max}$，右边轴对应的刻度值为 $D=3(1-d)$

$$W_t = W_\infty \{1 - \exp[-KD(t - t_0)]\}^{3/D} \tag{1.8}$$

通过这些方程的检验，可以看出，当极限表面和体质量随体长增加而等速增大时，广义的 VBGF 与狭义的 VBGF 是一样的[34]。

方程（1.6）的一个有趣的性质是当 $D<1$ 时出现拐点（i）（在狭义 VBGF 中不存在），

$$t_i = t_0 - [\ln(D)/KD] \tag{1.9}$$

广义 VBGF 可能适用于拟合狭义 VBGF 的生长数据，除了用 L_t^D 的值代替 L_t。同样地，当拟合广义 VBGF 到体质量–年龄数据时，$\sqrt[3]{W_t^D}$ 的值可代替 $\sqrt[3]{W_t}$。

D 的估计值可以从鳃或代谢研究中获得，利用 $D=3(1-d)$，或者当这些数据不可用时，根据经验获得（图 1.2）[35]。虽然因为有其他参数，使得广义 VBGF 更充分地匹配数据（图 1.3）[36]，但本书的其余部分将使用狭义 VBGF 作为描述示例，因为人们基本不采用广义 VBGF [37]。

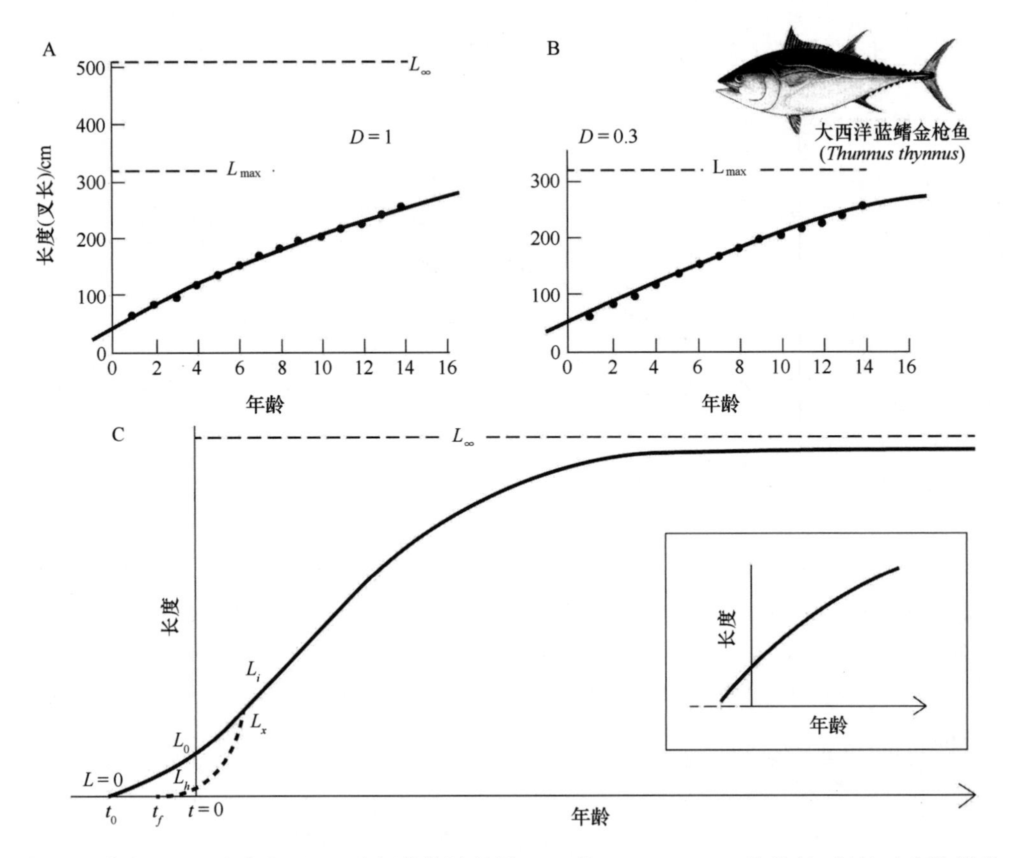

图 1.3　狭义 VBGF 和广义 VBGF 之间的关键差异。A. 将 Sella（1929）的体长–年龄对应数据代入狭义 VBGF（$D=1$），估算的渐近体长 L 远大于最大体长 L_{max}，与 von Bertalanffy（1938）的逻辑产生了矛盾；B. 将同一组数据代入广义 VBGF（$D=0.3$），估算出的 L 约等于 L_{max}；C. VBGF 一些特性的图示：L_i = 拐点处的体长（狭义 VBGF 中无此数据）；L_x = 从该体长数据往后，有望用 VBGF 准确描述生长；L_0 = 用 VBGF 向下外推预测出的 0 龄体长；L_h = 0 龄时的实际体长（即刚孵化的体长，对应刚出生幼体的体长 L_b）；t_f = 受孕时间，即卵内生长（卵生鱼类）或“宫内”生长（胎生鱼类）的起点；t_0 = 假设实际生长始终符合 VBGF，则体长为 0 对应的年龄，通常为负数。在现实中，鱼类一般是沿图中虚线从 t_f 长到 L_x，表明仔鱼快速（指数级）生长，长至 L_x，生长放缓后，才符合 VBGF 描述的模式（改绘自 Pauly，1981）

第二章　鳃面积限制效应的证据

2.1　鱼类肠道、鳃及生长的可预测性

2.1.1　肠道和鳃的对比：表面积受限，生长率也受限

如上所述，根据 von Bertalanffy 的说法，水生动物的合成代谢受到某些生理表面的限制[38]。本章提出的证据有助于这些生理表面的确定。

水生动物的合成代谢，即体内物质的合成，需要足够的食物（必要条件）和充足的氧气供应（充分条件），因为它们合成身体物质的能量均来自摄食和消化的高能量食物的氧化反应。因此，生理限制表面可以表示为肠道、鳃或任何内部的表面，通过这些表面产生吸收和/或氧气的运输[39]。

Taylor（1962）写道："构建过程（合成代谢）的原料必须通过一个边界、一个表面或一系列表面进入有机体，该过程开始于上皮细胞膜，可能结束于亚细胞体表面的物质运输，如持续进行代谢过程的微粒体和线粒体"。显然，他认为这些内部表面是限制合成代谢的，因此也指出"在某种程度上，这些表面至少是未确定的或不能确定的"。我们暂时假设，在水生动物中，肠道表面是限制合成代谢的因素，而不是上面所说的误解 1。

Parker 和 Larkin（1959），引用 Szarski 等（1956）的观点，指出欧鳊 *Abramis brama* 的肠道通过折叠方式增加的吸收表面积大约与体质量成比例。另一方面，Ursin（1967，2358 页）估计欧洲鳎 *Solea solea* 的肠道面积为 $2.12 \cdot W^{0.57}$（cm^2，g），$n=8$，指数的 95% 置信区间 0.33~0.80。

另一方面，由于肠道表面积对生长率的限制，人们必须假设，通过或多或少的连续喂养，使其肠道的吸收区始终与摄入的食物保持接触。然而，正如 Ricker（1958），Beverton 和 Holt（1957）所言，实际情况显然并非如此。

另一种反对肠道表面在生理上限制合成代谢的证据是，水生动物相对肠道长度（=肠道长度/体长）显然与其摄食方式更加相关，而非生长性能。因此，摄食较小鱼类的金枪鱼属于生长最快的水生生物（鲭科 Scombridae），其肠道极短；而摄食碎屑的鲻鱼（鲻科 Mugilidae），却具有非常长且卷曲的肠道（Odum，1968），其生长性能居中（Harder，

1964, Karachle and Stergiou, 2010, 对不同鱼类的肠道长度的综述)。

除此之外，水生动物可以以胃含物形式储存高能量物质数小时或数天，或在需要的情况下，以脂肪（或鱼肝油）的形式储存几个月的时间（参见 Iles, 1974; Tocher, 2003; 4.2)。脂肪储存使水生动物在摄食和食物消化吸收停止后的很长时间内维持合成代谢活动，从而使合成代谢过程的强度不受肠道表面积的限制。Iles (1974) 在相关文献综述中也指出这一点“……一方面，食物合成进入代谢池，另一方面，合成代谢过程又具有各自不同的过程”。

与陆地动物相比，鱼类和其他所有呼吸溶解氧的水生动物都必须从难以溶解氧气的水体中获得所需的氧气（表 2.1)。

表 2.1 水和空气作为呼吸介质的比较

性质	注释[a]
O_2含量	水体氧含量比空气少 20~30 倍
黏度	水体的黏度是空气的 55~95 倍
渗透性	空气的扩散速度比水体快 30~35 万倍
密度	水体的密度是空气的 840~1 085 倍

a. 根据 Schumann 和 Piiper (1966) 以及 De Ricqlès (1999) 归纳；由于 De Ricqlès 论文中温度、压力和盐度的条件不同，表中各值范围很广。

因此，为了维持代谢，水生动物要把大部分能量用于呼吸[40]。这就是为什么作为空气呼吸者的我们，难以想象水体呼吸者的生活，以及它们需要努力提取所需的氧气，以消化摄食的食物。此外，水生动物无法在其器官中储存大量的氧气，它们在缺氧的水体或在空气中存活时间很短就是明证。事实上，水生动物必须不停地呼吸（只能储存少量的备用氧气）迫使我们接受是氧气供应率限制了合成代谢率[41]。

此外，鱼体的供氧率直接取决于鳃表面积，因为单位时间内可以扩散的总氧量遵循 Fick 的扩散定律：

$$Q' = dP \cdot U \cdot G' \cdot WBD^{-1} \tag{2.1}$$

式中，Q' 为氧摄入量 ($mL \cdot h^{-1}$)；dP 是膜两侧的氧分压差 (atm)；U 是 Krogh 扩散常数，也就是，1 min 内，压力梯度为一个大气压的氧气 (μ)，在 1 mm^2 特定类型的组织（或物质）中扩散的氧量 (mL)；G' 是鳃的总呼吸面积（次生片的总面积）；WBD 是水血距离，也就是水和血液间的组织厚度 (μ) (De Jager and Dekkers, 1974)，即 Graham (2006) 提出的“水-毛细血管距离”[42]。

在方程 (2.1) 里确定 Q' 值的 4 个参数中，只有 G 可以认为随着个体的增大而变化很大，从而使鳃表面积成为在水生动物生长中限制氧摄入的关键因子。

鳃的其他特征也支持这一结论。首先，鳃的生长不仅与低于统一体质量的幂函数成比例（参见图 1.2，Muir，1969；Hughes，1970；De Jager and Dekkers，1974）[43]，而且，体质量的幂与“平均”鱼鳃生长的比例大约为 0.8，也就是说，“平均”鱼的这个幂函数与能量代谢和体质量有关（Winberg，1960；De Jager and Dekkers，1974；Clarke and Johnson，1999）。

尽管表面积的增长确实跟不上（至少不是长时间）体积的增长[44]，但其中仍然存在一个问题，为什么水生动物没有进化出永远不会限制氧供应的巨鳃。原因很明显，巨鳃也存在问题，包括：① 由于次级鳃片之间的间隙非常小，增加了水流阻力[45]（Hughes 和 Morgan，1973）[46]；② 永久性阻塞的危险[47]，由于这一原因，巨鳃水生动物不可能在近岸和河口区域频繁出现[48]；③ 为了发挥呼吸和排泄功能，鳃必须对体外介质“开放”，因此成为第一个受到水中溶解有毒物质影响的器官（Hughes and Morgan，1973）。例如，鳃是水下呼吸动物抵抗渗透压力防线中最薄弱的一环。此外，“水生动物的鳃组织不仅充满了血液，而且普遍富含氧气，因此是寄生虫理想的感染部位”（Hughes and Morgan，1973）。

巨鳃带来的潜在问题表明，为了满足氧气供应，任何一个呼吸溶解氧的动物，都应该已经进化出了表面积最合适的鳃，从而保证快速生长，即占有最佳生态位的特定表面积[49]。本书论述了在此过程中所蕴含的利弊权衡。

一般来说，任何大小的鱼的鳃表面积都可以表示为

$$G' = a \cdot W^{d_G} \tag{2.2}$$

式中，G' 是鳃表面积，W 是个体体质量，d_G 是取值范围在 0.6 和 0.95 之间的指数，“a”是一个物种特定常数。当 W 的单位是 g，G' 的单位是 cm^2，“a”是体质量 1 g 的个体的鳃表面积，单位是 cm^2。

需要注意的是，方程（2.2）的形式与水生动物氧气消耗和体质量的关系的方程形式相同：

$$Q' = a \cdot W^{d_Q} \tag{2.3}$$

式中，Q' 是氧气的消耗量，W 是个体体质量，d_Q 是通常取值范围在 0.6 和 0.95 之间的指数，“a”也是一个物种特定常数，其值在很大程度上取决于该物种的活动量（详见 Winberg，1960 的综述和讨论）。

很少有作者明确指出 d_G 应该等于 d_Q（即鳃表面积的比例指数限制了新陈代谢率）。不过，De Jager 和 Dekkers（1974）却指出了这一点，并利用其平均值 $d_G = 0.811$ 和 $d_Q = 0.826$ 得到了 d 的可靠估值，$d \approx 0.82$[50]。$d = 0.82$ 随后应用于各种表面积的鳃和鱼类呼吸数据，以估算 200 g“标准”鱼的鳃表面积和呼吸速率。

另一方面，有几位作者指出，不同类群的水生动物的 d 值相当不同，低的 d 值低于

0.6，高的高于0.95，最高达1.0以上。不过，大多数极端值的出现原因或者是鳃表面积估算中（见De Jager和Dekkers，1974对给出错误评估的文献的列表和综述）[51]，或呼吸研究中采用了错误的方法（见Winberg，1960，关于最常见错误原因的综述）。而且，这些极端估值所依据的个体大小范围普遍非常有限。

然而，有些极端值是可信的，例如，对孔雀鱼的研究（von Bertalanffy，1951）[52]，得出d=0.65，而由金枪鱼得出d_Q可达0.90（Muir，1969）。由于这两种类群的鱼类几乎处于鱼类个体大小的两个极端，因此，本书希望检验鱼类d值是否可以简单地表示为个体大小的函数，即每一种鱼类最大体质量（W_{max}）的函数。

由于W_{max}难以可靠地估值[53]，因此，把现有的W_{max}估值四舍五入为最接近的10次方。为此，假设鱼的体质量为10^0，10^1，10^2，10^3，10^4，10^5或10^6 g（图1.2；参见Pauly，1981的数据源和其他信息）。

d值与体质量指数对数显著相关（$p>0.001$），并生成回归方程如下：

$$d \approx 0.6742 + 0.03574 \cdot \log W_{max} \tag{2.4}$$

该方程也可根据硬骨鱼、也许还有板鳃类的最大或渐近体质量估计d值。

这个结果的第一个解释是，大多数鱼的鳃呈$d>2/3$的异速生长；例外的是孔雀鱼、小虾虎鱼和其他可能只有一到几厘米长、体质量不足1 g的水生动物[54]。

其他鱼类的鳃普遍呈d值接近0.8的异速生长，因为到目前为止，所观察到的大多数鱼类的最大体质量都在10^2~10^4 g之间。高活动量的大型金枪鱼的鳃的生长速度几乎和它们的体质量一样快（$d\approx0.90$）。最后，最大的鱼类，滤食性的姥鲨和鲸鲨的$d\approx0.95$[55]（Pauly，2002）。

细尾长尾鲨*Alopias vulpinus*也许是个例外，它们在长到稚鱼后期阶段之前，d值都是1，但随后突然跳跃到d=0.4（Pauly and Cheung，2017）。虽然类似的转变（从$d\approx1$到$d<1$）也可能发生在其他软骨鱼类身上，但对鱼类而言，不变的事实是随着生长，单位体质量的鳃表面积下降，根据Fick定律，单位体质量的氧气供应率也随之下降（图2.1A）。因此，一旦单位体质量的供氧量低于最低值，机体则难以正常运行（即难以“维持”），这样，水生动物体质量（W_{max}，或更准确的W_∞）一定存在极限，只要氧气需求量大于供给量，就不会超过这个极限值（图2.1B）。

像图2.1这样的图在本书广泛用作得力的工具，并且按照Kolding等（2008）的说法一般称为“P图”。图中X轴表示质量，Y轴表示单位质量的供氧量或单位质量的鳃表面积；下降线（图2.1上的黑实线）表示鳃的呼吸限制，称为“G线”，为鳃构造的函数。因此，不同种类的水生动物（和鳃结构）会有不同的G线，但在本书中，假设同一物种的所有个体的G线是一样的，尽管个体之间确实存在差异。最后，除非另有说明（由于“末端”代谢率的反向投影[56]），阴影部分，即“维持箱”（maintenance box）假定为矩形，

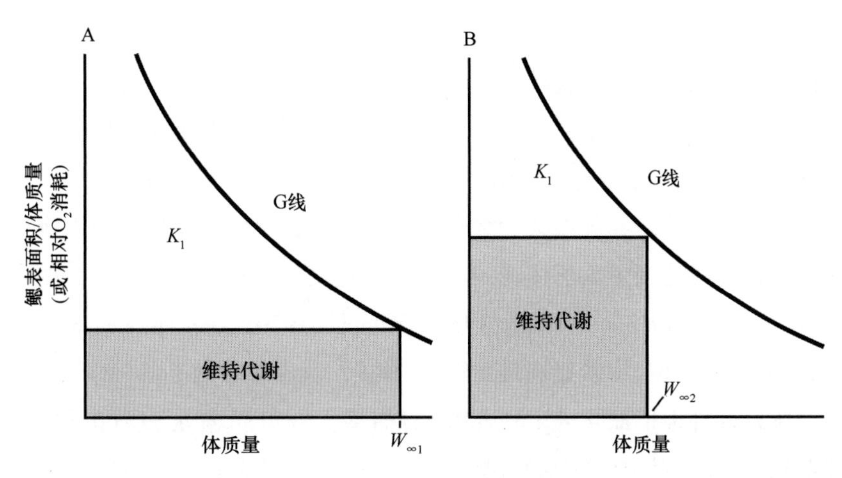

图 2.1　P 图说明在给定一条 G 线（定义为相对于体质量的鳃的生长）的情况下，维持代谢如何决定渐近体质量（W_∞），因为在 W_∞ 处，相对鳃面积（和它决定的供氧量）仅够维持代谢（阴影区）。A. 低应力条件下（如温度相对低，食物丰富等）的鱼类；B. 高应力条件下（如高温，造成体内蛋白质变性快）和/或低食物密度条件下（需要将氧气用于摄食，而不是合成蛋白质）的鱼类。注意：食物转化率（K_1）和“生长范围”与 G 线和维持代谢水平之间的差别直接相关（改绘自 Pauly，1981，1984）

其高度随不同的案例而改变，因此导致 W_{max} 或 W_∞ 的变化，这就是我们努力解释的变化。

2.1.2　水生动物的生长模式是可以预测的

与查阅到的生长曲线（通常是一大堆复杂的线）及其注释（通常是很多复杂的词语）的观点相反，鱼类的生长模式是完全可以预测的，这说明一些特定的解释（例如，*Z* 湖中 *X* 种群中的鱼生长得好，因 *Z* 湖中存在 *Y*），如果真的起到解释作用，也只是观察到的鱼类生长变化的一小部分。

要想超越特定解释，必须理解生长意味着什么，生长就是一个将个体大小变化与时间（或“年龄”）变化联系起来的过程。因此，在物种内部或物种之间比较 VBGF 的参数（无论是 *K* 还是 W_∞），或在特定年龄阶段比较 VBGF 的参数个体都是不正确的，因为用以比较的项目的维度是错误的[57]。

这就是为什么 D'Ancona（1937）收集了关于地中海水生动物生长的体长-年龄数据，再加上 Bougis（1952）补充，在比较地中海地区的不同鱼类，以及地中海鱼类与北大西洋鱼类生长情况时都付诸失败的原因。

同样，Berg 等（1949）和 Nikolsky（1957）收集了当时苏联水域的鱼类个体大小-年龄数据，Carlander（1950，1953，1969，1977）收集了北美大陆庞大体型的淡水动物的个体大小-年龄数据，却无法解释为什么生活在某些水域中的某些鱼类是如此生长的。

显然，简单地比较个体大小-年龄数据（或由此生成的生长曲线）无助于确定哪一种金枪鱼或孔雀鱼生长最快。蓝鳍金枪鱼终其一生的生长率（dw/dt）都快于孔雀鱼，但孔雀鱼的确先完成生活史，因此也就可以认定为生长“最快”。如果对不同生长条件下的同一种水生动物进行比较，同样的问题依然存在。例如，Kinne（1960）指出“研究结果表明，年轻鱼类生长速率的差异并不会始终存在。最初生长缓慢的水生动物可能会超越起初生长迅速的动物，最终达到更大的体长-年龄值”，这也许体现了这里所讨论的混淆程度。

不同的作者（Beverton and Holt，1959；Mitani，1970；Banerji and Krishnan，1973；Mio，1965；Francis，1996）均希望通过比较 L_∞ 和 K，或者对应的Ford-Walford图的斜率和截距的值，来比较各种水生动物的生长性能[58]。但是，由于 L_∞ 和 K 没有正确的维度，这些努力并没有得到可用的总体生长性能指数（见上文）。对于Ford-Walford图，原理上比较它们与比较生长曲线本身相同，上述讨论的问题也会同样出现。另外，鱼的形状不同，很明显，比较箱形鱼和看起来像蛇一样的鳗鱼的生长率没有什么意义。

因此，任何一个可用的总体生长性能指数应有如下基本要求：

1）正确维度下仅有单一值（个体大小·时间$^{-1}$）；

2）与体质量增长相关，而不与体长增长相关；

3）适用于任何鱼类；

4）在生物学上可解释。

体质量生长率（dw/dt；即体质量生长曲线的斜率）总是有最大值，无论 dw/dt 对应的年龄或个体大小是多少。因此，建议将体质量生长曲线拐点处的生长率［$(dw/dt)_{max}$］作为比较不同水生动物生长性能的标准，因为它满足上述所有要求。

在体质量生长曲线中，拐点处的斜率是由下列公式给定的

$$(dw/dt)_{max} = (4/9) \cdot K \cdot W_\infty \tag{2.5}$$

当体质量生长曲线由狭义的VBGF充分描述，拐点处的斜率可以表示为

$$(dw/dt)_{max} = (4/9) \cdot 10^P \tag{2.6}$$

式中 $P=\log(K \cdot W_\infty)$，定义了第一个生长性能指数。

如前所述，不同水生动物的生长曲线不能直接比较，因为曲线本身是由随时间和个体大小变化的生长率产生的。然而，P 值与 $(dw/dt)_{max}$ 直接相关，可以作为比较不同生长性能的客观标准，而不管 K 或 W_∞ 的具体值。因此，P 值可以用来比较不同渐近体长的水生动物的生长性能，例如，阐明鱼的鳃表面积和生长性能之间的一级关系（见下文）。

通过双变量成长图（bivariate auximetric plot）[59]的再表达，可以充分地说明指数 P 的特征。在双变量成长图中，$\log K$（a^{-1}）为纵坐标，$\log W_\infty$（g）为横坐标，生长曲线由点表示（Pauly，1979，1980b；Kock，1992，122页；Vakily，1992；Ralston，1987；Pauly and Binohlan，1996；Lorenzen，2000）。因为当 K 和 W_∞ 都高时，快速生长的水生动物的 P 值则

高，高生长性能会出现在这个成长图的右上象限，反之则是低生长性能的鱼类（图 2. 2A）。

首先通过手绘（Pauly，1979，1980；图 2. 2A～C），然后通过具有这一结果路径的全球鱼类资料库（FishBase），可在 P 图上绘制出许多生长曲线（Pauly et al，2000a；www. fishbase. org）。很明显，代表同一物种不同种群的生长曲线的点，会自我排列成具有相似表面积的椭圆体和斜率约为-2/3 的主轴（图 2. 2B）。然而，这个斜率小于-1 的值表明，K 和 W_∞ 之间并不成严格的反比[60]。因此，K 的增加对应于 W_∞ 降低的比例变小，K 减小的情况则相反。由此导致了我们的第二个、更理想的生长性能指数 φ（详细见下节）[61]。同样，属、科和更高分类单元形成椭圆形的表面积增加，与代表所有水生动物的椭圆形的主轴越来越匹配（图 2. 2D），并明确了（野生）水生动物所占据的“生长空间”，该空间可以通过养殖鱼类的生长表现来扩展（见图 2. 2D 的黑点）。

无脊椎动物的生长空间目前还不能完全确定，主要是因为尽管最近在这方面有所努力（参见 Palomares and Pauly，2009 以及 Sea Life Base，www. sealifebase. org），但许多门类的代表性生长曲线仍然未知。

然而，一些有用的推广已经出现了，例如，一旦鱿鱼的 W_∞ 减少到干物质含量（体质量的 2%～4%），远低于水生动物的干物质含量（20%～25%），其将在很大程度上重叠中小型上层鱼类（特别是鲭科的鲭鱼；图 2. 25E）的生长空间，而成体的水母与较小的鱼类重叠（如鳀科的鳀鱼；参见图 2. 2F）[62]。

此外，一般来说，生长曲线对应的点在双变量奥氏图左上方（例如，相对较高的 K 和较低的 W_∞）的种群，其生长水域往往比生长曲线对应的点在右下方的种群温暖（低 K，高 W_∞），只要假设供氧量限制了水生动物的生长率，这一现象就很容易解释。

从双变量奥氏图中可以获得更多的推论（参见 Pauly，1979，1980），其中包括不同分类单元[63]的生态关系，但这个简短的描述应该足以说明，鱼类的生长率受到了很强的非本地性限制，而这种特定假设通常并不能说明原因。

2. 1. 3　鳃大的水生动物迅速成长为大个体

鉴于以上的证据，可能没有必要为鱼类与大型鳃有关的快速生长提出一个单独的论点，但实际上却确实需要。因此，Blier 等（1997）提出 42 种鱼类鳃面积指数与生长表现指数 P 之间存在相关关系（见图 2. 3），此外，鳃面积与游泳能力之间也存在虽微弱但仍显著的相关性（$r=0.431$，但 $P<0.01$），这本身与生长率有关。换句话说，他们认为鱼鳃大的鱼类用鳃提供的氧气来快速游泳，而不见得是为了快速的生长。事实上，游泳能力本身与生长率有关，当他们从数据集中移除他们认为属于“糟糕的游泳者”的鱼类后，鳃面积与生长表现之间的相关性就不复存在了[64]。

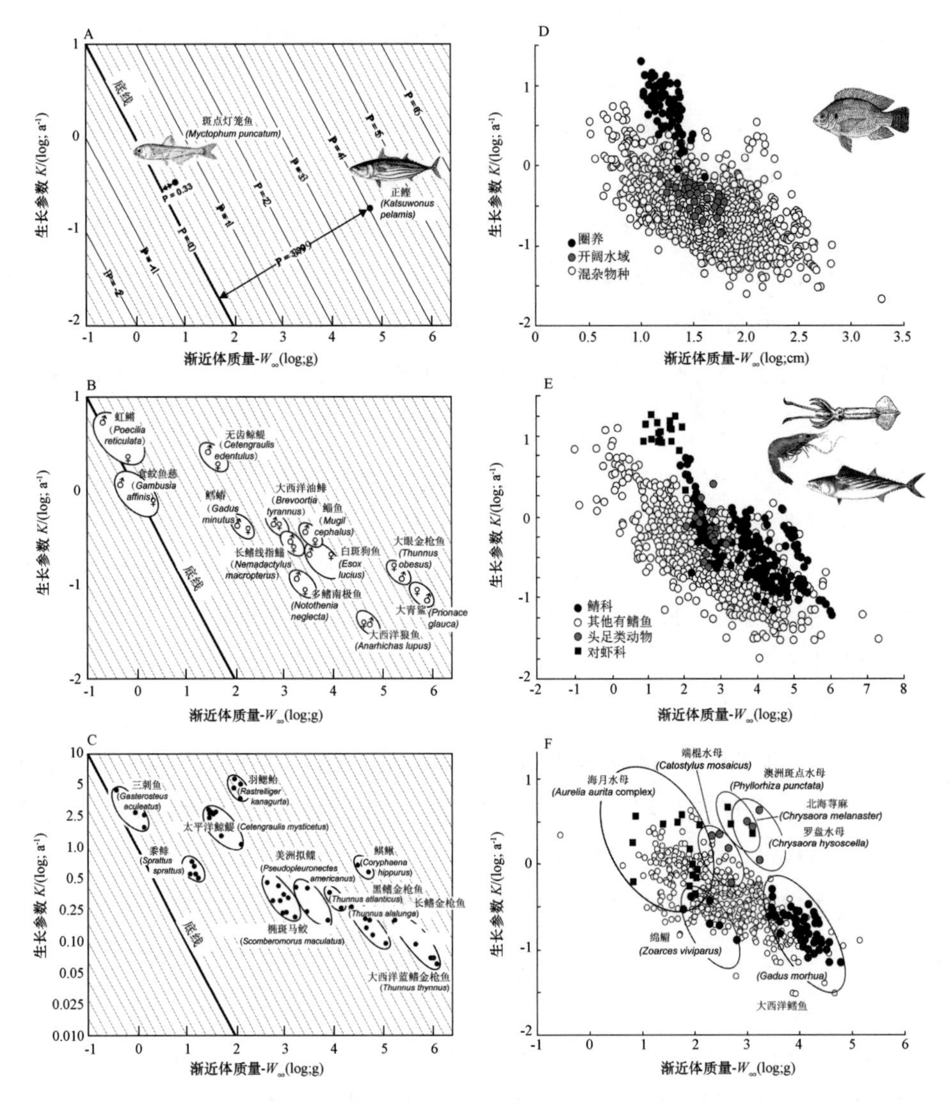

图 2.2　鱼类或水下呼吸无脊椎动物的双变量奥氏图说明了生长模式的规律性和可预测性。A. 说明生长性能指数 P 如何区分慢速生长和快速生长的鱼类，前者如斑点灯笼鱼 *Myctophum punctatum*，后者如鲣 *Katsuwonus pelamis*（改绘自 Pauly，1979 图 3）；B. 生长参数中的显著性别差异（大多数情况下雌性 W_{∞} 值更高 K 值更低）仍然暗示了相近的 P 值（改绘自 Pauly，1979 图 8）；C. 同一物种的不同种群界定了椭圆形的“生长空间”，不同物种的椭圆形面积相近。这些椭圆的焦点连线平均斜率，在 X 轴表示渐近体长时等于 2/3，在 X 轴表示渐近体质量时等于 2；分别定义了生长性能指数（Pauly，1980b）；D. FishBase 中截至 2009 年 6 月的各种鱼类生长数据（空心点）和记录了养殖的尼罗口孵非鲫 *Oreochromis niloticus* 不同寻常的生长性能的尼罗口孵非鲫生长数据（灰点表示野生鱼；黑点表示养殖鱼）；E. 鱿鱼和虾的生长性能与一般鱼类生长性能的对比，特别是与鲭科鱼类（金枪鱼、鲭鱼等）的对比（见 Pauly，1998a；Pauly et al，1984a）；F. 一旦水母的体质量调节到鱼类和无脊椎动物的平均含水量，则水母的“生长空间”与小型水生动物重合（改绘自 Palomares and Pauly，2009）

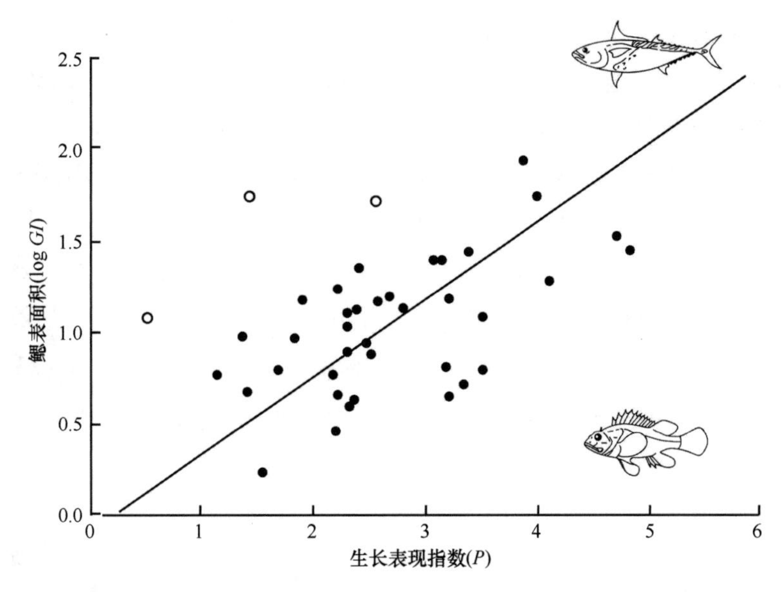

图 2.3　42 种海洋鱼类的鳃表面积指数（*GI*）与生长表现指数（*P*）的对比。它们之间存在虽然弱（$r=0.431$）但仍然显著（$p<0.01$）的关联性，但如果忽略图中的 3 个可能的异常值（空心点），则 r 值将上升至 $r=0.661$。（按照 Pauly，1981 表 4 的数据绘制）

为了应对上述情况，对于 17 种 Fishbase 上可以查到游泳速度、鳃面积和生长参数的种类，其生长参数用于计算鳃表面积指数（Gill Area Index，GI），定义为

$$GI = G' / W^{d} \tag{2.7}$$

式中，G' 为鳃面积（cm^2），W 为体质量（g），d 为 0.8，是所有种类（见上图）的平均值，而种类的个体值 *GI* 为物种的平均值，以获得种类特异性估值。然后，生长率指数 φ（Munro and Pauly，1983）的估值定义为

$$\varphi = \log K + 2/3 \cdot \log W_{\infty} \tag{2.8}$$

式中，K 是 VBGF 分解参数（a^{-1}），W_{∞} 是每个种类的渐近体质量（g）（在给定种类的数据集可用的情况下；参见尾注 28 和尾注 60 以了解 φ 的维度）。

最后，游泳能力指数（SI）来自 $V \cdot BL^{-1}$，其中 V 是鱼的持续游动速度（$cm \cdot s^{-1}$），而 *BL* 是它的体长（cm）；同样，当有几项记录可供特定物种使用时，也可采取同样的方法。

这允许在 Blier 等（1997）的观点上进行跟踪，也就是，推导了多重回归：

$$\varphi = 1.94 + 0.011 \cdot GI - 0.049 \cdot \mathrm{SI} \tag{2.9}$$

式中，两个回归系数都与 0 显著差异（$p<0.01$），而 $R=0.674^{*}$（$R^2=0.454$）。

这一发现很容易解释：在给定鳃面积条件下，鱼类可以生长很多或游动很多，但不能两者兼得。因此，游泳能力的研究并不能证明鳃面积限制生长的论点无效[65]。

我们已经把游泳能力作为一个潜在的干扰因素，现在我们可以回到鳃表面积和生长表现之间的直接关系。为了进一步研究这一关系，在 FishBase 鉴定了 52 个种类，它们的鳃面积和生长参数的估值都是可用的。正如上面定义的，从这 52 组平均的鳃表面积指数的估值中，我们可以得出平均的渐近体质量（所有超过一组生长参数的情况）和平均 K［通过 φ 平均值的估算，见公式（2.8）］。它们导致了多重回归：

$$\log K = -0.273 - 0.415 \cdot \log W_{\infty} + 0.268 \cdot \log GI \cdot W_{\infty}^{0.8} \quad (2.10)$$

式中 $R=0.640^{**}$，其回归系数与零显著差异（$p<0.001$）。

为不同的 GI 值求解这个方程，并将得到的等值线叠加到双变量生长图上（图 2.4）。这张图解释了不同鱼类依据鳃表面积形成的生长参数的模式，在一个给定的渐近大小中，鳃表面积大的水生动物 K 值较高。

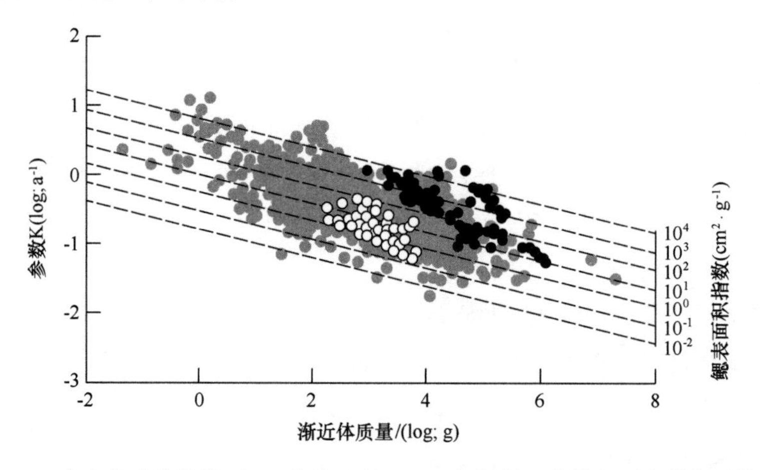

图 2.4　2948 个水生动物种群（608 个种）的 VBGF 方程的 K 参数与对应的渐近体质量估计值（W_{∞}）的对比。图中还加入了鳃表面积指数（GI，单位是 $cm^2 \cdot g^{-1}$）进行对比。这幅图说明特定大小的鱼可以快速生长成更大个体，但前提是它们有大鳃。对比图中体型大、长得快的金枪鱼科（黑点；金枪鱼和扁舵鲣）和长得慢的鲽科（灰点；比目鱼）可说明这点。改绘自 Cury 和 Pauly（2000）

图 2.5 提出了一个类似的观点，同时也与解剖学有关，随着（有氧）红色肌肉需氧量的增加，水生动物的鳃面积、生长性能和尾鳍的长宽比也将增加。

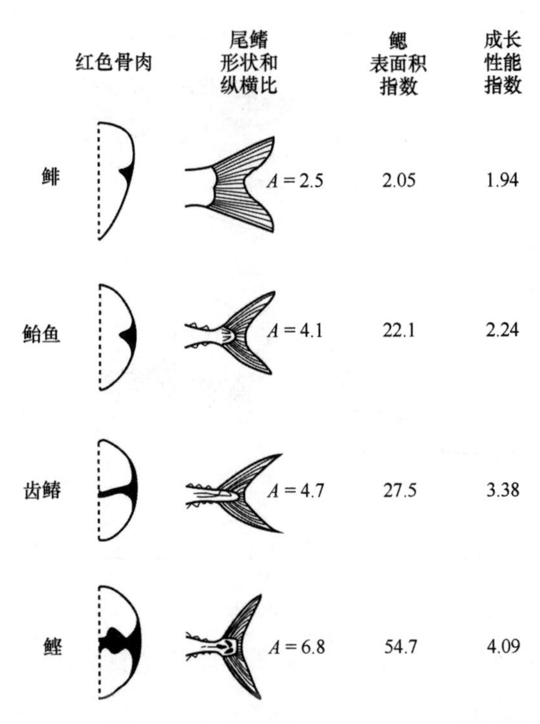

图 2.5　4 个属的中上层鱼类的不同器官（红肌肉、鳃和尾鳍）发育与其生长性能之间关系。红肌肉区引自 Bone（1978）、Sharp 和 Dizon（1978）。鳃表面积指数（*GI*）指 1 克鱼每平方厘米的呼吸面积，文中 φ 为生长性能指数（参考图 3.3 对尾鳍宽高比 *A* 的定义）

2.2　捕鱼和养鱼的视角

2.2.1　好动的鱼类没有安静的鱼类长得快

通过比较我们的家畜（牛、马、羊等）及其野生祖先，说明驯化使动物更加安静。鱼类也不例外，养殖的鱼类，即使只经过几代驯化，也不像它们的野生近亲那样容易激动。因此，Vincent（1960）这样描写美洲红点鲑 *Salvelinus fontinalis*：“野生鱼很容易被人类的存在吓到，比如在水里有一只手的影子。家养的鱼都很温顺，当一根手指放在水中时，它们经常会来咬手指，给人一种它们在孵化场像‘待在家里’的印象”。

大量的参考资料说明，驯养鱼类安静的特性会产生可喜的结果，安静的鱼可以将鳃供应的氧气更多地投入到生长中，因此，在其他条件都相同的情况下，生长速度比更为活跃的同种个体要快得多[66]（见图 2.6[67]）。

这里不需要再赘述。然而，以防万一，指出图 2.2D 右上方的异常点（黑点）可能是

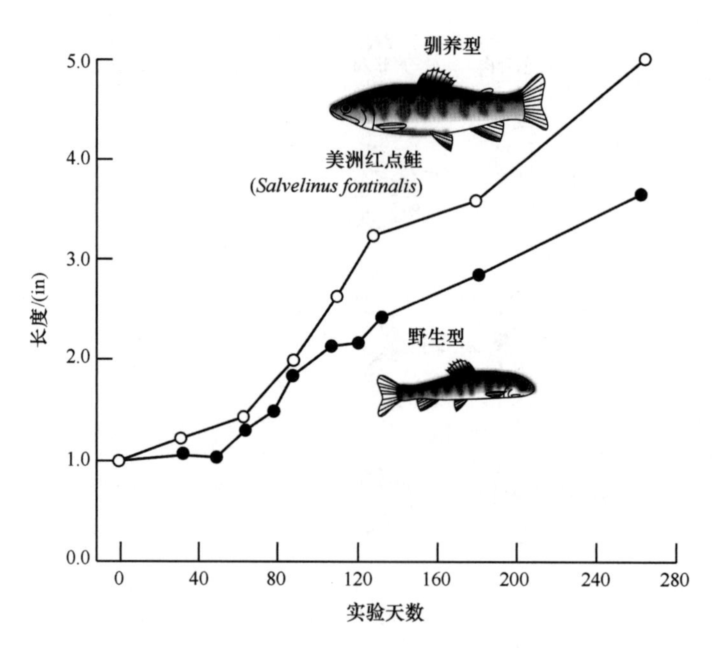

图 2.6　野生和养殖的美洲红点鲑（*Salvelinus fontinalis*）在人工饲养下的生长（改绘自 Vincent，1960 的图 1 和图 10）

有用的，这些异常点代表了有几十年养殖历史的尼罗口孵非鲫 *Oreochromis niloticus* 的生长曲线[68]。因此，可以认为，要选择能够快速生长的鱼类，可以通过选择安静的幼鱼实现，因为这一“安静”特征将通过更有效地利用氧气来实现个体的快速生长并达到更大的个体大小[69]。

2.2.2　圈养动物的生长得益于高含氧量

Stewart 等（1967）关于大口黑鲈 *Micropterus salmoides* 幼鱼低氧浓度下的生长数据，以及 Thiel（1977）关于鲤鱼 *Cyprinus carpio* 幼鱼在提高氧浓度时的生长数据，说明了氧气供应是如何决定生长性能的[70]。

对于大口黑鲈，只采用那些氧气张力低于 100%情况下的数据，因为高氧张力（接近和高于 100%）会抑制鱼类的生长（Stewart et al，1967）[71]。此外，Stewart 等（1967）的数据也不考虑氧浓度变化的情况，因为这也抑制了水生动物的生长（Bejda et al，1992）。采用的数据源自 23 尾鱼类，氧浓度的范围是 1.6～8.1 mg · L^{-1}（以 CO_2 计），平均温度 26℃。

Thiel（1977）的数据源自温度 23～36℃，只有 26° C 时的数据允许与 Stewart 等（1967）的数据进行比较，并将一系列重复实验简化为单个、典型的例子。从 Thiel（1977）的表 1 和第 18～19 页中提取的这些数据，是通过保存在压力容器中的鱼类获得的，这样，水体溶解氧含量大大高于正常水平，但氧的张力不会过度增加[72]。

变量 O_2 含量（X），初始权重（Y）以及日生长增量（Z）之间的相关关系如下。

	大口黑鲈	鲤鱼
r_{xy}	−0.116	0.170
r_{xz}	0.755**	0.872**
r_{yz}	−0.002**	0.253

在两种情况下，氧浓度与生长增量之间高度相关。多元回归分析表明，在大口黑鲈中

$$Z = 0.0217 + 0.0366 \cdot X + 0.0062 \cdot Y \tag{2.11}$$

$R=0.760^{**}$（$R^2 = 0.578$），两个回归系数都与 0（$p<0.01$）大不相同。

在鲤鱼中，这种关系是

$$Z = -0.0915 + 0.0165 \cdot X + 0.0116 \cdot Y \tag{2.12}$$

$R=0.878^{**}$（$R^2 = 0.771$），两个回归系数都与 0（$p<0.01$）大不相同。注意，在这两种情况下，X（O_2 含量）解释了大多数方差[73]。

氧含量的降低可能造成直接的影响，即导致降低食物摄入量，间接降低蛋白质合成速率（图 1.1）（Stewart et al，1967 这里说的是“食欲减退”）。可以认为，事实上，低氧浓度条件下减少的食物摄入量降低了水生动物的生长，而不是低氧浓度本身。然而，低氧水平降低了水生动物的食欲，不过是水生动物防止其氨基酸池被“淹没”的调节因子。在低氧条件下，摄入的食物（氨基酸）不能用于合成新的身体物质（合成需要氧气），也不能用作燃烧材料（燃料燃烧也需要氧气）。因此，氨基酸就必须排泄出来，这就需要消耗能量——所以需要氧气。因此，在氧含量降低的条件下，最好的策略就是不摄取食物。不管它们是否摄食，结果都是生长率下降。

Chabot 和 Dutil（1999）通过在不同溶解氧含量的容器中饲养大西洋鳕鱼（*Gadus morhua*），得到了与 Stewart 等（1967）对大口黑鲈的实验高度相似的结果。此外，他们建议“低氧对大西洋鳕鱼的负面影响可能比他们的研究结果更大。在他们的实验中，食物是可随意获取的，鱼类不需要通过体力劳动获得食物。为了捕获食物、躲避捕食者和洄游，大西洋鳕鱼几乎肯定要在野外付出更大的代谢成本。任何活动的增加都将进一步加剧缺氧对消化食物量的影响，最终导致生长率下降”。

同样，这里可以提到 Kolding 等（2008）的实验报告，实验不仅证实缺氧会降低尼罗口孵非鲫（*Oreochromis niloticus*）的生长率和最大个体体长，就像前面提到的其他物种一样（图 2.7[74]），而且如“GOLT”理论预测的那样，还将导致初次性成熟时个体体长的缩短（见第六章）。

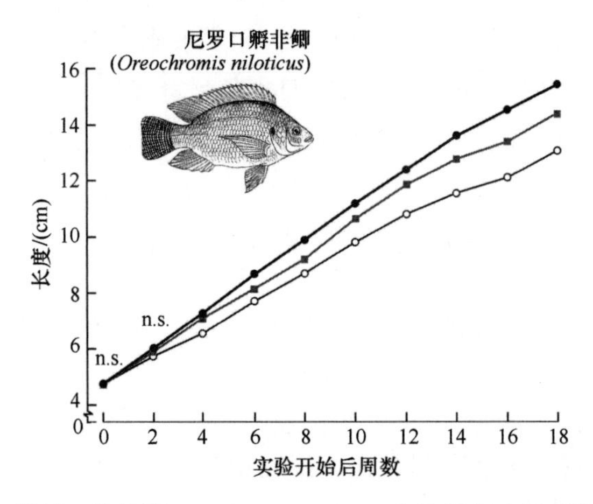

图 2.7　尼罗口孵非鲫 *Oreochromis niloticus* 在溶解氧含量不同的水中生长。全部 3 组鱼都提供了不限量的食物，但生长仍然与溶解氧水平强烈相关（改绘自 Kolding et al，2008）

其结果的应用之一，是在其他条件相同的情况下，人为地增加单位体积水体中的含氧量，无论是通过分层或直接通过空气或氧气注入都应得到以下结果：

（1）养殖鱼类或水生无脊椎动物的充气池可提高其生长和食物转换率（见第三章）；

（2）直接促进呼吸，或是增加了具有适当温度、食物和溶解氧的水层的体积，不分层的水库和湖泊则可促进鱼类生长。

无数有关池塘增氧的文献普遍强调其技术影响（Boyd and Tucker，1979；Boyd et al，1988），但关于增氧的众多生物学效应中，则只强调降低由于（清晨）缺氧导致的死亡率（Fast，1994）。然而，增氧有许多其他生物效应，尤其是对食物转换率和生长的有益影响（Costa-Pierce and Pullin，1989；见表 2.2）。奇怪的是，这些增氧的影响至今还未被生物学家联系到任何生长理论中，尽管增氧影响已经被产值数十亿美元的水产养殖界广泛熟知。

表 2.2　养殖种类的增氧反应

俗名和种名	国家（地区）	效率[a]	生长	存活	产量	收益	出处
鲤（*Cyprinus carpio*）	匈牙利	–	–	–	√	√	Abdul Amir (1988)
银鲤（*Artistichthys nobilis*）	匈牙利	–	–	–	–	√	Abdul Amir (1988)
白鲢（*Hypophthalmichthys molitrix*）	匈牙利	–	–	–	–	√	Abdul Amir (1988)

续表

俗名和种名	国家（地区）	效率[a]	生长	存活	产量	收益	出处
日本鳗鲡（*Anguilla japonica*）	中国台湾	√	√	-	-	√	Anon. (1988a)
罗非鱼（丽鱼科 Cichlidae）	新加坡	-	√	√	-	√	Anon. (1988b)
斑点叉尾鮰（*Ictalurus punctatus*）	美国	√	√	√	√	√	Hollerman and Boyd (1980)
杂交鲤（草鱼 *Ctenopharyngodon idella*，鳙鱼 *Aristichthys nobilis*）	美国	-	√	√	-	-	Shireman et al (1983)

注：“√”表示明确指出升高；“-”表示项目没有提及。

a. 食物消耗和/或转换率。

要点是表 2. 2 中的观察结果与本书的“GOLT”理论完全一致，也就是说鱼类的生长率普遍受到氧气限制。另一方面，它们断然否定了传统的鱼类生长理论，那些理论往往是围绕着当地或暂时的食物短缺的观察报告而建立的（见 Weatherley and Gill，1987）。这表明，基于“GOLT”理论提出的关于鱼类对池塘增氧反应的定量预测（即假设）很可能是正确的。

如上所述，在不分层的水库或小湖中，提高整体含氧量（Fast and Hulquist，1989）可以促进鱼类的生长。

此外，考虑到“GOLT”理论和其他相关领域的信息，我们也许能够定性，甚至可以定量地预测，对于存在温跃层的湖泊，或盐跃层的海洋（如波罗的海和黑海），鱼类生长会发生怎样的变化。类似的过程也可用于验证 Coutant（1985，1987，1990）的研究，他记录了一个缺氧的生态系统——切萨皮克湾，其中条纹鲈（*Morone saxatilist*）的氧气供应是一个问题（尤其是大个体），已经在很大程度上无法满足其存活和成长。

全球变暖（第八章的主题）以及沿海富营养化，有可能在未来的几十年导致新缺氧区的出现和扩大现有的缺氧区，例如，在波罗的海、黑海、墨西哥湾北部或中国北部的渤海（Diaz and Rosenberg，2008；Diaz and Breitburg，2009）。因此，我们需要更好地了解低氧对水生动物的亚致死作用，包括阻碍鱼类的生长，同时也要了解增氧作为一种缓和措施的可行性和限制性。

2.3　仔鱼、塑料鱿鱼、二维和呼吸空气的水生动物

某些生物体的呼吸模式，起初似乎与鳃面积限制鱼类和水生无脊椎动物生长的说法不

一致。本节就部分鱼类和水生无脊椎动物开展深入讨论。

2.3.1　仔鱼的指数生长

虽然刚孵化的硬骨鱼幼体的鳃通常不具备呼吸功能，但可以通过裸露的皮肤进行呼吸，它们的皮肤富含毛细血管，可以使流经身体表面的溶解氧进入逆流的缺氧血，从而满足其氧气需求（参见 Liem，1981）[75]。事实上，仔鱼的皮肤呼吸极其有效，可以完全满足其较小身躯的氧气需求，即用符号表示为 $d=1$ 或>1。因此，方程（1.1）中的合成代谢项可以与其分解代谢项保持一致，整体描述了指数生长模式，而不是描述渐近生长，即

$$W_t = W_0 \cdot \exp[k'(t - t_0)] \tag{2.13}$$

式中，W_0是初始体质量（例如，对应孵化时的体长，L_h），k' 为生长系数，t_0为初始年龄（孵化时为 0），W_t是 t 龄时的体质量。Houde（1989）将这种生长模型应用于多种海洋鱼类的幼体，并表明其参数 k'（他称之为“特异性体质量生长率”）与食物的摄入量和温度正相关，与死亡率负相关。

然而，指数增长不能长期维持，因为随着体质量的增加，身体表面积与体质量的比值会迅速下降。另外，当仔鱼长出鳞片和/或幼鱼和成鱼的皮肤较厚时，皮肤呼吸就会停止，同时鳃发育完成。这个转换发生在图 1.3C 中的体长 L_x 时。De Sylva（1974）研究了大西洋鲱（*Clupea harengus*）和鲽（*Pleuronectes platessa*）幼体呼吸系统的发育，并提出了支持这种幼体生长模式的数据解释（图 2.8）。

另外，在这个问题上更综合的数据集来自 Bochdansky 和 Leggett（2001），基于一个元分析的数据来自 28 种硬骨鱼的 22 个代谢研究，其新陈代谢指数（d）在最小幼体时非常高（高达 $d=1.3$），然后逐渐下降至等于或小于 0.8，这也证实了 Giguère 等（1998）的结果。然而，他们写道“没有对实际情况令人满意的解释，即代谢指数在小生物（mm 和 mg）中显示的值接近 1，在较大型的生物体中稳定在 0.7~0.8 之间”。

这里需要解释的是，最小的幼体呼吸不受（呼吸）表面积的限制[76]。相反，它们的呼吸与其消耗的食物量成正比；这与对幼体生长的研究结果一致，这些研究通常都是指数型生长模型，其生长 k' 值（即生长率）很大程度上取决于食物供给（见 Cushing，1975，127 页）。因此，幼鱼属于 von Bertalanffy（1951，280 页）的“生长和代谢型Ⅱ”。

这一推论也得到了 Blaxter 和 Hempel（1966）的支持，他们在研究食物转换率的基础上发现，鲱鱼幼鱼的新陈代谢与体质量接近于 1 的幂成正比。Blaxter 和 Hempel（1966）对 Holliday 等（1964）鲱鱼幼鱼耗氧量的结果进行的再分析，也证实幼体的代谢与体质量成比例。

上述所言，硬骨鱼类幼鱼的指数生长停止于变形。在这一阶段，由于鳞片的生长和具有丰富毛细血管的原始鳍褶的脱落，皮肤对总呼吸的贡献显著降低。因此，从那时起，鳃

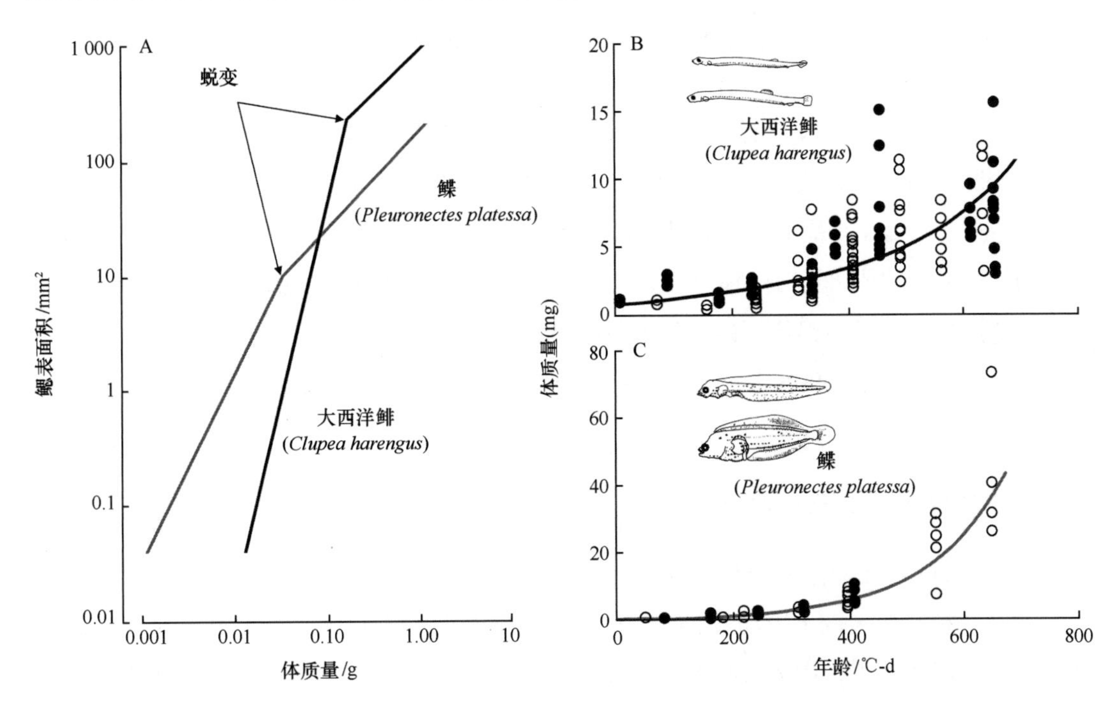

图 2.8 大西洋鲱（*Clupea harengus*）和鲽（*Pleuronectes platessa*）仔鱼生长的若干问题。A. 鳃发育速度之快足以让呼吸面积跟上体质量（$d>1$），但变态后速度即下降（$d<1$）；改绘自 De Sylva (1974)。因此，如图 B 的鲱鱼和图 C 的鲽鱼所示，仔鱼呈指数生长。图中描绘了仔鱼体质量与温度-天数的关系，解释了温度对仔鱼生长的影响（实心点：10℃；空心点：12℃）；图 B 和图 C 改绘自 Overnell 和 Batty (2000)

不再与接近或高于 1 的体质量幂（d）成比例地生长，而是按亚成体和成体报告中指出的体质量幂继续生长。因此，De Sylva（1974）报道的变形后的鲱鱼和鲽鱼的代谢 d（鲱鱼 $d=0.79$；鲽鱼 $d=0.85$），完美地对应了图 1.2 中的数据，建议成体鲱鱼和鲽鱼的体质量范围的 $d\approx0.8$。Bochdansky 和 Leggett（2000）收集了不同种类处于变形阶段的个体大小不同的鱼类的数据，发现指数在变形前后之间平滑过渡。

因此，变形时的个体大小确实对应于图 1.3C 中的 L_x。这个图还显示（不按比例）卵的受精年龄（t_f）、孵化或出生体长（L_h）、幼体（虚线）生长到变形的指数生长（L_x），鱼类经历了从指数生长到由 VBGF 所描述的渐近生长模式 $d\approx0.8$ 的转变[77]。还要注意到，拐点（L_i）的位置与初始体长（L_x）没有关系。

这些研究结果表明，t_0 的正值通常是错误的，因为它们意味着幼体生长比亚成体慢。这提供了一种标准，用于评价来自有偏差的个体大小-年龄数据的 K 和 t_0 的可靠性：当 K 的估值过高时，t_0为正值，而这在生物学上是不可能的[78]。

这里不涉及卵内的生长，即从 t_f 到 L_h，除了提到这种生长主要是由于卵径的负函数

（也就是氧气扩散到卵中）和温度的正函数（Pauly and Pullin，1988；Regier et al，1990）作用。

另一方面，我们在这里简单讨论一下幼体的宫内生长（鲨和鳐），Holden（1974）假设它等于图 1. 3C 中的 t_0到 L_0（即 VBGF 中的开始）的线段，而实际上它对应的是 t_f 到 L_b（鱼幼体的 L_h）阶段。基于这个假设，Holden（1974）提出成鱼生长曲线（即 K）可以用成鱼的妊娠期、幼体出生时的体长以及 $L_{max} \approx L_\infty$ 的假设来估计。正如 Pauly（1978）所指出的，这产生了 K 的错误估计值，其中一些仍然在文献中传播[79]。

这里不做关于仔幼鱼的进一步讨论。但当我们讨论季节性生长时（第五章），这个主题会再次出现。

2. 3. 2　鱿鱼和塑料鱿鱼的渐近生长

把 von Bertalanffy 生长曲线应用于头足类，尤其是鱿鱼，是充满争议的，与先前在水生动物，尤其是热带水生动物的应用一样存在争议，因此，如果能避免这一主题最好。不过，避免不了，因为任何鱿鱼都呈指数生长，也就是说，它不受任何表面积的限制（见上述），或者如果受到表面积的限制，则必须有一条渐近线，并遵循狭义 VBGF 或广义 VBGF。

一方面，我们知道，鱿鱼的新陈代谢会随着体质量的幂函数 $d<1$（O'Dor and Wells，1987）而增加，这说明氧气供应量确实限制了鱿鱼的生长。因此，它们的生长应符合渐近曲线；正如 Lipinski 和 Roeleveld（1990）指出的，这是“GOLT”理论正确的必要条件，但并非充分条件。

另一方面，许多头足类动物研究者认为，von Bertalanffy 生长模型不能适应头足类动物生长模式的多样性[80]。图 2. 9 显示了包含季节性生长波动的狭义 VBGF 曲线的不同生长曲线的变化（详见第五章）。很明显，这一版本的 von Bertalanffy 模型是多功能的，足以容纳许多观察到的头足类生长类型。下文可以看到，狭义 VBGF 可用于描述鱿鱼的“指数”生长。

现有头足类动物的祖先是有壳鹦鹉螺。现代鹦鹉螺属 *Nautilus* 只有 4 种，其生长率远低于鱿鱼，寿命在 10~20 年之间（Kanie et al，1979；Saunders，1983；Cochran and Landman，1984；Landman et al，1988，1989；www. sealifebase. org）。为了解决这一矛盾，Rodhouse（1998）提出，鱿鱼是通过一种他称之为“生理生殖”的幼态成熟（性早熟）过程从鹦鹉螺进化来的，与 Gould（1977）的幼体发育（发育滞后）相对应。除了别的之外，这个意见可以解释鱿鱼具有高代谢率（Wells，1994）和快速生长率，类似于大多数动物幼年期的情况。

此外，在许多鱿鱼和其他头足类动物中，高产卵死亡率导致许多年长个体的消失，从

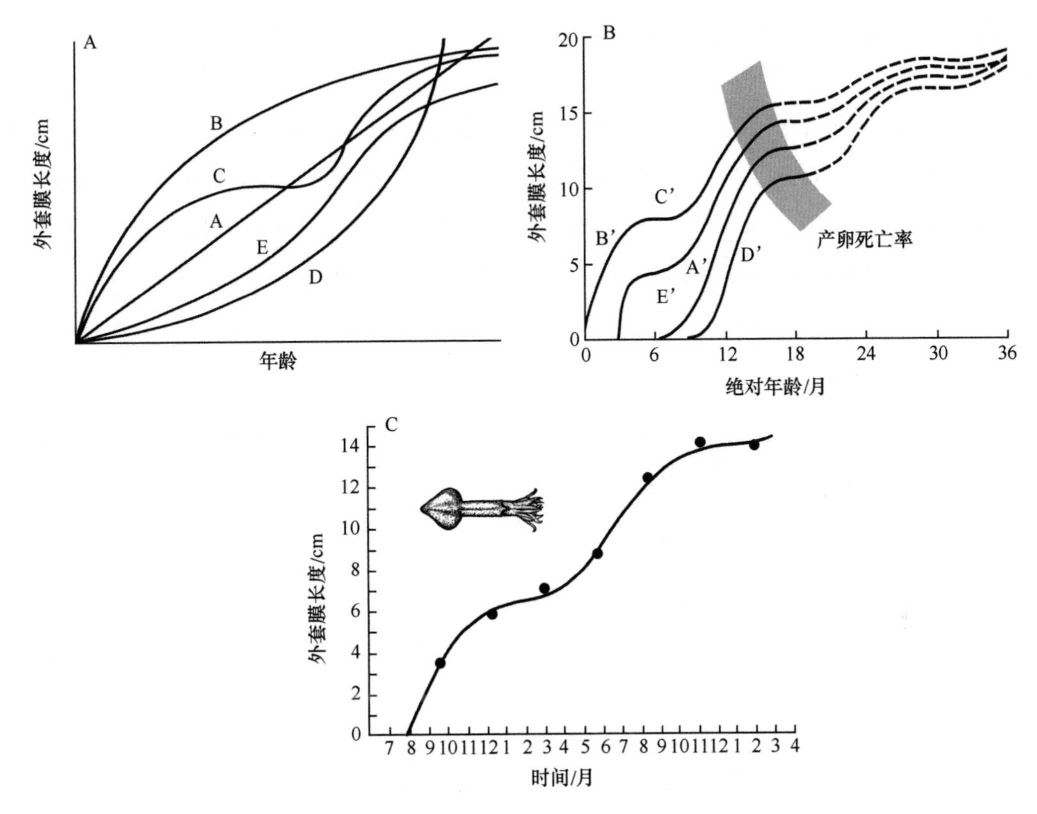

图 2.9　头足类的经验生长曲线对应 von Bertalanffy 生长曲线：A. 枪鱿科 5 个种的经验曲线（Hixon 1980 中的 5 个种）：①笔管鱿鱼（*Loligo opalescens*）的线性生长（Fields 1965）；②皮氏枪乌贼 *L. pealei* 的渐近生长（Verrill 1881）；③欧洲乌贼（*L. vulgaris*）的“周期”生长（Tinbergen 和 Verwey 1945）；④笔管鱿鱼（*L. opalescens*）（Mongold 1863）和皮氏枪乌贼（*L. pealeii*）（Summers 1971）的指数生长；⑤皮氏枪乌贼（*L. pealeii*）、普氏枪乌贼（*L. plei*）和圆鳍枪乌贼（*Lolliguncula brevis*）的 S 形生长（Hixon，1980）；B. 曲线由季节性波动版的 VBGF 方程生成，其中用到了同一组参数（L=20 cm，K=1.2 a^{-1}），季节性波动的振幅也相同，但出生日期不同。注意：这些曲线（A’，B’ 等）在很大程度上与图 A 中的曲线形状完全相同，代表了鱿鱼的生长率，即 A≈A’；B≈B’，以此类推；C. 加利福尼亚州蒙特雷湾的笔管鱿鱼（*L. opalescens*）的季节性波动生长曲线，用方程（4.1）拟合 Spratt（1978）的体长-年龄对应数据生成，其中 ML=20.8 cm，K=0.755 a^{-1}，C=0.85，WP=0.08 a

而使我们获得了任何函数都可拟合的“线性”或“对数线性”生长曲线段，无论其是否具有生理意义（Bigelow，1993）。这种折衷方法的缺点是，当纯经验曲线与观察结果（例如，年龄-体长）拟合时，所有增加的生长都令人困惑。目前，还没有哪个理论可用以验证和/或经过扩展再验证说明某些经验方法被误导了[81]。

因此，例如，Clarke（1980）对于大洋性的巨疣鱿鱼（*Kondakovia longimana*）的生长率估值多年未引起争论，大概是因为估值与鱿鱼专家的普遍看法一致，这些专家认为他们偏爱的研究对象（包括生活在南极洲冰冷水域的巨物，如巨疣鱿鱼）只有为期一年的生活史。

这促使人们重新审查导致这一估值的数据。正如 M. Clarke 在其合著的纠正这个错误估值的论文（Jarre et al，1991）中所认同的，没有证据证明一年寿命的假设是合理的。事实上，Jarre 等（1991）根据图 2. 2E 的模式延展的寿命估计达到 8~10 年，这一数字与 Bizikov（1991）对巨疣鱿鱼内螺蛸截面上年龄标记估计的寿命相符（图 2. 10）。

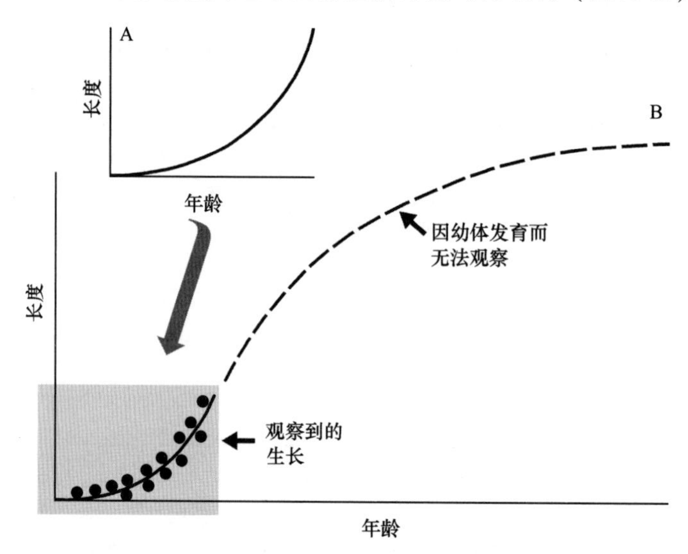

图 2. 10　通过带有拐点的广义 VBGF 重新解释头足类的“对数生长”。A. 图中曲线描述了明显的对数生长；B. 渐近模型描述了稚体和成体早期的生长（实线）和成体后期的预测生长（分段线），后者通常因产卵死亡和衰老而无法观测

在直接挑战上述观点时，Lipinski and Roeleveld（1990）指出，将“*Growing Sealife*”牌的自生长塑料鱿鱼置于水中时，显示渐近生长；这的确表明“即使 von Bertalanffy 生长曲线与数据的拟合看起来令人满意，也不能说这是合成代谢和分解代谢变化的证据”。然而，这是一种“柔道反驳法”（Asimov，1977），很容易反过来反驳提出论点的人[82]，因为塑料鱿鱼个体的变化其实与“合成代谢”和“分解代谢”理论是相符的。

我们首先注意到，塑料鱿鱼并不像仔鱼那样“指数”生长（见图 2. 11）。这本应意味着达到外部极限（对于仔鱼是变形之前），生长只受食物摄入（即塑料鱿鱼摄入的水量）和绝对生长速率（如 $g \cdot d^{-1}$）的增加的限制。然而，塑料鱿鱼表现出一种由狭义 VBGF 代表的渐近生长的形式，即生长率随体长呈线性下降（Lipinski and Roeleveld，1990 的图 2）。这证明有东西从一开始就在防止水扩散到塑料鱿鱼里。

这东西就是塑料本身的内聚力，其强度（k）应该与可吸水塑料的体积（W）成比例。因此，我们就有了一个反对塑料鱿鱼膨胀的负项：kW。将水吸入塑料鱿鱼体内的力是毛细

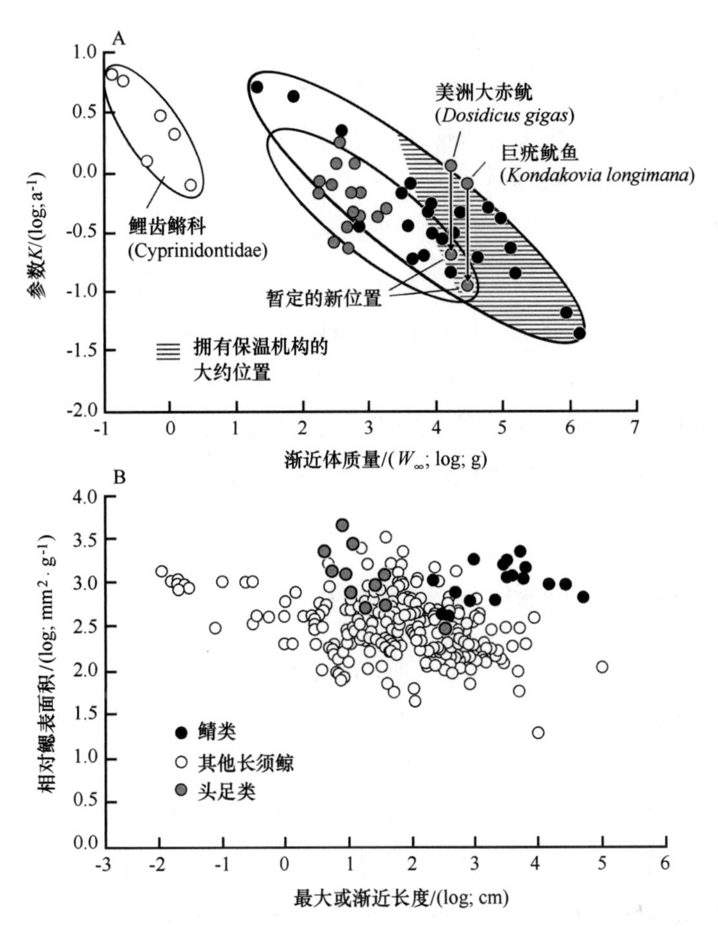

图 2.11 鱿鱼和鲭科鱼类的生长模式（图 A）和鳃表面积（图 B），重点在于两种鱿鱼的 K 值明显高估：美洲大赤鱿（*Dosidicus gigas*）（Ehrhardt et al，1983）和巨疣鱿鱼（*Kondakovia longimana*）（Clarke，1980），这个发现考虑到了其他类鱿鱼（Jarre et al，1991 中的表 3）的生长率，同时这两种鱿鱼的鳃表面积（Madan and Wells，1996；B）远低于大型金枪鱼。同时注意：（图 A）阴影区域代表金枪鱼（Carey et al，1971 中的表 1）代谢产生的热（代谢强度和体质量的函数，代谢强度和体质量分别用 K 和 W_∞ 表示）通过逆流热交换系统获得保留，大型远洋鲨鱼具备这种系统，但鱿鱼不具备。这说明美洲大赤鱿和巨疣鱿鱼的 K 值远低于原先 Ehrhardt 等认定的值

管力，它与表面积成比例，即 $HW^{2/3}$（Thompson，1917）。因此，塑料鱿鱼体质量（塑料和水）的增长应当符合我们认识到的方程（1.3）$dw/dt = HW^{2/3} - kW$，即狭义 VBGF 的微分方程。

O'Dor 和 Wells（1987）指出，对于鱿鱼，通常 $d_{O2} \approx 0.75$，但有一些例外，如短鳍鱿鱼（*Illex illecebrosus*），其 $d_{O2} = 0.96$。在广义 VBGF 中，接近于统一的 d 值会导致生长曲线可能被理解为有两个阶段：①在幼体阶段的生长速率，模仿“指数”生长（图 2.9A），以

及②随着接近渐近线（相对较高的部分），生长率下降（图 2.9B）。然而，第二阶段的死亡率［7.2 节中描述的可能是幼体发育（发育滞后）和衰老的偏见］，在野外采样标本中不常见，尽管在人工饲养的头足类动物生长曲线上是明显的，例如，Forsythe 和 Van Heukelem 的著作（1987，其中的图 8.2）。

因此，渐近生长与幼体阶段的加速生长并不矛盾。实际上，广义 von Bertalanffy 生长模型有一个拐点，它的附加参数［D，或是 3（$1-d$）］与代谢研究的生长有关，并且可以很容易地适应季节性生长波动，很可能是 Jackson（1994）建立的“通用鱿鱼生长模型（generic squid growth model）”的良好候选项。人们甚至可以推测，它的用途之一是允许通过在曲线上已观察到的和尚未观察到的部分之间建立关系（见图 2.9B，它的后半部分被夸大强调），评估各种鱿鱼的幼体发育（发育滞后）的程度，与 Gould（1977）所采用的图形“时钟模式”来类比不同形式的异时性。

2.3.3　从二维水生动物到呼吸空气的水生动物

1844 年，一位热爱神学和文学的教师 Edwin A. Abbott 先生出版了一本名为《平地：多维度的浪漫》（*Flatland：a Romance of Many Dimensions*）。在这本书中，他探讨了二维世界中生活的意义，描述了在一个只有前后左右，但没有上下的世界中的气候、房屋、居民等（尤其是女性，她们相对于圆形的男性来说是尖尖的，因此不得不受到极大的尊重）。

A. K. Dewdney 在 1984 年出版的《平面宇宙：与二维世界一次亲密接触》（*The Planiverse：Computer Contacts with a Two-dimensional World*）一书中，进一步研究了平地概念。Pauly（1989）对平面宇宙概念进行了修订，以此来说明即使是在平面世界里，鱼类也会受到鳃面积的限制。不过，顺着 Dewdney（1984）的思路，我要提到一个由阿尔德人（Ardeans）居住的称为阿尔德（Arde）的圆盘状行星，这个行星只有上下和前后，但没有左右（这比 Abbott 的平地更容易想象）。所有的物体和生物都必须被认为是缺乏深度的（例如，人们不能区分比目鱼和颌针鱼）。

阿尔德行星的水生动物（没有可以把身体分成两部分的肛门；Hawkins，1998，180～181 页）没有体质量。它们对应的维度是表面积，与体长的关系是 $S=a\cdot L^{b'}$。当 $b'=2$，这个方程是阿尔德等速时，表示一般情况；当 $b'\neq 2$，方程为正（$b'>2$）或负（$b'<2$）时，为阿尔德异速。同样，在阿尔德水生动物中，与我们的一样，总代谢率（生长率）受到呼吸器官相对面积的限制。在地球上，这种面积具有表面维度，即鳃表面积。在阿尔德行星，这种面积仅具有体长的维度，即鱼的边缘部分足够薄，可以用来交换气体（见图 2.12A）。这条线的生长率表现为正相关异速生长（图 2.12B），因为在阿尔德行星，自然选择也尽量充分利用了鳃[83]。图 2.12C 说明了阿尔德鱼类的表面积增长的结果，其中的信息是在二维世界里仍然存在呼吸限制。

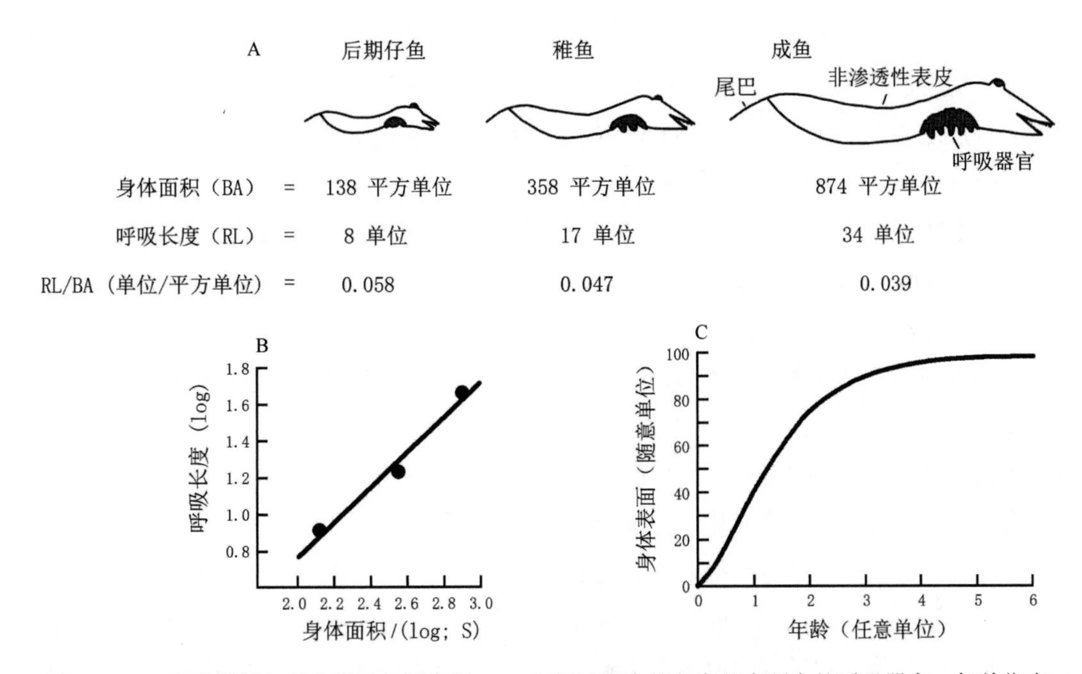

图 2.12 二维世界阿尔德鱼类生长示意图：A. 生长过程中的鱼类具有更大的呼吸器官，但单位表面积（S）的呼吸持续时间 L_r 在缩短；B. 利用这些数据，并取 $L_r = Sd'$，可估算出 $d' = 0.9$ 了；C. 用狭义 VBGF 的一个版本建模的阿尔德行星中的二维鱼的表面积增加（改绘自 Pauly，1994a 的图 12.2 和 12.3a）

通过改变维度构建虚拟世界是一种古老的文学策略[84]：创造出小人国和巨人国的《格列佛游记》的作者乔纳森·斯威夫特（Jonathan Swift）[85]，立刻想到了这个办法，用这个策略来矫正他的时间。本书也通过改变维度来说明一个科学的观点。

但是，这种迂回变化经历了极其漫长的岁月。它显然再一次说明，地球的表面积是如何限制了体积的。我们回首遥望过去，不是现在的过去，而是 5 亿 8 千万年前，在“雪球地球”（6 亿年前冰封雪冻的地球）之后的几百万年里，地球上的冰雪融化了。这一时期，显然在所有的海洋中，以澳大利亚埃迪卡拉（Ediacara）山命名的埃迪卡拉动物群①出现

① 埃迪卡拉（Ediacaran）动物群是 Sprigg 于 1947 年在澳大利亚中南部埃迪卡拉地区的庞德砂岩层中首先发现的。最初人们未能确定这一动物群的时代，后来终于确定为前寒武纪，年龄为 6.7 亿年。在对埃迪卡拉地区重新进行深入细致的研究中，采集到几千块化石，有的是圆形的压印，同现代水母相似；有的是柄状的印痕，与现代的海鳃相似，也是一种腔肠动物；有的像细长的蠕虫那样的印痕，由一个像马蹄形的头和约 40 个完全相同的体节所组成，与现代的环节动物相似；还有椭圆形、盾形印痕，并且有 T 形的纹道，可能是节肢动物，它们同现在已知的任何一种生物都不相似。经过测定，埃迪卡拉动物群生存的年代为距今 6 亿~6.8 亿年前。埃迪卡拉动物群在 1974 年召开的国际底质科学联合会巴黎会议上，一致肯定埃迪卡拉生物群为前寒武纪晚期，这是目前已发现的地球上最古老的后生生物化石群之一。埃迪卡拉生物群的发现和研究，大大地促进了前寒武纪古生物学的发展，也纠正了过去认为无脊椎动物在寒武纪初期才发生的观点；也把原来以为只有 6 亿年左右的后生动物历史，大大向前推进了。有的学者推算，后生动物群很可能起源于 9 亿~10 亿年前。——译者注

了，在埃迪卡拉山发现了第一种多细胞动物化石（Canfield et al，2007）。

这个动物群很奇怪，因为其中的物种基本上是二维的，也就是呈薄叶状的。这通常归因于氧含量低（见 Pörtner et al，2005 的图 1；也参见 Ward，2006，30 页）。然而，另一个原因可能是有效的鳃（及其必须连接的内部血管系统）尚未进化。因此，埃迪卡拉多细胞动物不得不依靠扩散（稀薄的）体壁为自己提供氧气，因此，产生两个非常重要的后果。

① 它们行动非常迟缓，几乎不能进行任何持续的活动，固着动物只能呼吸和滤食漂浮的细菌，移动的动物则只能缓慢地从一个细菌聚集区到另一个细菌聚集区；

② 它们本来就非常脆弱，再加上运动缓慢，很容易被进化出视力和爬动能力的捕食者捕食[86]。

不出意料，埃迪卡拉动物群在大约 5.4 亿年前的寒武纪的过渡期消失了，期间则见证了甲壳动物的出现以及大量的化石。在那些后来成为优势物种的动物中，承担吸收食物和排泄废物功能的表面逐渐与承担氧气和二氧化碳交换功能的表面分隔开来，形成了专化的鳃和专化的肠道（Remane，1967）。个体大小的增大和活动性能的提高以及降低对外部因素的依赖性，只能通过提高代谢率来达到，也就是说，要消化更多的食物。另一方面，消化更多的食物意味提高肠道和鳃表面的相对面积，后者为各种代谢过程提供了必要的氧气（Ward，2006）。

所有进化成现代水生动物的无颌动物一般较小，解剖学结果表明，它们是运动相当缓慢的动物（Lehman，1959）。随着它们沉重的铠甲逐渐消失和鳍的出现，水生动物的祖先提高了活动量，得以栖息到所有的水层。提高活动量需要更多的食物，因此，促进用于捕获和初步消化处理食物的器官改良，即出现真正的颌（Mallatt，1996；Zimmer，1996；Ward，2006）以及结构改善的鳃，从而使得呼吸面积大幅度增加。

这两种器官系统的进一步进化最终导致整个头部区域的逐渐重组，只要对现代无颌类与有颌类鱼类加以比较，就更能领会这种重组的程度（图 2.13）。在鳃的发育方面，最先进的鱼类是大型鲭鱼，如金枪鱼或旗鱼，它们似乎已经达到了鳃进化的最高阶段（Wegner et al，2010），有与其他水生动物不同的新陈代谢表现，如它们的越洋洄游和体温升高。Kearney（1975）指出，这些水生动物似乎已经达到了一个逐渐“从资产变成债务”的新陈代谢水平，他还注意到金枪鱼经常被迫迅速潜入深水，因为热带海洋温暖的表层水无法满足它们的氧气需求[87]。

水生动物的另一条进化路线，表现为从泥盆纪提塔利克鱼（*Tiktaalik*）（Shubin，2008）及类似的鱼类进化而来的呼吸空气的鱼类（Graham，2006 的综述），主要是温暖的亚热带和热带的淡水动物［攀鲈科（Anabantidae）、胡子鲶科（Clariidae）和骨舌鱼科（Osteoglossidae）等］，以及虾虎鱼科弹涂鱼属（*Periophtalmus*）的鱼类及其近亲，它们都生活在既不清凉也不富氧的水坑中。

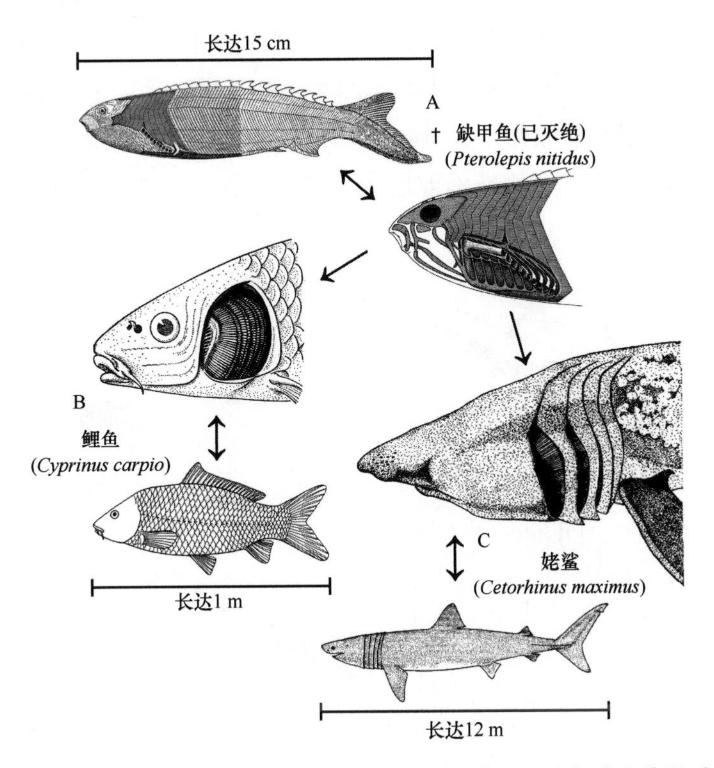

图 2. 13　鱼类鳃进化的一些例子。注意鳃从占据鱼头体积一小部分的分段呼吸系统进化到深入鱼头内部的拓展系统 A. 重建的上志留纪的缺甲鱼（*Pterolepis nitidus*）（仿自 Stensiö，1958）；B. 鲤鱼（*Cyprinus carpio*）（仿自 Storer and Usinger，1967 和 FAO）；C. 姥鲨（*Cetorhinus maximus*）（仿自 Muus-Dahlström，1974 和 FAO）。粗箭头表示进化趋向大鳃，而不是系统发生关系

弹涂鱼的生长充分符合 VBGF 理论（例如，Turay et al，2006），其鳃表面生长超过体质量的增加[88]，即 $d>1$（参见尾注 50）。然而，这些鳃的表面积相对较小，并没有为其呼吸溶解氧加以优化（Low et al，1988）；事实上，如果无法接触到水表面上方的空气，那么即使是在溶解氧充足的水中，弹涂鱼也会溺毙。事实上，它们的“正常”呼吸模式——用它们的嘴和喉咙作为“肺”，辅助以保持鳃与气泡丰富的水接触——不在本文的简单维度分析范围内。但是，我相信弹涂鱼鳃的表面积不会对“GOLT”理论形成挑战。

2. 4　作为复杂二维物体的鳃和汽车散热器

要将鳃设想为一种平面（二维），当然有难度，特别是它们显然占据着鱼和水生无脊椎动物的颅内空间（三维）。因此，为了帮助理解鳃的这一关键特性，不妨将它们与汽油或柴油引擎的汽车散热器做比较。

汽车引擎在燃烧油料时会发热，为免引擎过热则必须散热。大多数汽车采用气冷式散热——散热器从引擎接收热水，将冷却的水再送回引擎（图 2. 14A）。冷却过程本身发生在散热器的层片中，层片接收热水，放出冷水，并将水的热量转移给层片间流动的空气（图 2. 14A 中插图），而空气由汽车的前进运动产生（往往还加用螺旋桨强化穿过层片的气流）。

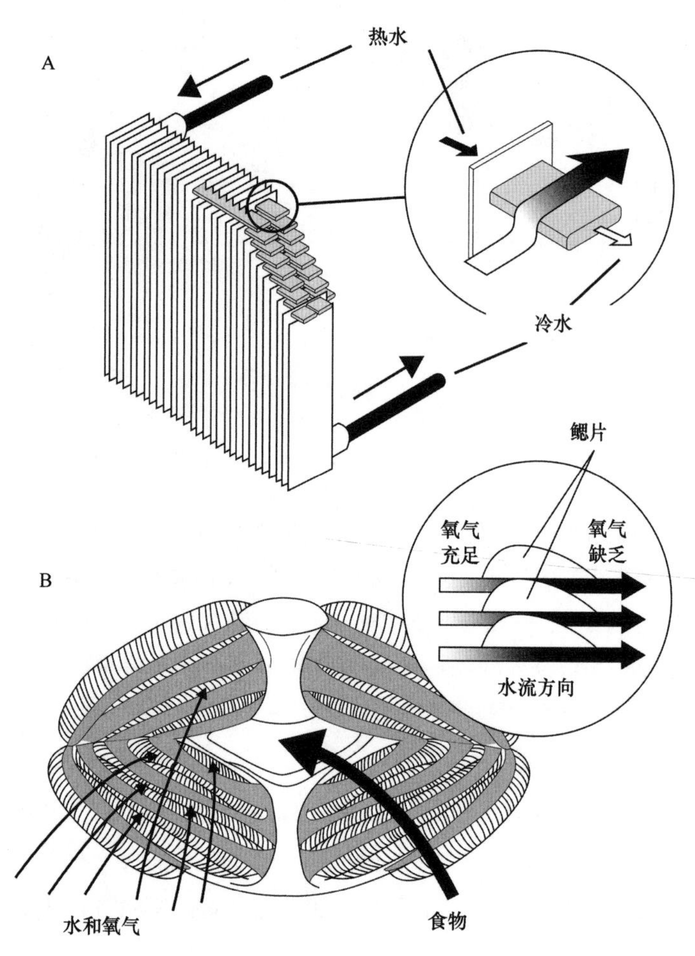

图 2. 14 汽车引擎的冷却系统和溶解氧呼吸系统之间的相似点。A. 汽车散热器图解，它可以增加宽度和高度，但不可增加深度，因为空气一旦流经层片（图中插图），就不能带走更多的热了。B. 日本蝠鲼（*Mobula japonica*）口腔内部正面图（改编自 Wegner，2016 的图 3. 20A）说明了呼吸的二维性，即水一旦流经鳃（图中插图），所含氧气就几乎耗尽，再流经更多的鳃结构也就没用了

显然，如果汽车装备了马力更大的引擎，就会产生更多的热，也就需要加强冷却，那散热器可以增加宽度和高度（即在两个维度上扩大），但却不能增加“深度”，比如在原先的层片后再加一层，因为这样一来，第二层的层片就会吸收到热气，无法冷却来自引擎

的水（稍加思索，可以发现如果以某种方式增加层片的“深度”，结果也是一样的）。这里的要点在于，为了将热量散发到运动的流体中，汽车的散热器不论多么复杂，在设计时都只能考虑两个维度，从不考虑3个维度。

散热器与鳃非常类似。虽然鳃看起来占据了鱼类颅内的三维空间，却实实在在地在平面发挥作用：①通过这个面将水泵入（带口腔泵的鱼类，如鲤鱼或石斑鱼），②用这个面推水（冲击式呼吸的水生动物，如金枪鱼或剑鱼）。

不论是采用①还是②的方法来迫使水流经鳃，水一旦流过鳃丝后，其中的含氧量都很低（Saunders，1962；Bushnell and Brill，1992），原先含有的氧已经被输送到鱼的血液中。这样，位于第一层鳃丝“下游”的第二层鳃小片的意义就很小了，更不用说之后的第三层等。因此，如果鳃的表面积能增加，必然是因为承载它们的头颅横截面（一个平面）也增加了。但是要注意，后者的生长并不与体长的平方成比例，而是更快，这也是d可以大于2/3的原因（见2.1.1）。还要注意：上述考虑也适用于水生无脊椎动物的鳃（Wells，1990），不过它们的鳃未必位于头部，它们甚至不一定有头部。

第三章　氧气的作用

3.1　如何让一辆老爷车跑得更快

鉴于人类是哺乳动物，需要大量食物来保持高代谢率（在这方面，只有鸟类超过人类），我们易于按照对哺乳动物的见解来评价所有动物，假设它们也只有在食物充足时才具有良好的生命状态。但是，如果这样假设，我们就忽视了一个事实，即对于高代谢性能，食物（必要条件）、氧气（充分条件）和其他需要的条件，就某些动物和在某些情况下来说，氧气可能比食物更难获得。

这里可以做一个简单的类比，就是想让一辆安装了大引擎的老爷车跑得更快，你会怎么做？在发动机上安装更大的燃油箱和更粗的燃油管线？或通过安装大型进气口和大型化油器来确保发动机得到更多空气？这个答案很明显[89]，我就不说了。现在，鱼类和其他水生动物就和汽车一样，因为它们的“引擎”需要氧气，并且将氧气吸收进入体内是很困难的[90]。

这里我们分两节来阐述。首先，大型高龄鱼类要从环境中吸收氧气极其困难，因此把所有的氧气都用于维持生命活动，而不是生长。其次，如果建立一个不考虑氧气为限制因素的复杂增长模型，对于大型或高龄鱼类来说，可以给出充分的描述，但却会产生不准确的预测。因为人生很短，我只会为这种类型做一个模型，希望感兴趣的读者会在其他摄食模式中开展类似的分析。

3.2　水生动物的食物转化率

Ivlev（1966）定义了鱼类的食物总转化率（K_1），对于任何时间间隔：

$$K_1 = 生长量 / 食物摄入量 \quad (3.1)$$

式中生长量和食物摄入量的单位相同[91]。长期以来，鱼类的食物转化率认为随着鱼体的增大而下降，一般表达为

$$K_1 = a \cdot W^{b'} \quad (3.2)$$

b' 是一个负数，但也有绝对值的表达，由于这里提出的考虑因子应该接近（$1-d$）。

d 为鳃的质量比例增长。在食物摄入量和鱼类体质量近似成比例的情况下，也就是食欲在很大的质量范围内保持不变的情况下，$|b'|$ 的值和（1-d）接近。若不是这种情况，$|b'|$ 的值是 d 值和食欲下降共同作用的结果。

无论如何努力也难以区分这两种效果。这里提供的几个例子只是为了说明食物转化率和鱼类大小之间的关系的性质，同时也说明了食物转化率和相对鳃面积之间的关系。

这些例子表明 $|b'|$ 的值在方程（3.2）中可以明显接近 1-d，就像理论预期的那样，尽管存在水生动物大小不同，其食欲也不同的干扰影响。

本文讨论的第一组材料是引自 Menzel（1960）的细斑石斑鱼的数据（参见 Pauly，1981 的表 6），转化率和体质量的关系为

$$K_1 = 0.726W^{-0.23} \tag{3.3}$$

加勒比海细斑石斑鱼的 W_∞ 值引自 Pauly（1978b），为 2 080 g。将其代入方程（2.4）（见图 1.2），可得 d=0.79，或 1-d=0.21，这与 0.23 极为接近。也就是说，在这些鱼类中，鳃相对面积的缩小可解释为转化率随面积增大而降低。

Jones（1976）估算了鳕鱼的以下关系：

$$K_2 = 0.73W^{-0.15} \tag{3.4}$$

式中，K_2 为净生长率（Ivlev，1966），也就是生长量/（食物的摄入量-排泄量）；同样的，1.00-0.15=0.85，接近于鳕鱼代谢实验估计的 d 值（Edwards et al，1972；Saunders，1963）和其他鳕鱼类的结果（Winberg，1960），或从其最大个体推断得出的结果，见图 1.2。

对于方程（2.4），Jones（1976）指出："这些结果表明，在鳕鱼中，净增长率随着体质量的增加而降低，但下降速率只能在体质量级的较低端检测到。"

现在已经有各种假设来解释鱼类大小与食物转化率的下降的关系并广泛记载为经验事实。Gerking 对许多早期的假设（1952）进行了讨论，其中节选如下。

- 增长率的下降可能是"老化"的结果，Gerking 认为这是一个伪解释；
- 胃和肠道表面可能会随着体质量的增大而呈一个小的幂函数增加；
- 消化酶可能不能为不同大小的水生动物提供相同单位体质量的营养物质；
- 蛋白质利用率的降低与代谢率的变化或控制代谢率的体内过程有关；
- 甲状腺激素可能直接影响营养蛋白与体内物质的转化。

后来，Gerking（1971）又增加了以下假说：

- 蛋白质转化率的降低可能是由于蛋白质合成速率的差异造成的。

Pandian（1967）指出[92]，与较小型的水生动物相比，较大型水生动物摄入的单位体质量食物较少，食物转化率一般与单位时间摄入的食物量负相关，这表明：

- 摄入食物量随体质量增加而增加，生长率随体质量的增加而下降。

最后，Paloheimo 和 Dickie（1966）否认了转化率和体质量之间存在的关系。他们希望证明，根据一系列部分相关系数，转化率与食物日摄入量的关系要比与个体大小的关系更密切。然而，这些作者提供的数据与其结论自相矛盾，在他们调查的 5 种水生动物中，只有一种（斑鲦）显示部分相关性，表明转化率和食物日摄入量之间的关系比转化率和水生动物个体大小之间的关系更密切，而在另一个物种（海鳟）中，系数大致相等，而在其余的 3 个物种中，关系则相反[93]。

Gerking（1971）以实证批判了 Paloheimo 和 Dickie（1966）的观点，指出："我的结果赞成第二个假设（即转化率和个体大小的关系），与 Paloheimo 和 Dickie（1966）认为的生长率仅由食物日摄入量而不是体质量决定的观点相反。"

这样看来，生长率和体质量之间存在着关系，其原因必须加以解释。上文假设 2 已在 1.3.2 中进行了讨论（见误解 I），且其中的分析也反对假设 3。另一方面，假设 5 和假设 6，这两种假设包含了复杂的调控过程，但显得多余，因为假设 4 解释了生长率为何随个体增大而下降，Gerking（1952）所提出的"代谢变化"（1952）已获得充分证明，这完全是由于体型增大，鱼类组织中的氧气供应力下降，更根本的原因是因为鱼鳃表面积不随体质量成比例增大[94]。的确，"代谢变化"有确凿证据，幼鱼肌肉和其他组织主要含有氧化酶（即需要氧气的酶），而高龄鱼/大鱼的相同组织则主要含有糖酵解酶，在厌氧情况才下起作用（Burness et al，1999；Davies 和 Moyes，2007；Norton et al，2000；Somero and Childress，1980）。

最后一点则是转化率的问题。方程（3.2）~方程（3.4）尽管适用于描述 K_1 体质量数据对（data pairs），但并不完全符合本书重点研究的渐近增长概念。因此，根据方程（3.2）~方程（3.4），可以预测 K_1 永远不可能达到零，即使体质量增加到 W_∞，甚至超过 W_∞，超过非常小的质量（图 3.1A），况且这两种情况都是不可能出现的。

Pauly（1986a）建立了与 VBGF（Silvert and Pauly，1987）兼容的替代模型，其方程式如下：

$$K_1 = 1 - (W/W_\infty)^\beta \tag{3.5}$$

式中 K_1 通过一个给定的体质量（W）来预测，而 W 又来自 W_∞ 和 β。β 为 log（$1-K_1$）对 W 的斜率（图 3.1B）[95]。

从图 3.1A 中可以看出，该模型虽然比传统模型［即方程（3.2）］拟合度更高（至少在一些已检验的案例中），且避免了两种不可能的情况，即在个体非常小时 $K_1 > 1$ 和当 $W > W_\infty$ 时值大于 0。

Pauly（1986a）在各个方面应用了该模型，并对模型加以多变量扩展，使之显著地适应不同食物类型或温度的影响，Temming（1994a，1994b），Temming 和 Hermann（2009）以及 Essington 等（2001）为了更好地反映生理约束，对模型加以修订（例如，根据建议，

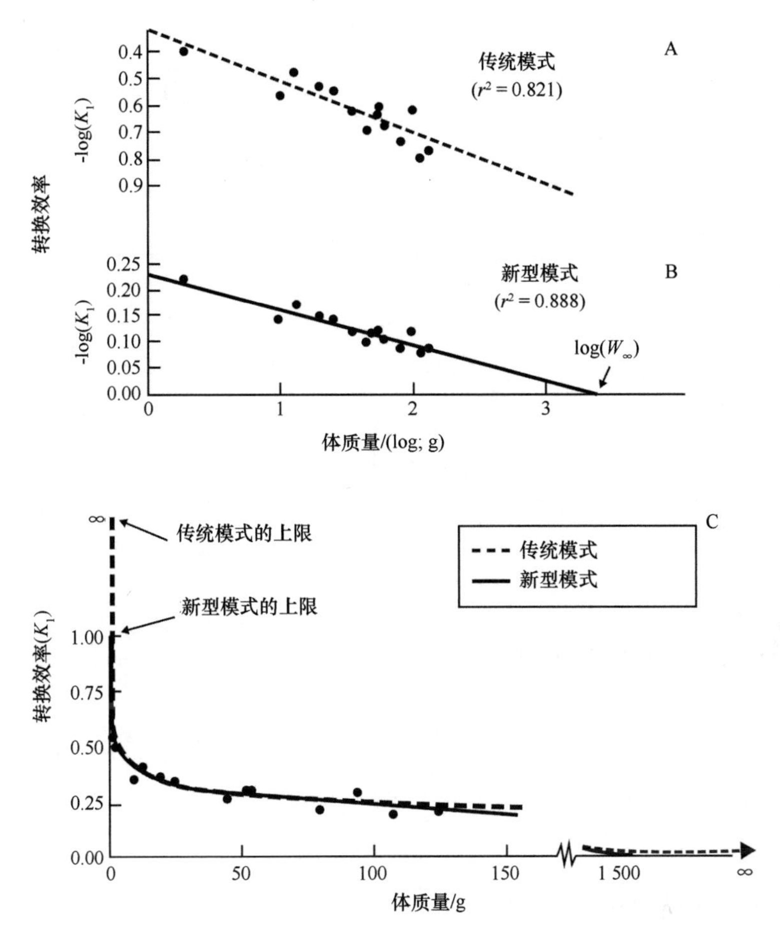

图 3.1 鱼类食物转化率（K_1）与体质量关系的模型。A. 拟合了（Pandian）（1967）线鳢（*Channa striata*）数据的传统模型；B. 相同的数据拟合新模型，注意：这里的 K_1 始终小于 1，0 应该对应 W_∞；C. 两个模型同时拟合相同的数据，但是不取对数；注意两个模型的结构差异，只有新模型具有生物学上可接受的限度（改绘自 Pauly，1986a）

将 K_1 在 $W=0$ 时的值设置为低于标准值；Pauly，1986）。但是，这些应用和修订都不能撼动 K_1 随体质量下降并且在 W_∞ 处变为零的观察结果。事实上，K_1 的这种表现使得对于相对食物日摄入量（单位体质量日消耗食物量）的估计，由于显而易见的原因，类似于 P 图 3.2。

因此，我们可以得出结论，鱼类生长率的动态变化不仅与氧气供应量，也就是鳃表面积大小会限制鱼类生长的“GOLT”理论相一致，并且鱼类生长率的动态变化完全反映了这个理论的特点[96]。

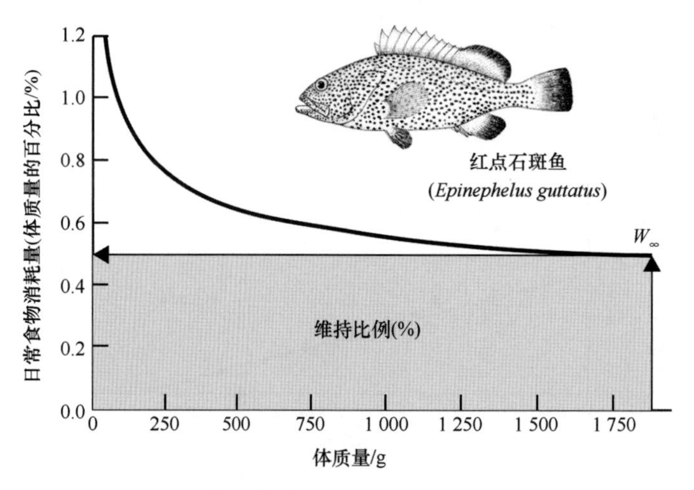

图 3.2 根据 Menzel（1960）的数据，结合方程（3.5）的模型估算以体质量为函数的红点石斑鱼（*Epinephelus guttatus*）的日食物配给量（改绘自 Pauly，1986a 中的图 4）

3.3 将氧气纳入复杂的食物模型

如上所示，因为鱼类的代谢率受其鳃的限制，经验派生的模型可以适应不同鱼类种类在不同环境中摄入的食物量的大部分变化，无论是以单一鱼类的食物日摄入量还是种群加权摄入/生物量的比值（Q/B；Pauly，1986a）来表达。

因此，Palomares 和 Pauly（1998）根据 65 种和 25 科硬骨鱼中 108 个 Q/B 群体特异性测量，渐近质量从灯笼鱼 1 g 到蓝鳍金枪鱼 622 000 g，导出模型如下：

$$\log Q/B = 7.964 - 0.204\log W_{\infty} - 1.965T' + 0.53h + 0.39f + 0.083A \qquad (3.6)$$

这解释了该数据集中 52%的方差。其中 Q/B 的单位是年，W_{∞} 单位是克，T' 为开尔文温度，h 和 f 分别为草食和腐食鱼类的虚拟变量（若为草食鱼类，$h=1$；若为腐食鱼类，$f=1$；两种情况都不符合，即肉食鱼类的值为 0）。A 是尾鳍的长宽比（图 3.3A），即活动量指数，也代表了代谢率（Pauly，1989）[97]。

这里，经验数据和根据经验数据建立的模型证实，在其他条件（即食物类型）相等的情况下，相对食物摄入随体型增大而下降，但随着温度和活动量的增加而增加。

但是，这些模型并没有关注到饮食组成和代谢影响下的发育变化。发育变化甚至在变态后也会发生，并且会十分突然。突然的发育变化可以通过尖吻鲈来说明。在非洲大陆的湖泊和河流中，尖吻鲈的体长在 40~70 cm 之间时，就从摄食大型浮游动物转为摄食其他鱼类。因此，图 3.4 乍得湖中的尖吻鲈可以表明，早期的生长速度减慢，在中等体型时再次加速，这也代表二次生长的真实情况，每个成分的生长曲线具有不同的 VBGF 参数（图 3.4C）[98]。

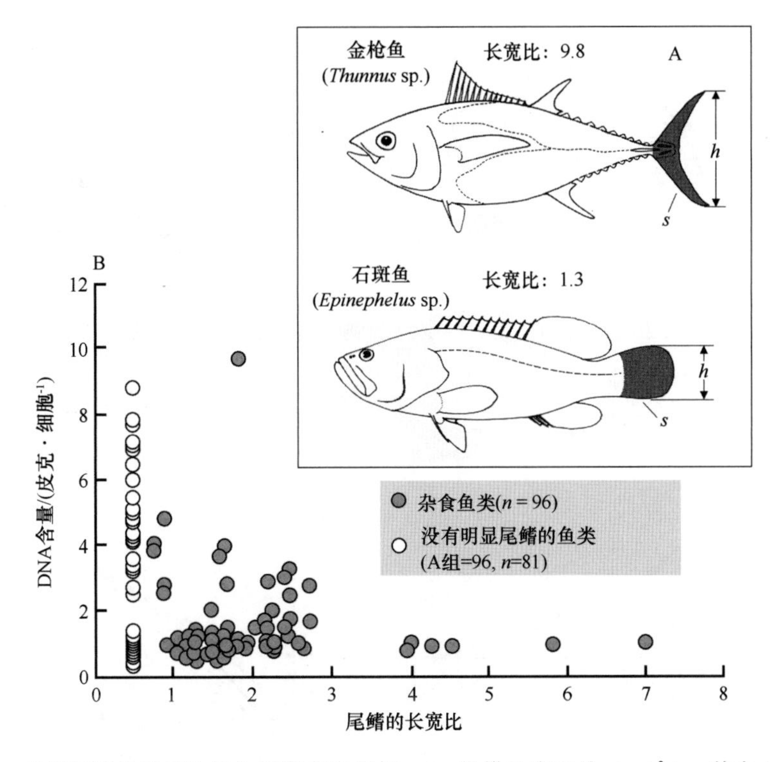

图 3.3　鱼类尾鳍的纵横比作为代谢率的指标。A. 纵横比定义为 $A=h^2/s$，其中 h 是尾鳍高度，s 是尾鳍的表面积（黑色部分）。注意金枪鱼等拥有大鳃的高活动量鱼类和石斑鱼等低活动量鱼类的纵横比差异大，因为伏击型掠食者的尾鳍适合快速加速，但不能连续巡航。B. DNA 含量为衡量鱼类细胞大小与尾鳍长宽比的一个参数（见正文）

还可以根据 P 图深入分析（图 3.4B），回顾了从生长曲线得到的渐近体质量（$W_{\infty1}$；$W_{\infty2}$）的两个值对应于渐近体质量代谢率的两个估计值（$Q_{\infty1}$；$Q_{\infty2}$）。因此，这种形式的二次生长包含的代谢率下降可按下式计算：

$$Q_{\infty2}/Q_{\infty1}=(W_{\infty2}/W_{\infty1})^{1-d} \tag{3.7}$$

假设有一条非常大（$W_{max}=200$ kg）的尖吻鲈具有以 $d=0.85$ 生长的鳃（参见图 1.2），我们可得 $W_{\infty1}=22.35$ kg 和 $W_{\infty2}=76.8$ kg，$Q_{\infty2}/Q_{\infty1}=0.83$。因此，我们可以推断，在尼罗河栖息地，从摄食浮游动物转为摄食更大个体的鱼类可使这个捕食者将其代谢率降低 17%，这是一个合理的值[99]。因此，这些注意事项可以应用于具有明显的二次生长的其他物种，例如，长鳍金枪鱼（*Thallus alalunga*）（Gascuel et al，1992）。

关于捕食和代谢的其他推论可以通过比较不同 VBGF 的参数（例如，代谢率和温度）获得，但是最终，单独的 VBGF 不足以追踪食物消耗和代谢。因此，生物学家已经开发出称为“生物能量学模型”的模型，其中有些源于第一条原则，有些源于经验数据以及一些混合来源，利用这些模型，可以跟踪鱼类体内不同成分食物的历程及其对代谢和生长的贡

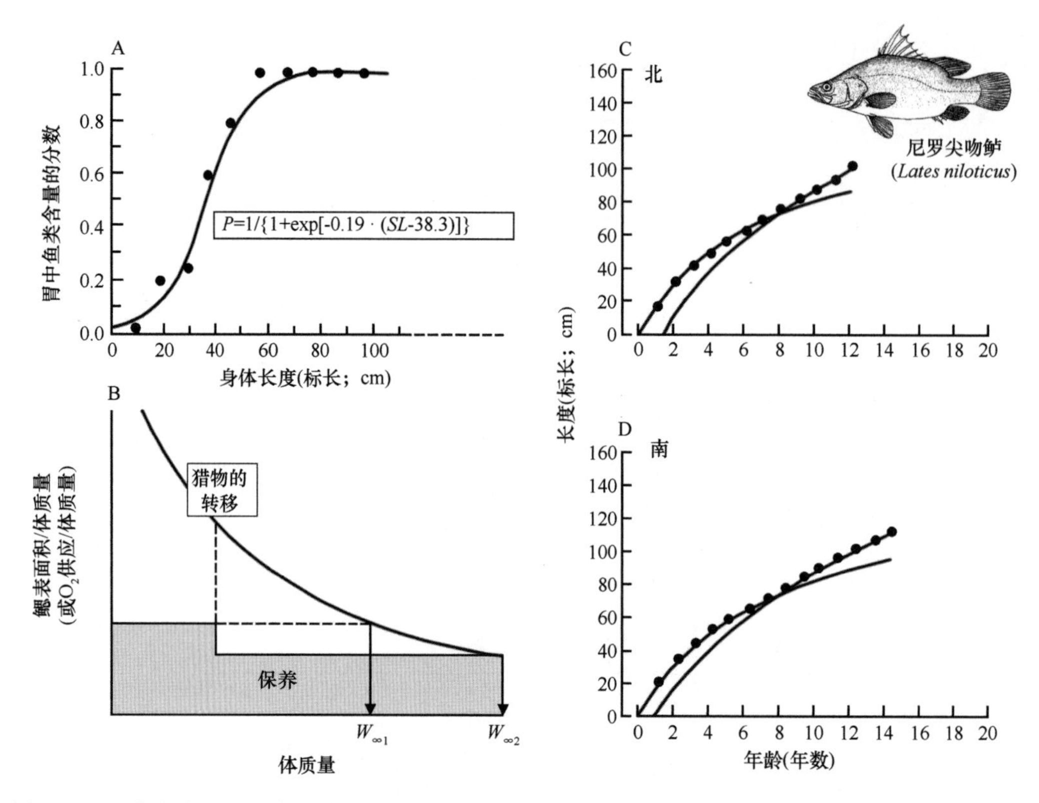

图 3.4 A. 乍得湖的尼罗尖吻鲈（*Lates niloticus*）的摄食变化（A）表现为双相生长曲线（B），可分解成两个不同的增长模式，并可用于推断维持代谢率的变化（C）改绘自 Soriano 等（1992）

献（参见例如 Kitchell et al，1977；Kooijman，2000）。

模型之一是由荷兰瓦赫宁根大学研究人员经过多年研究开发的生物能量模型，称为鱼类生长模拟器（FGS）。这个模型的第一代，即 FGS1，是 Machiels 及其同事（Machiels，1987；Machiels and Henken，1986，1987；Machiels and van Dam，1987）开发的，其中模拟了养殖条件下北非革胡子鲶（*Clarias gariepinus*）的摄食和生长。利用这个模型，在给定饲料组成并估算出生长和废物（即排泄物）的条件下，可以通过中间代谢的主要生化反应来计算氧需求。随后，该模型升级为第二代，即“FGS2”，并应用于虹鳟（*Oncorhynchus mykiss*）、尼罗口孵非鲫（*Oreochromis niloticus*）（van Dam and Penning de Vries，1995）和大盖巨脂鲤（*Colossoma macropomum*）（van de Meer and van Dam，1998）的研究。

然而，虽然 FGS2 将模拟鱼类的生长和食物转化率与池塘水中的溶解氧相关联，并通过降低生长率来对应溶解氧的下降，但它没有在鱼类体外的氧和鱼类体内需要的氧之间引入异速生长的转移机制（即鳃），因此，产生了不理想的效果：①个体大小不同的鱼类对所供应的食物产生相同的反应，②高龄鱼可能出现指数型生长。因此，FGS2 修定为包括生长不如体质量（$d \approx 0.8$）快的鳃，并且把尼罗口孵非鲫的大量数据参数化（Osman，

1988；Farmer 和 Beamish，1969；Fernandes 和 Rantin，1986）。由此产生的 FGS3 的第一个版本立即解决了①和②中的问题，同时产生了与 VBGF（van Dam and Pauly，1995；图 3.5）大体匹配的增长曲线。之后模型又进行了进一步的改进，出现了 FGS4，也再次应用于对尼罗口孵非鲫（Tran-Duy et al，2008a，2008b）的研究。

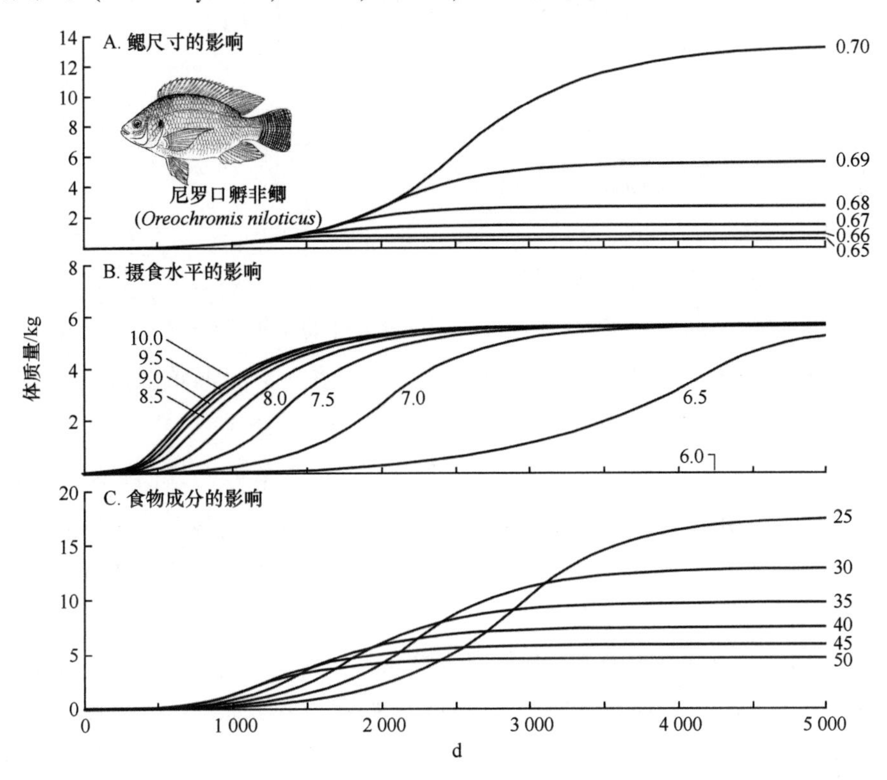

图 3.5 利用 FGS3 软件对池塘中生长的尼罗口孵非鲫（*Oreochromis niloticus*）进行模拟；A. 鳃生长指数的影响（d=0.65～0.70）；B. 摄食水平的影响（6.0～10 g · $kg^{-0.8}$ · d^{-1}）；C. 食物成分的影响（蛋白质占干物质的 25%～50%）。根据 van Dam 和 Pauly（1995）改绘

要点在于，FGS2 之类的模型，在设计上可用于模拟食物同化，中间代谢和生长的种种细节，但是其假设的前提是，驱动这些过程所需的氧气会奇迹般地出现在需要的地方（即鱼体内），也就是说，其中缺乏了关键的组分，因此难免失败。在此，我不再继续综述其他的生物能源模型，但我认为这些模型若能重新思考氧气的效用，则大多数模型将会得到改善。因此，如果氧气没有明确地包括在模型中，或假设氧气的供应速度始终足够高并快速平衡化学计量方程式，则模型难以模拟第二章中记录的各种行为，这是由于未将鳃供应氧气的能力作为限制因素，或者以错误的理由加以模拟[100]。

第四章　温度的作用

4.1　温度升高为什么实际上加快新陈代谢

生物学中关于温度效应的文献数量众多，本节无意在此加以总结。反之，本节关注的是温度和蛋白质变性之间普遍被忽视的联系，因为这有助于解释在其他条件相同时，为什么图 1.1 中的模型与图 2.1 建立关联时，可以预测出鱼类（以及其他生物）在较低的温度下，其个体较大。

如 1.3 所述，von Bertalanffy 生长函数（VBGF）中的参数 K 与体内物质，即体内蛋白质的降解速率有关。蛋白质降解是一个相当复杂的过程；然而，与蛋白质合成相反，对蛋白质降解过程的研究相对较少。对这一领域一些重要发现的简要综述可能有助于进一步精确地定义 K。

关于水生动物蛋白质降解的论文很少（参见 Somero and Doyle，1973），为了研究这个主题，有必要依靠主要涉及哺乳动物和细菌的数据（Brandts，1967；Rechcigl，1971；Goldberg and Dice，1974；Goldberg and St. John，1976；McLendon and Radany，1978；Hawkins，1991）。这些作者的共识如下：

①细胞内蛋白质处于平衡状态，其中蛋白质通过合成过程不断地分解和补充（Rechcigl，1971，237 页，Hawkins，1991）；

②然而，不同蛋白质的更新率有很大的差异（参见 Rechcigl，1971 的表 1，其中给出了大鼠肝脏中各种酶蛋白的体内更新率的估计值）；

③至少在酶蛋白中，已经证明蛋白质以恒定速率合成，组织中单位时间内有恒定比例的活性分子在变性。这些酶的净累积率（dw'/dt）由下式计算：

$$dw'/dt = k_S - k_{den}W \tag{4.1}$$

式中，W'是 t 时刻酶的存量，k_S 是合成速率常数（即单位时间合成的量），k_{den}是蛋白质变性的一级速率常数，即单位时间降解的量（Rechcigl，1971，272 页）[101]；

④第③点中的一级速率说明蛋白质分子“以随机方式被分解，但不考虑其形成时间，并且在给定时间段内，新形成的分子存在与旧的分子相同的被分解的风险”（Rechcigl，1971，275 页）；

⑤蛋白质的构象变化（第三级结构和第四级结构的部分展开）的作用可能是先使蛋白质分子易于被蛋白水解酶进一步降解（Rechcigl，1971，287 页；Somero and Doyle，1973；Goldberg and Dice，1974；Feder and Hofmann，1999）[102]；

⑥对蛋白质构型稳定性有很大影响的温度间接决定了蛋白质降解的速率（Brandts，1967）。蛋白质的稳定性可能会由于温度太高（热变性）或太低（冷变性）而降低[103]。就蛋白质核糖核酸酶而言，Brandts（1967）发现“温度系数连续降低，直到自由能曲线超过对应于最大稳定性的正最大值。在该温度（T_{max}）时，天然蛋白质具有最大的稳定性，原则上可以通过升高或降低 T_{max} 的温度实现变性，核糖核酸酶热转变的基本特征无疑是大多数变性反应的典型特点”；

⑦第⑥点说明蛋白质降解速率的体内估计值与结构稳定性的体外测定值之间存在直接相称性。McLendon 和 Radany（1978）证明了这种相称性的存在[104]；

这些对蛋白质变性过程的综述证实了“误解Ⅲ”的“教科书”陈述（见 1.3.2），并表明该过程既不需要代谢能也不需要氧气。在氨基酸序列进一步分解时，情况明显不同。然而，这里讨论的仅指具有适当的第四级结构和第三级结构的天然蛋白质。

必须通过合成新蛋白质来持续补偿活鱼体内的蛋白质降解[105]，因此，需要确立 VBGF 的参数 K 表示的氧消耗与蛋白质降解速率之间的相关性，这就是为什么可以通过呼吸实验（Pauly，1979）[106]的曲线，例如，通过 Krogh 代谢的“正常曲线”（见尾注 76 和 Regier et al,1990），充分描述 K 值随温度变化的原因。

4.2 鱼类、脂肪和“烫手山芋”

在一年中，特别是温带地区的鱼类经历了较大的温度变化，即使有些鱼类因季节洄游减少了应该经受的季节性温度变化幅度（Lam et al，2008；另见第八章）。

如前文所示，如果鱼类的生长和体型受到氧供求平衡的限制，则正是氧需求最高的温暖季节发生的平衡限制了鱼类的活动和整体体型大小。然而温带水域的鱼类（包括大型鱼类）在温暖的季节不仅保持活跃，而且常常比同一年其他时间增重更多。这个观察似乎确实敲响了企图在鱼类生长中倡导氧限制作用的“GOLT”理论的丧钟。

这是个明显的矛盾，其解释方案之一在于鱼体内脂肪利用的季节性动态变化[107]。可以想象，当温度升高时，鱼类的自发变性会随温度而加速（见 1.3.2），从而需要更多的氧气来重新合成蛋白质。因此，在温暖季节，越来越多的鱼类（以蛋白质计）不仅需要比平时更多的氧气供应其“年老”的身体，还需要更多的氧气维持新合成的蛋白质。然而，在温暖季节（也是生长季节），鱼类会积累脂肪。脂肪在体内的增长[108]（例如，肌肉之间的脂肪、内脏周围的脂肪和肝脏中的脂肪）并不会增加氧气需求，因为生物体内的脂肪大部分呈生物惰性（Shul'man，1974，28 页），即不会自发地变性，或者以比蛋白质低得多的速度变性。积累从食物中摄取的脂肪（或者蜡酯）使得鱼类能够增长体质量而不会产生过多的代谢成本[109]。

然后，在温度降低时，储存的脂肪可以用来促进体内新蛋白质的合成，最后合成出性腺物质[110]，这个过程是需要氧气的。而氧气可以容易地参与到这个过程，因为冷水中的溶解氧含量高于温水，更重要的是，因为在冷水中保持已有蛋白质所需的氧气较少（参见图 4.1A），鱼类处理氧饥饿蛋白质的方式就像我们处理热山芋一样，在两个手之间来回交换，直到足够凉了才抓在其中一只手上。

因此，生活在不同季节温度的鱼类把脂质作为"季节间货币"，证据是温暖/生长季节结束时，温带鱼类的脂肪含量最高（Shul'man，1974，111 页）。还有就是，季节性脂肪积累在经历季节性温度幅度较大的水生动物中最高，极地和热带鱼类最低，其温度变化幅度小，内脏脂肪和其他体内脂肪也有限（图 4.1B）[111]。

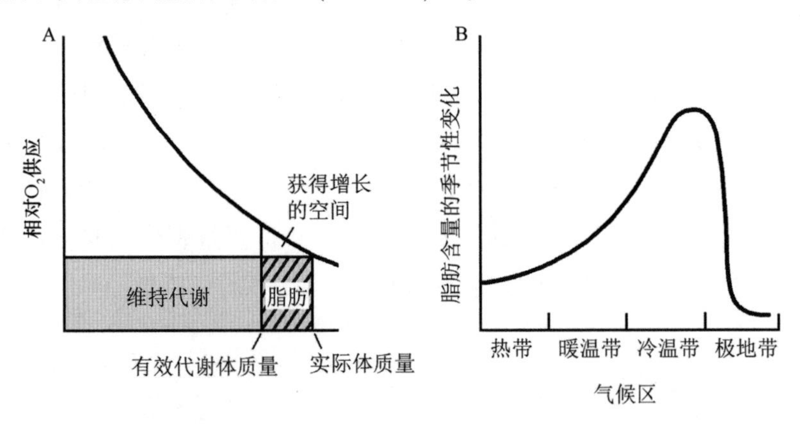

图 4.1　鱼类年度脂肪动态的关键问题：A. 在温暖季节以脂肪的形式储存能量，鱼类可以生长，但必须供氧的组织不增加。B. 因此，热带地区和两极海域的脂肪含量变化较小，而夏季—冬季温差最大的温带海域的脂肪含量变化大（根据 Shul'man，1974 的图 45 改编）

此外，在其他情况相同时，同一种鱼类的较大个体的脂肪含量高于较小个体，因为前者的呼吸压力普遍比后者大（Shul'man，1974）[112]。经历长期压力条件的鱼类，如小水体（池塘、水库和小湖）中的鱼类也是如此。因此，Shul'man（1974，32 页）被鱼类中脂肪作用的传统观念误导，写道："鱼类储备脂肪的重要性是如此之大，当条件不利且合成过程不能按常规应对时，池塘中的野生鲤鱼（主要依赖于蛋白质合成）以牺牲正常生长为代价积累必要的脂肪[113]"。

另一方面，海洋无脊椎动物普遍依赖于糖原和蛋白质而不是依靠脂肪储存能量[114]，脂肪的动态作用是在相对较近的时间内进化的（Shul'man，1974，26 页），硬骨鱼便是例证。因此，不积累脂肪的鱿鱼（Lee，1994）可能难以应对激烈的季节性温度变化。这可能是温带鱿鱼大范围洄游的原因之一（Bakun and Csirke，1998），洄游有助于最大限度地降低生存的温度范围。这也可能是章鱼产卵后期死亡的原因之一，其游泳效率低下可能阻碍了大范围的季节性洄游。

总之，我们得出结论，脂肪用于减轻季节性温度变化对鱼类氧气需求的影响，因此，鱼类体内平均脂肪含量随着①季节性温度变化而变化；②身体的相对个体大小而增大。以前没有认识到与此相关的鱼类和无脊椎动物的生长和行为的其他特征也可以在该过程中解释，例如鲤鱼和其他小型淡水水域鱼类的“Verbuttung”现象（即转变为“高脂肪的小鬼”，见尾注 118），每天在水体中垂直洄游的中层鱼类的脂肪和蜡酯的高变化率[115]，还有洄游途中鱿鱼的同类相食行为[116]。

4.3 为什么分布在冷水区的鱼类个体更大

越靠近极地，也就是越冷的水域，鱼类长得越大的论断已经完全成立，其中有两段引文可以说明这个现象。第一段引言指的是北大西洋的一个海域：“许多水生动物在其分布范围的较低温水域寿命更长、个体更大（Gunter，1950；Ricker，1979），这可能特别适用于百慕大海域，因为这是许多加勒比海成年礁栖水生动物可以成活的最北水域。蚓鳗科、海鳝科、蛇鳗科、糯鳗科、鳢鱼科、鲉科、发光鲷科、鮨科、鲷科、隆头鱼科、鲹科、石鲈科、鲭科的某些种的最大记录个体均发现在该海域”（Smith-Vaniz et al，1999）。

第二段引文引自 Randall 等（1993），指的是北中太平洋，即中途岛环礁和主要的夏威夷群岛水域。他们认为这是矛盾的：“在这样的温度下，生活在低温耐受极限区的热带水生动物个体更大。”这些作者的态度令人惊讶，因为这种模式众所周知[117,118]。

与上述观察结果相辅相成的是，一旦考虑了“掩蔽”因素后[119]，如 Chapelle 和 Peck（2004）关于甲壳类动物[120]和 McClain 和 Rex（2001）关于深海海底腹足类动物[121]的研究，分析良好的野外数据也可用于说明氧气对最大个体的影响。

通常，尤其是在较旧的文献中，Bergmann 法则是与最大体型相关的。这一法则指的是在寒冷的气候中，恒温动物个体往往较大（并且更矮壮，有更短的口鼻和耳朵），这缩小了单位体质量的表面积，从而有助于保温（Bergmann，1847）。然而，这种解释在这里不起作用，因为鱼类（除了金枪鱼和若干种大型鲨鱼）和所有无脊椎动物都是变温动物，即不必保存其代谢过程产生的热量[122]。

特定解释（例如，“*Y* 物种的 *X* 个体在 *Z* 处体型较大是因为浮游生物较多”）也没有意义，因为在南北两大半球中太多的类群可以提供太多的案例。这里提供的例子适用于澳大利亚水生动物（图 4.2）[123]，长鳍鱿鱼（*Loligo pealeii*）（表 4.1）和 3 种其他鱿鱼（图 4.3）。

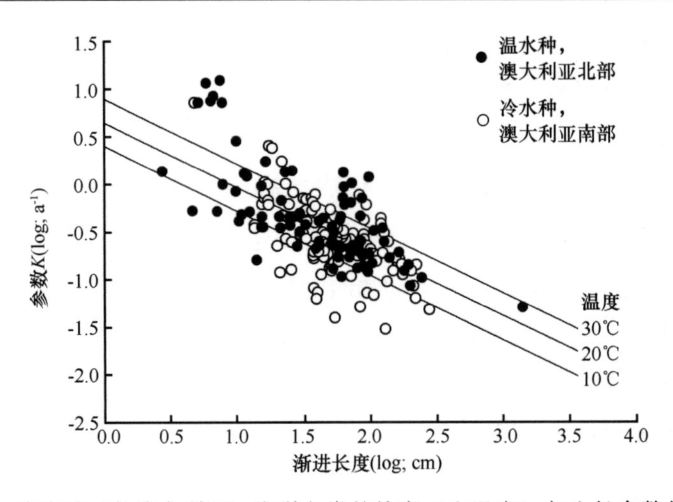

图 4.2 南半球（如澳大利亚）海洋鱼类的纬度（和温度）与生长参数的关系。黑点：28°S 以北的鱼类；空心点：28°S 以南的鱼类（根据 Andersen and Pauly，2006 改绘；注释 187 解释了 3 条等温线的绘制方法）

表 4.1 长鳍鱿鱼 O_2 限制适应性补偿证据[a]

观 测	解释/评论
分布范围最冷部分存在最大个体	见正文和图 4.3
分布范围温暖部分在较小体型时成熟	与鱼类相同；见第六章
在较暖分布范围内，鳃丝长得比较快	在温暖、低氧的区域需要高新陈代谢
雄性比雌性具有更多的鳃丝	在新英格兰地区海域雄性达到 50 cm，雌性仅 40 cm（Roper et al，1984）
长鳍鱿鱼的鳃大于 *L. roperi*	长鳍鱿鱼是较大的一个物种

a. 所有信息均来自 Cohen（1976）。

三叶虫化石（Gutiérrez-Marco et al，2009）[124]和南极无脊椎动物提供了另一组实例，这些无脊椎动物个体普遍“巨大”（Chapelle and Peck，1999）[125]。

回顾我们以前定义的 P 图，代谢随温度升高的事实（图 4.4A）以及这些意义上的概念背景，这种现象的解释非常简单：鱼类和水下呼吸的无脊椎动物在其分布范围较冷的地方较大，因为这是它们氧气需求最低的地方[126]。其他条件相等时，这也是它们可以享受周围水域中溶解氧最多的地方，且它们[127]的酶系统（物种特异性）不会受到低温的损害[128]。

相反，鱼类在温暖水域的体型普遍较小（图 4.4B），尽管所有鱼类中最大的鱼类是热带水域的鲸鲨。下一节提供了该问题可能的解释。

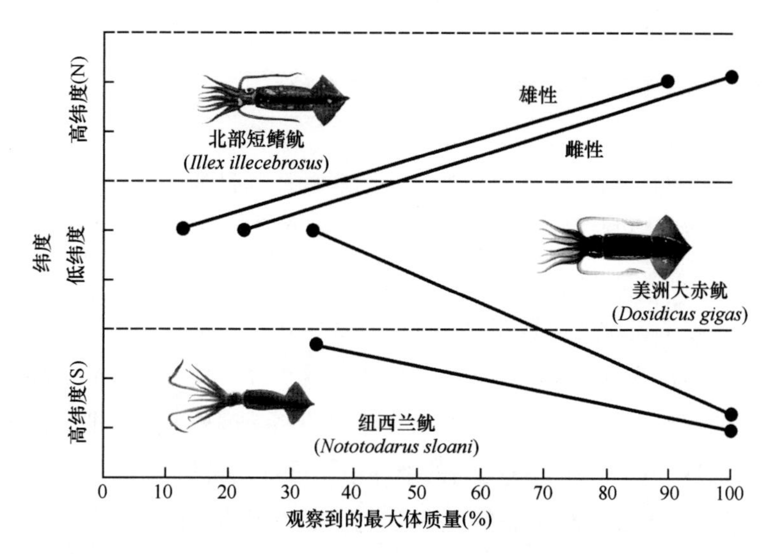

图 4.3　3 种鱿鱼的最大体质量与纬度（代表海洋表面温度）的关系。图中体质量数据都以占整个物种公开报道的最大体质量的百分比表示；北部短鳍鱿（*Illex illecebrosus*）则分别考察两种性别的最大体质量（根据 Ehrhardt et al，1983 和 Roper et al，1984 的数据）。如同预期，鱿鱼在低纬度（高温）体型较小

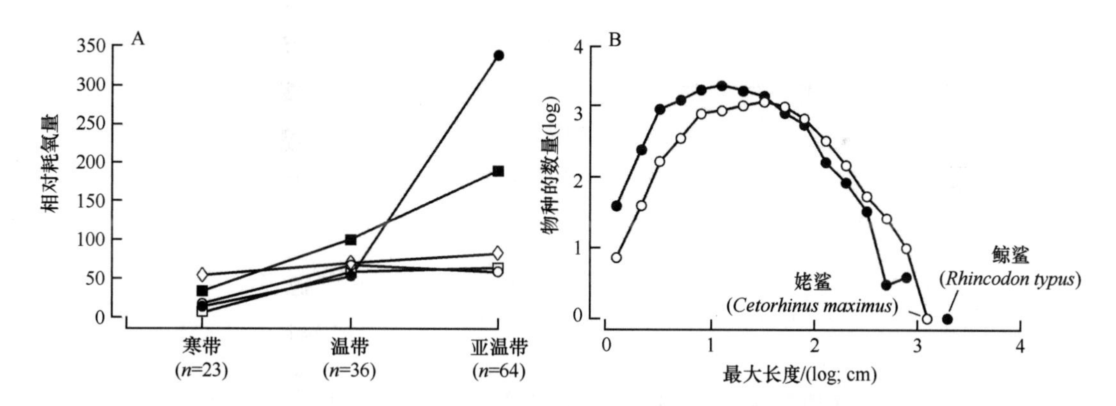

图 4.4　鱼类的代谢率（A）和大小（B）作为温度的函数。A. 代谢率来自 Torres 和 Froese（2000）记录的 3 693 个个体测量值；给定每个温度类别的物种数量：寒带（平均值=（7.6±5.0）℃）包括来自深水和极地海域的物种；温带（平均值= 15.6±4.8℃）；暖温带（平均值=（22.1±5.3）℃）包括来自亚热带和热带水域的物种。体质量类别（g）：实心点=0~0.9；空心点=1~9.9；空心方块=10~20；三角形=100~200；实心方块=1 000~2 000。B. 热带鱼（黑点，n=10 152 个物种）与其他鱼类（灰点，n=6 119 个物种）个体最大。最大的鱼类是（热带的）鲸鲨（*Rhincodon typus*）。虽然总的来说，A 和 B 支持了暖温带水生动物的高代谢率使得氧气供应成为生长的限制因素，导致其体型缩小，但是，需要对鲸鲨做出解释——见正文（根据 Pauly，1998a 改绘）

4.4　一个明显的异常现象：温暖水域中的大鱼

“GOLT”理论表明，已经长到很大的大型鱼类的活动量和继续生长通常受到从其鳃片向体内输送氧气速率的限制。这特别适用于热带水域的大型鱼类，因为热带水域的高温提高了需氧量。

进化对这一现象的应对之一是呼吸空气，这发生在几乎所有热带淡水生态系统，如湄公河下游和亚马孙河洪涝平原的大型鱼类中。亚马孙河巨骨舌鱼（*Arapaima gigas*）的合成代谢既不受鳃的面积、也不受水体溶解氧含量的限制。这种鱼生长曲线的形状明显不同于典型的 VBGF 曲线（图 4.5），这从它的推导中就可以预测到（第一章）。限制这种鱼类生长的因素可能是上升到水面所需的能量消耗，这种能量消耗随鱼的个体增大而急剧增加[129]。

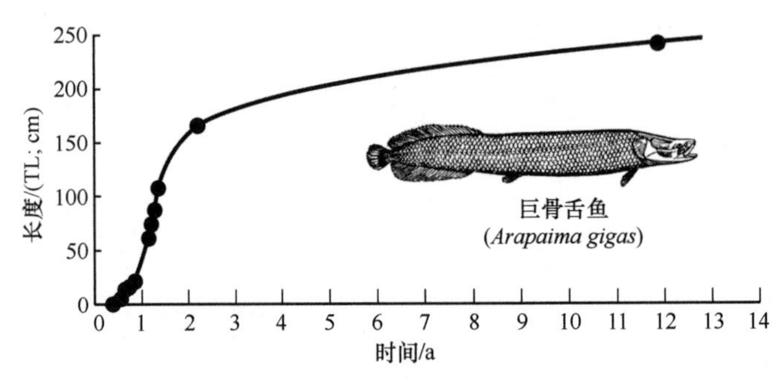

图 4.5　秘鲁亚马孙河的一个湖中呼吸空气的巨骨舌鱼（*Arapaima gigas*）的体长—年龄数据（根据 Wosnitza，1984 修订）。生长曲线（目测拟合）与 von Bertalanffy 生长函数的所有形式都不相容。与能够达到相同大小的大型海洋水生动物相比，巨骨舌鱼（*A. gigas*）的头部较小，限制了鳃的发展空间

巨骨舌鱼的最大体质量达到 200 kg，是现存最大的淡水鱼（Stone，2007）和转性呼吸空气的鱼类。这种水生动物本身就引起相当大的兴趣，因为它表明非常大的水生动物，要么和许多中型和大型热带淡水鱼一样[130]，直接呼吸空气，要么将呼吸与另一个关键功能联系在一起，像姥鲨和鲸鲨[131]以及已灭绝的巨型硬骨类利兹鱼（*Leedsichthys problematicus*）一样和摄食功能联系起来（Friedman et al，2010；Liston，2006；Liston et al，2013），或者和大型的鲭鱼和一些远洋鲨鱼在游泳过程中营冲击式呼吸。

鲸鲨恰好是一种热带鱼类，身长和体质量分别达到 14 m 和 20 t（Pauly，2002b）[132]，这真是具有讽刺意义，因为根据“GOLT”理论，温暖的热带水域，由于需氧量高，其中的鱼类普遍应比其高纬度同物种小（详见图 4.4）。更具有讽刺意味的是，我不喜欢特定的辩论，也不喜欢特定的解释。但在这里，我必须咬紧牙关，而且不得不指出（除了一条

大鱼必须具有巨大的鳃，以浮游动物为食，高效呼吸等特点外），鲸鲨非常宁静，宁静到在这些巨无霸聚集的海域（菲律宾及其他海域），甚至可以发展起“鲸鲨观光”的浮潜行业，我们知道宁静可以很大程度上降低新陈代谢（见2.3）。极其巨大的体型确实能赢得一定程度的宁静（谁敢攻击呢?），但这种宁静对于较小体型的动物来说却是致命的，除非它们已经明显驯化（见2.3）[133]。

此外，可能更为重要的是，鲸鲨在（温暖的）表层水域的逗留时间仅比在较冷的较深水域（下沉到深度为1 286 m，温度为4℃的水中；Brunnschweiler et al，2009）的停留时间略多一点。它们或多或少都要定期向下游到深水区（Graham et al，2006）[134]。这可能足以使其身体内部保持低于海洋表层水域的平均温度[135]。

一种已经成为化石的硬骨鱼类——利兹鱼（*Leedsichthys problematicus*），其个体大小可能和鲸鲨[136]不相上下，而且是滤食性动物（Liston，2006），很容易被认为以类似于鲸鲨的方式活动。

接下来是巨型蝠鲼——双吻前口蝠鲼（*Manta birostris*），最重可以达到3 t，看起来，特别是从下往上看时，像一个长着鳍的巨大（充满着鳃）的头。由于其独特的解剖结构（头部后面没有大型的身体；图4.6），可以认为，巨型蝠鲼单位质量具有非常大的鳃面积[137]。因此，它们能够比具有亲缘关系的大型软骨鱼类更能忍受热带水温，即使它们偶尔也会潜水降温[138]。

另一种也分布在热带海域的大型鱼类是翻车鱼（*Mola mola*）[139]，曾有报道其体质量达到2.3 t，其个体之大也被Lefevre等认为是否定“GOLT”理论的证据（Lefevre et al，2017a）。与早期的说法相反，幼年翻车鱼非常活跃（Davenport et al，2018）[140]，这要求它们具有相对较大的鳃。成年翻车鱼普遍安静得多，即使它们的最快游泳速度与“鲑鱼和马林鱼等拥有轴向肌肉的鱼类的时速相当”（Davenport et al，2018）。然而，它们确实大部分时间都在海面上随波逐流，这就是它们早年被认为营“浮游”生活的原因。浮游行为，再加上它们以水母和其他易于捕食的生物为食（Syväranta et al，2012），以及偶尔进行“潜水降温”的事实导致人们认为成年翻车鱼的单位质量的耗氧量较低[141]。另外，体积庞大的翻车鱼的体外是一层凝胶状的“胶囊”，“胶囊”的质量超过其体质量的一半，从而大大降低了它们的代谢需求，也进一步证实了翻车鱼单位质量耗氧量较低。

最后就是石斑鱼属和鲭鱼科等两种具有热带种类的进化分支，Lefevre等（2017b）也认为其热带种类的最大个体也是对“GOLT”理论的挑战[142]。

据报道，两种最大的石斑鱼，太平洋巨型石斑鱼（*Epinephelus quinquefasciatus*）和大西洋巨型石斑鱼（*E. itajara*）的个体总长度达到250 cm（Craig et al，2011），质量分别达到224 kg和279 kg（见www.fishbase.org）[143]。对热带水生动物来说，这些最大质量是够大了，但我们必须考虑到，两种鱼一旦进入成年，就会像其他石斑鱼一样，生活极其被动，

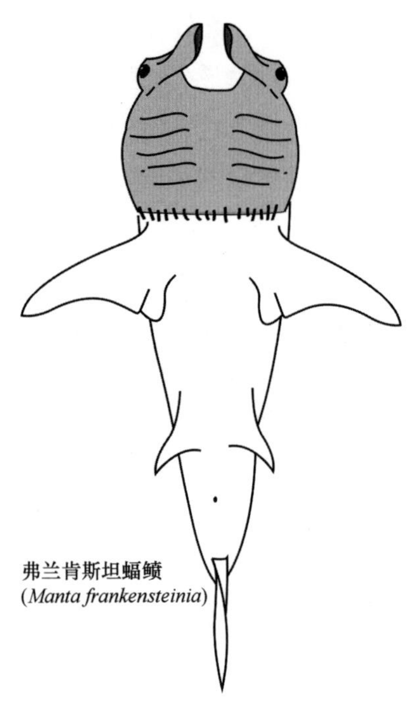

图 4.6　通过将鲨鱼的身体缝合到一条巨型蝠鲼（*Manta brevirostris*）上，说明这条蝠鲼不需要为庞大的身体组织供应氧气（就像和它们具有亲缘关系的鲨鱼一样），由于单位体质量的呼吸面积很大，尽管其栖息地水温很高，却能长出很大的个体［《弗兰肯斯坦》是玛丽·雪莱创作的长篇小说，讲述小说主角弗兰肯斯坦是位热衷于生命起源研究的生物学家，尝试将不同生物的各个部分拼凑成一个巨大人体，被认为是世界第一部真正意义上的科幻小说。弗兰肯斯坦蝠鲼（*Manta frankensteinia*）是原著作者生造的词。——译者注］

完全营伏击摄食生活，即突然张开海绵状的口腔，吸食过往的鱼类和无脊椎动物（Collins and Motta，2017）[144]。因此，它们的氧气需求量很低[145]。

大型鲭科鱼类（金枪鱼，箭鱼，旗鱼）已经进化出动物界最完美的鳃，因此，具有巨大的呼吸表面区域（Muir and Hughes，1969）。不过，这是以极小的鳃片层间距离为代价实现的。例如，具有极大鱼鳃的鲣鱼（*Katsuwonus pelamis*）的鳃片间隔距离非常小，可以合理地解释和氧分子的大小的相关关系，根据 Stevens（1992）估计，这个鳃片层间距离相当于 1 064 个氧分子的距离。

但是，热带金枪鱼（尤其是黄鳍金枪鱼）以及亚热带/温带金枪鱼（大西洋蓝鳍金枪鱼，太平洋蓝鳍金枪鱼和南大洋蓝鳍金枪鱼）普遍分布在温跃层以下的低温深水层中，因此，不会进入温暖的表层水域快速进食或繁殖（Teo et al，2007；Boyce et al，2008；另见尾注 146）。这也是为什么低温水上升到达表层海域的哥斯达黎加穹顶区成为黄鳍金枪鱼的第一个，也是最具生产力的海域之一（Fiedler，2002）。因此，即使是有着巨大的鳃的金枪鱼也无法摆脱自身的限制。

体质量达 650 kg 的剑鱼（*Xiphias gladius*），要花费一半的时间在寒冷水域摄食，因此其眼睛和大脑发育了加热系统（Carey，1982）。可以长到最大体长的两种旗鱼科鱼类是大西洋蓝枪鱼（*Makaira nigricans*）和黑马林印度枪鱼（*Istiompax indica*），分别重达 636 kg 和 750 kg（www. fishbase. org）。从它们身上我们再次看到熟悉的行为。因此，Chiang 等（2015）写道，"黑马林鱼经常进行深度、短时间的潜水，潜入相对寒冷的水域"，而 Block 等（1993）不仅报告说，"快速下降和上升到高达 120 m 的可变深度差是常见的，"还提到，根据 Tullis 等（1991）的研究，它也有一个和箭鱼一样的加热器类的器官。

因此，总的来说，我们可以在结束本节时提出以下建议：高温对水生动物新陈代谢构成了挑战，"GOLT" 理论可以对水生动物适应这种挑战进行分类，而不是因为热带地区存在大型鱼类而认为 "GOLT" 理论无效。因此，除了呼吸空气，如在热带淡水动物中经常发生的那样，在大型海洋热带水生动物中可以识别出 3 种日益复杂的适应性，而且这 3 种适应性并不相互排斥：

①安静的行为，同时营伏击摄食（如石斑鱼）或过滤摄食（如鲸鲨）生活；

②在温暖的表层和较冷深层水域之间像溜溜球一样游动，且主要在近表层摄食的鱼类（蓝鳍金枪鱼、鲸鲨）或在深层摄食的鱼类（箭鱼，旗鱼，大眼金枪鱼[146]），后者（深层摄食）对箭鱼和大型旗鱼极其重要，因此进化出特殊的器官，维持其大眼睛和大脑的温度；

③在解剖学上与祖先的纺锤形极其不同，体型转变为头部外壳包裹着海绵状口腔和超大型鳃（巨型蝠鲼）或大量惰性胶状物包裹着专门运动肌（翻车鱼）。

第五章　季节性生长波动

5.1　水生动物生长波动的早期研究

水生动物生长具有季节性波动是渔业生物学的先驱所熟知的，T. W. Fulton（1901；1904）对此尤为熟知，他与 C. G. J. Petersen（1892）发明了体长-频率分析法[147]。

然而，这种意识正在逐渐消失，渔业科学家逐渐放弃了体长分析，转而根据“年轮”（耳石，鳞片和其他骨头上的年周期环状轮圈）来估算生长率和绘制生长曲线（Went，1972）。因此，Beverton 和 Holt 在他们 1957 年的经典著作中，只是一笔带过地叙述了季节性生长，即使季节性生长在他们研究的所有水生动物中普遍存在。

在 von Bertalanffy 和 Müller（1943）开展的季节性生长讨论之后，包含这种季节性生长波动的 VBGF 的第一份出版物是 Ursin（1963a，1963b）的论文。VBGF 的其他修订本包括 Pitcher 和 MacDonald（1973）及 Daggett 和 Ecoutin（1976）的论文。这些早期模型通过一系列改进来适应实际情况（Cloern and Nichols，1978；Pauly and Gaschütz，1979；Appeldoorn，1987；Somer，1988；Soriano and Pauly，1989）。这些作者提出的应用示例（其中都涉及体长生长）清楚地表明，没有明确考虑季节性波动的生长模型均不能把握住生长过程的一个重要方面（Pauly，1990）。

热带水生动物也是如此，因为冬季和夏季 2℃ 的温差足以导致季节性生长波动，虽然在视觉上无法识别，但在统计学和生物学上仍具有意义（Pauly and Ingles，1981；Longhurst and Pauly，1987）。

5.2　体长生长的季节波动

鱼类和无脊椎动物生长的季节性波动可能非常明显（图 5.1）。Somer（1988）提出了一个体长生长季节性波动的 VBGF 变体，很好地解释了体长生长的季节性波动，其方程式如下：

$$L_t = L_\infty \{1 - \exp - [K(t - t_0) + S(t) - S(t_0)]\} \quad (5.1)$$

式中，L_∞，K 和 t_0 在狭义 VBGF 中定义（见第 1.3.3 节）；

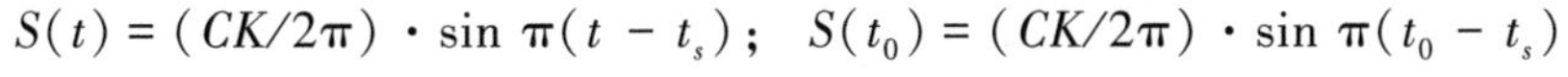

$$S(t) = (CK/2\pi) \cdot \sin \pi(t - t_s); \quad S(t_0) = (CK/2\pi) \cdot \sin \pi(t_0 - t_s)$$

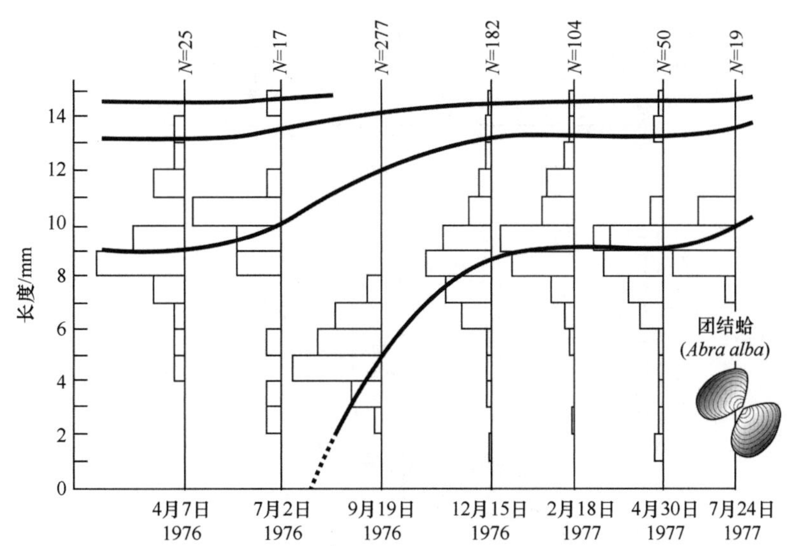

图 5.1　体长生长曲线的一个例子表现出强烈的季节性：德国基尔湾的一种白色团结蛤（*Abra alba*），参数为 $L_\infty = 1.5$ cm，$K = 1.22\ a^{-1}$，$C \approx 1$ 并且 $WP = 0.18$。图中显示冬季生长放缓，与预期相符

方程（5.1）涉及的参数比狭义的 VBGF 多了 C 和 t_s 两个参数。其中，前者最容易可视化，因为它表示生长波动的幅度。当 $C = 0$ 时，方程（4.1）返回到狭义的 VBGF。当 $C = 0.5$ 时，季节性生长波动使得“生长季”高峰期（即“夏季”）的生长率增加了 50%，而在“冬季”则下降了 50%左右。当 $C = 1$ 时，生长率增加了 100%，即在“夏季”期间翻倍，而在“严冬”趋于零（见图 5.2A）。

第二个新参数 t_s 表示 $t = 0$ 和正弦曲线生长波动开始之间的时间。为了可视化，并有助于定义 $t_s + 0.5 = \mathrm{WP}$（冬季点，Winter Point），表示一年中的一小部分，也就是生长最慢的时期。因此得出 WP 在北半球普遍接近于 0.1（即 2 月上旬），南半球则为 0.6（8 月初）[148]。注意，方程（5.1）不能描述长时间的零生长（和 $C > 1$ 的值），这是一个由 Pauly 等（1992）给出解决方案的问题，由 Ogle（2017）的 R 程序更新。

由于这个模型及其前身（特别是 Pauly 和 Gaschütz，1979 的模型，首先归一化了波动的振幅，从而定义了参数 C）已经适用于鱼类和无脊椎动物的多组季节性波动生长数据，其中存在不少 C 的估计值，这些数据涵盖了广泛的鱼类和栖息地（见图 5.2 中的例子）。

FishBase 网站（www.fishbase.org）收录了目前为止发表的 C 的大部分估计值，以及相对应的夏季–冬季温差（ΔT；月平均温差，以℃为单位）的估计值。如图 5.2B 所示，其中也列出了一些对无脊椎动物的 C 值的现有估计值，C 与 ΔT 线性相关，当 $\Delta T = 10$℃时 $C \approx 1$。这意味着晚期幼鱼/成鱼和无脊椎动物的酶系统正常运行的温度范围，按照温度依

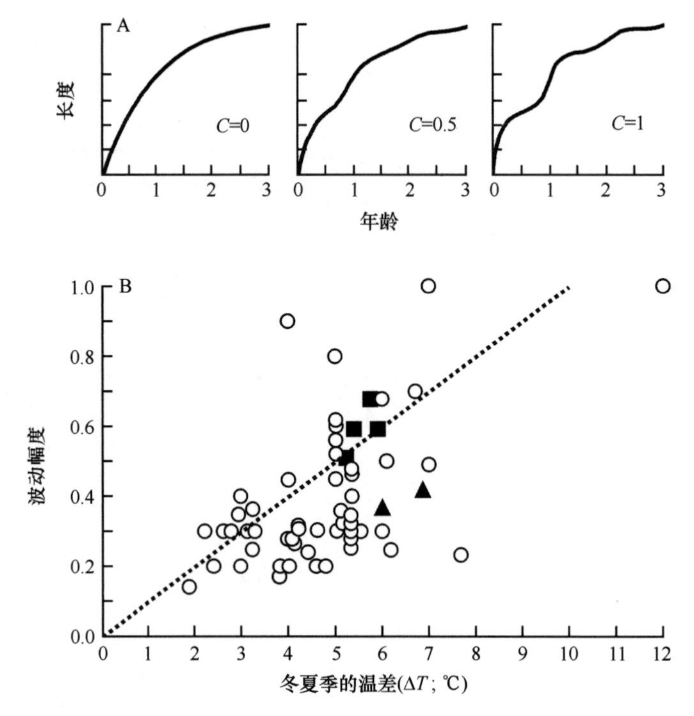

图 5.2 季节性体长生长波动幅度的量化。A：参数 C 范围从 0 到 1，表示波动的强度。当 $C=1$ 时，产生每年一次的 $dl/dt=0$ 的瞬间（在冬季点），6 个月之后，其生长速度会加倍（非季节性）。当 $C<1$ 时，波动相应减小，$dl/dt=0$ 不存在。B：根据栖息地的冬季-夏季温差，估算出的鱼类（空心点，$n=72$；引自 FishBase），对虾（正方形，$n=4$；引自 Pauly et al，1984）和鱿鱼（三角形，$n=2$，引自 Pauly，1998b）的 C 值

赖方式，约为 10℃。这也符合 Pörtner 和 Farrell 的“需氧热窗”（aerobic thermal window）（2008）的概念[149]。

5.3 体质量生长的季节波动

与鱼类冬季不会缩短体长，或仅在有限程度上缩短体长不同（Nickelson and Larson 1974；Huusko et al，2011），冬季鱼类的体质量可以大大下降，这使得季节性的波动体质量生长曲线与相应的体长生长曲线截然不同。

然而，季节性波动的质量生长仍然可以通过适当 VBGF 的扩展版直接描述，即

$$W_t = \{W_\infty[1-\exp(-K(t-t_0))]^b\} - \{W_\infty \cdot S'_{(t)} \cdot [1-\exp(-K(t-t_0))]^b\} \quad (5.2)$$

式中所有参数都在前文定义，除了 $S'_{(t)}=A\cdot\sin 2\pi\cdot(t-t_s')$，$t_s'$为体质量正偏差最大值（A）的年份。图 5.3 显示了季节性波动的体质量生长，并与体长的季节性生长进行对

比。需要注意的是，当体长生长率达到最大值（t_s）时，季节最大体质量不一定会出现，因此 t_s 和 t_s'之间存在区别。

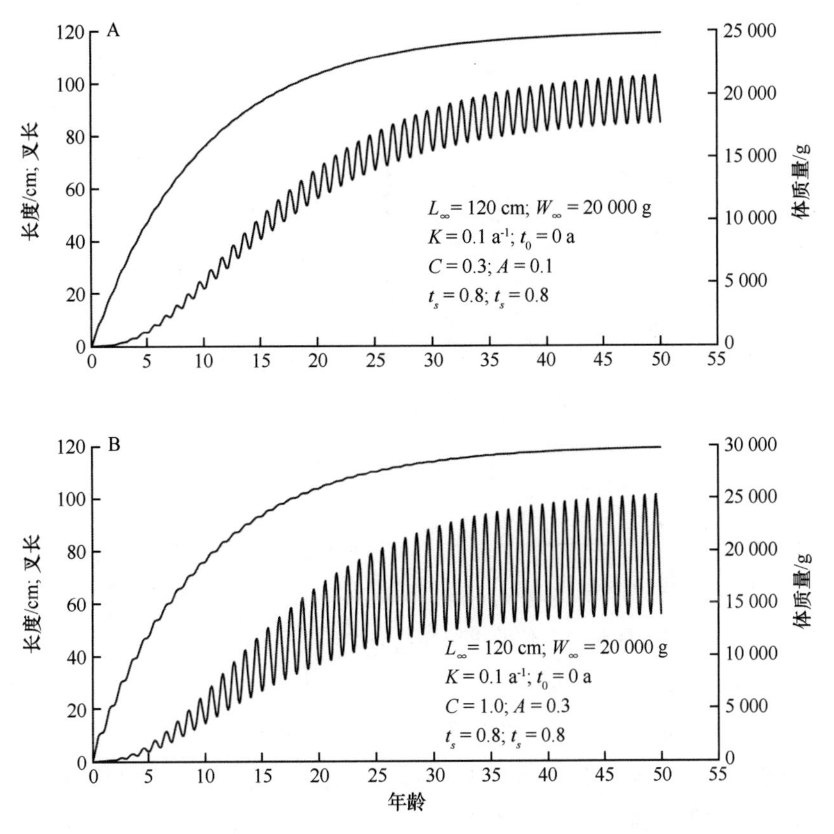

图 5.3　体长和体质量的季节性波动生长：A. 弱波动；B. 强波动。注意：体长的季节性波动（实际上是生长率）会随着体长的增加而减弱，而体质量的季节性波动会随着体质量的增加而加强，在 W_∞ 时最大

若可获得体长和体质量的季节性波动生长曲线，则可对各种体型的鱼类（即从幼鱼早期到成鱼晚期）进行一定时间间隔（如逐月）的采样，从而获得体长和体质量数据，再把体长和体质量数据和 $W=a \cdot L^b$ 的体长-体质量关系式拟合，获得以特征方式表现的季节性波动的参数（a，b）（图 5.4）。

因此，通常仅被视为经验导出的描述鱼类形状的体长-体质量关系（Huxley，1932；Froese，2006 的综述）也可以整合到鱼类生长的生理学理论中，即用于检测关于其脂肪代谢的假说（见 4.2）。

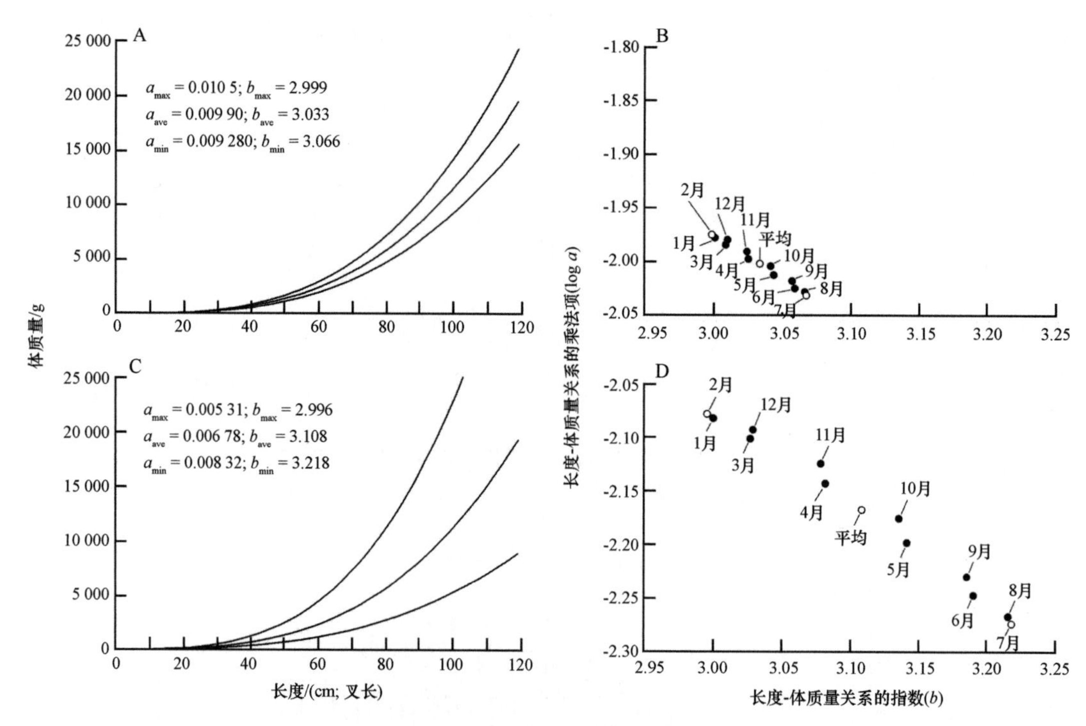

图 5.4　体长生长的季节性和体质量生长的季节性之间的差异可能产生如下影响：A：体长-体质量（*L-W*）关系的季节性变化，为得到变化的结果，对图 5.3A 中 2 月（a_{max}；b_{min}）、全年（a_{mean}；b_{mean}）或 7 月（a_{min}；b_{max}）的鱼进行抽样；B：体长-体质量关系的参数 *a* 和 *b* 在一年中每个月单独采样（用于体长-体质量数据配对）；鉴于季节性生长无处不在，这种产生强季节性参数的模拟说明，体长-体质量关系除了覆盖到大范围的各种个体大小外，还必须依赖于在短时间内（一个月内）采样的体长-体质量数据对，并且必须与不同月份的其他体长-体质量关系进行比较

第六章　生长与繁殖的关系

6.1　生长不会“因繁殖而减缓”

观察与 von Bertalanffy 生长曲线（图 6.1A）充分拟合的鱼龄-体长数据，生物学家往往会看到一段快速生长期（可达渐近体长的 40%～70%），然后是一段慢速生长期。对此，常见的解释是，“因为之前供生长的能量现在要用于繁殖”（Hubbs，1926；van Oosten，1923；Jones，1976；Lagler et al，1977；Sebens，1987；Day and Taylor，1997；Charnov，2008；Quince et al，2008）[150]。

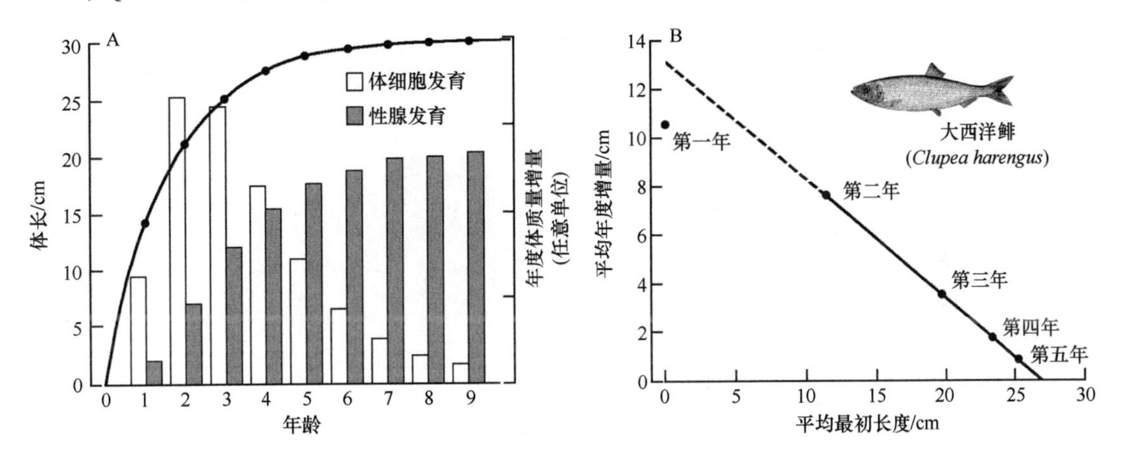

图 6.1　生长曲线上并不体现初次性成熟和“从生长到繁殖”的转变，这与多个已发表的论断正相反。A：用 VBFG 曲线拟合大西洋鲱（*Clupea harengus*）的平均体长-年龄对应数据，同时考察它们的体细胞和性腺的年生长量（引自 Iles，1974，图 2）；B：线性化后的 VBGF 曲线（Gulland，1964）拟合同样数据（Iles，1974）。对此，Iles（1974）认为这样的直线“证明生长曲线的规律性”。注意：第一年的生长慢于线性化的 VBGF 预测

所谓“繁殖消耗假说”（Iles，1974），即便大多数人并未如实地视之为假说，其关键推论之一就是，如果 VBGF 曲线可以拟合鱼龄-体长数据，那么一进入成熟期，测量值与估计值之间的误差就应呈现出某种模式的偏差。而目前，尚无研究表明这种模式的存在。何况，线性化后的 VBGF 曲线拟合经适当转换的鱼龄-个体大小数据时，这种模式更应明

显可见。然而，采用这一做法后（见图6.1B），却没有看到预期的成熟期阶段变化[151]，其原因并不在于所选择的样本恰好证明此处的论点，而是许多被认为能显示出初次性成熟“变化”的生长曲线并没有显示出这样的变化，反而表现出生长率随体长的增加而平稳下降，且这种降速在进入成熟期之前就早早可见[152]。这也不是因为这种变化细微到难以察觉：若生长确实为双阶段，它就会显示（见3.3的图3.4）[153]。因此，数百双眼睛似乎都看到了不存在的东西，类似著名的“火星上的人脸”[154]。

繁殖消耗假说的另一个推论是，如果因“能量”分配给性腺而减缓了生长，那么到成熟期时，雌鱼的生长应该慢于雄鱼，因为相对而言，后者的性腺一般小于前者[155]。然而，从一个不以研究两性异形生长为目的而建立的生长参数大型数据库中发现（Pauly，1978a），在159种两性生长参数齐全的鱼类中，有117种的雌鱼生长得更好，尽管它们为繁殖付出更多[156]（见图6.2的示例）[157]。现在的问题是：如何让繁殖消耗假说与雌鱼生长更快的事实不相矛盾？[158]

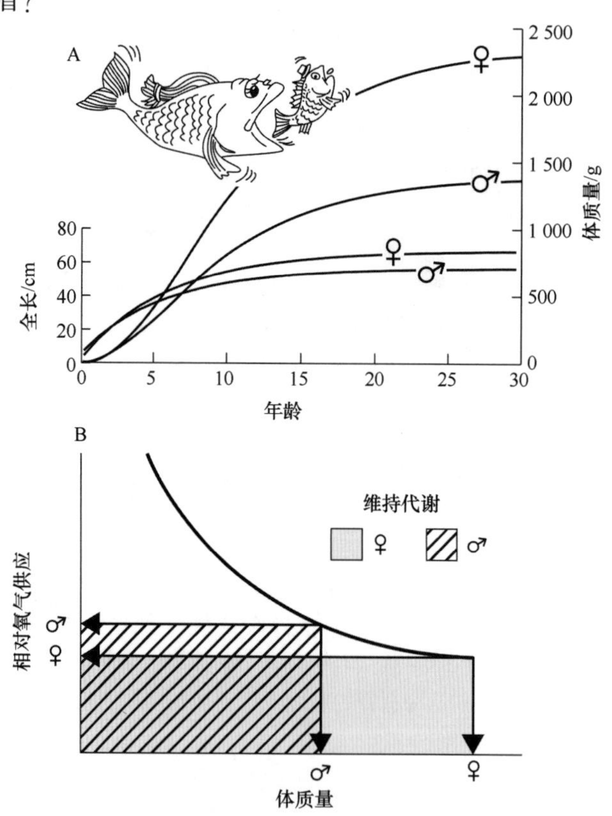

图6.2　就水生动物而言，大多数情况下都是雌性个大体壮——即使它们为繁殖付出更多；这反驳了“繁殖消耗”假设。图示的典型生长曲线以北海牙鳕（*Merlangius merlangus*）为例，数据引自Hannerz（1964）。注意，体质量差异要大大高于体长差异。因此，以3岁鱼为例，121%的体长差异相当于177%的体质量差异（修订自Pauly，1994a）

Ursin（1979）对这个问题迎难而上。他提出了一个巧妙的特定假设：雌鱼对繁殖的更大付出实际上并未发生。他提出："雄鱼的性腺质量往往比雌鱼的轻。这并不意味着雄鱼在繁殖中付出更少，因为几乎全部由 DNA、RNA 和脂类构成的精液有可能是鱼体内最宝贵的物质。"此观点大错，详见下文解释。

但随后，生物学家对此有了更深入的认识，Gould（1985，第 59 页）或许做了最好的解释："我们往往认为雄性个头大，力量强，而雌性个头小，力量也弱，但是，相反的模式却在自然界普遍存在——雄性个体普遍小于雌性，虽然人类和大多数其他哺乳动物是例外。精子很小，也不珍贵，小小的生物也能轻而易举地大量生产[159]。一个精子细胞与一个包含裸 DNA 并自带输送系统的细胞核相差无几。而另一方面，卵子必须是大的，因为它们要提供细胞质（除细胞核外，细胞的所有剩余部分）和其中的线粒体（能量工厂）、叶绿体（负责光合作用）和受精卵开始胚胎生长所需的所有其他成分……"注意与上一段引文的强烈对比！

对这一困惑，简单的解释可以是：一般来说，雌鱼更安静，因此可以将氧气更多地用于躯体和性腺的生长。而另一方面，如达尔文的性选择理论所表明的，雄鱼往往要将更大一部分的氧气用于争斗和求偶展示（Andersson and Iwasa，1996）[160]。

Koch 和 Wieser（1983）发表了一项有关年周期的试验。这篇难得一见、严谨明了的论文指出：鱼类可以通过少量降低活动量，增加用于生长的氧气供应（图 6.3）。

换言之，与"繁殖消耗假说"暗含的假定相反，鱼类生长（包括性腺组织的形成）只需要消耗一小部分"能量"，这也解释了为什么易于被惊扰的野生鱼类要比养殖的同类个头小（见 2.3 和图 2.6）。这个结论与我们所知的其他两性异形动物的新陈代谢率及其与繁殖的关系[161]完全不相违背。这样，我们就可以继续往下讨论了。

6.2　幼体向成体过渡的"季节间"机制

有关事件序列的传统观点认为，鱼类先是性腺成熟，然后产卵；而这一切始于"环境刺激"，大脑和松果体将刺激处理后传递给下丘脑，下丘脑将信息传递给脑垂体；接着，刺激生殖腺的荷尔蒙被合成并释放，促进性成熟；这时如果出现配偶，就会导致配子的释放（Hoar，1970；Liley，1970；Harvey and Hoar，1979；Okuzawa，2002）。其他更复杂的机制会考虑反馈回路（Kuo and Nash，1975；Thomas，2008；Wu，2009），但也都采纳上述的线性序列，无一例外都从"环境"或"外部"刺激开始。这种观点进而又与繁殖消耗假说相结合，形成了一套难以进行批判性检验的理论。

现在要论证的是，这些传统观点可以用单一假设来代替，而利用该单一假设，可以解释在其他前提下相互矛盾的关于鱼类生长和繁殖的诸多观测结果。

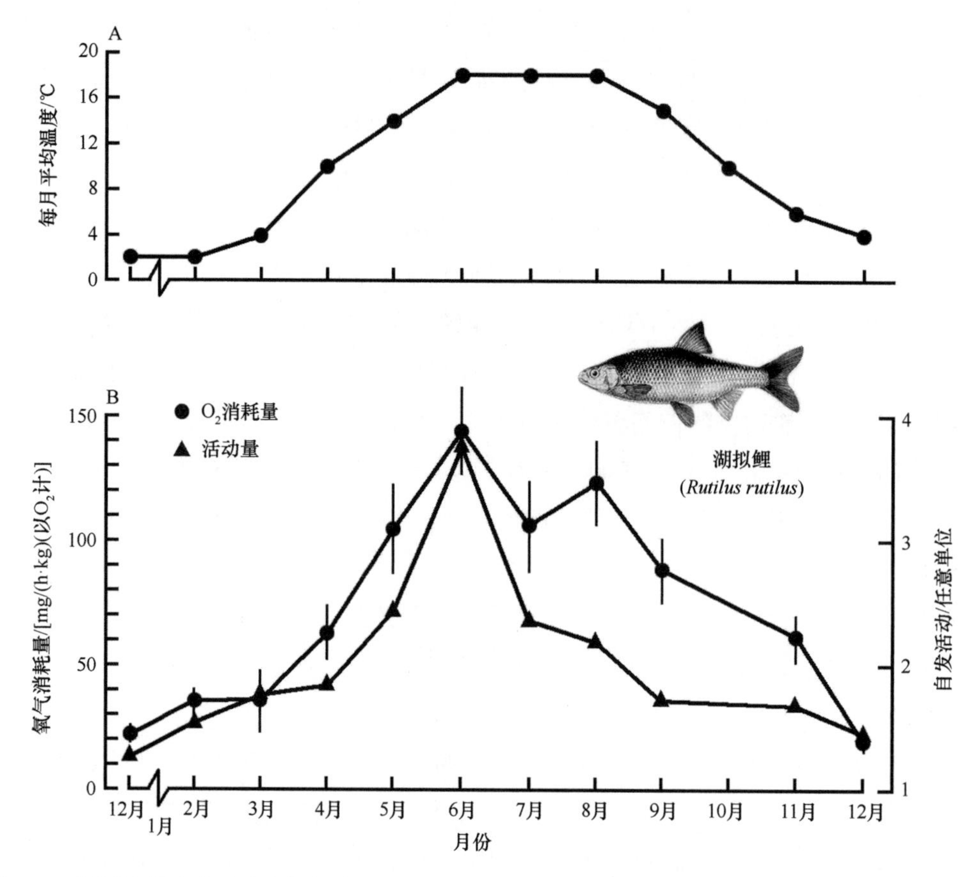

图 6.3　本图说明活动量减少如何有助于将“能量”（包括氧气）转移到体细胞和性腺的生长。A. 以温度的年周期性变化模拟湖拟鲤（*Rutilus rutilus*）生活的典型环境；B. 10 条湖拟鲤的耗氧量（点；+/−1 标准差）与自发活动量（三角形；+/−1 标准差）（B）。注意，在产卵后（6 月底），自发活动量相对于耗氧量减少，因此，即使在温度上升的条件下，它们也可以将氧气转移用于生长（改绘自 Koch 和 Wieser，1983 的图 1）

这里可以定义 3 种关于产卵及相关过程的时间尺度概念：

①短时间尺度（从几秒到几天），用于衡量恰好发生在排卵和受精之前的各种过程（求偶、卵细胞的最后成熟等）；

②中等时间尺度（从几周到几个月），在这段时间内，环境刺激触发性腺成熟；

③长时间尺度，在这一尺度下确定鱼类首次性成熟时的鱼龄和体长。

其中只有时间尺度③与我们此处的讨论有关，且适用下列假设[162]。而时间尺度①和②中的要素将在下一节讨论；它们所代表的事件序列发生在产卵季节（其中，①在②之后发生）。

稚鱼初次性成熟变为成鱼时的体长和体质量分别用 L_m 和 W_m 表示，渐近体长和体质量分别用 L_∞ 和 W_∞ 表示[163]。

相对耗氧量（Q）定义为鱼类单位体质量的耗氧量，即

$$Q = a_1 \cdot L^p / a_3 \cdot L^b \tag{6.1}$$

同理，鱼鳃的相对表面积（G'）定义为

$$G = a_2 \cdot L^p / a_3 \cdot L^b \tag{6.2}$$

这两个方程式都有相同的指数（p），表示耗氧量/体长与鳃表面积/体长的关系，因为在其他因子相等的情况下，耗氧量是鳃表面积的函数。

在第一章中，鱼类的体长/体质量关系最终表达为

$$W = a_3 \cdot L^b \tag{6.3}$$

式中，指数 b 的值一般等于或接近于 3。

从方程（1.1~1.3）可知，鱼类耗氧量与鱼鳃绝对面积的 d 次方（$d=p/b$）成正比，其中 $d<1$，范围一般在 0.6 到 0.9 之间（见第一章）。

大量研究表明，同一科的鱼类，L_m/L_∞ 比值大多相对恒定，例如，鲱科的这个值在 0.6 到 0.7 之间，金枪鱼的这个值约在 0.4 到 0.5 之间（Beverton and Holt，1959；Beverton，1963；Mitani，1970；图 6.4）[164]。对于无脊椎动物，有关这种相对恒定的研究少之又少，但已知这种现象在无脊椎动物中也存在（图 6.4）。虽然渔业生物学家很了解这种现象，也一直在利用 L_∞ 值估计 L_m 值，或相反（Froese and Binohlan，2000；见尾注 24），但专门针对这一现象的研究却很罕见（Amarasinghe and Pauly，2021），原因可能在于“繁殖消耗”的概念提供了一个如此现成的解释。

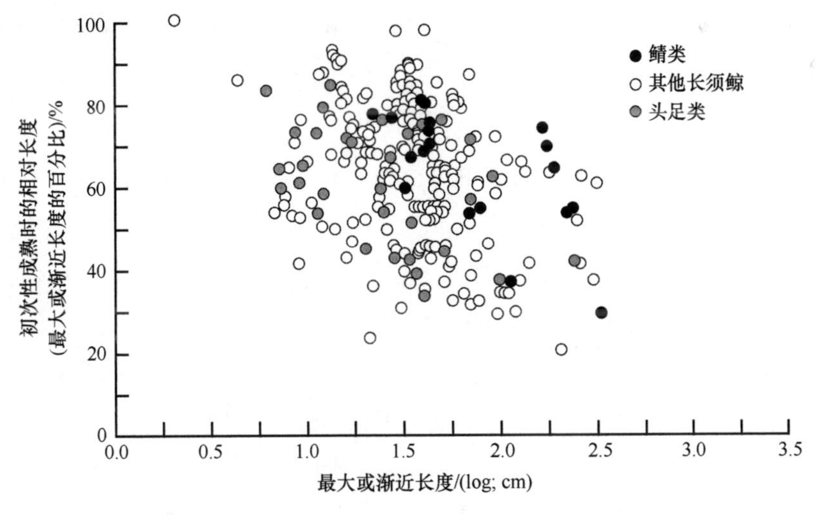

图 6.4　32 种鱿鱼和 208 种鱼类初次性成熟时的平均体长（L_m）与最大体长（L_{max}）或渐近体长（L_∞）之间的关系。其中，鱿鱼的 L_m 和 L_{max} 数据来自 Roper 等（1984），鱼类的 L_m 和 L_∞ 数据来自 FishBase；www.fishbase.org。图片来源：改绘自 Pauly（1998b）图 6

然而，正如前文指出的，非常多种水生动物的雌性不仅比雄性长得更大，也长得更快（见 Beverton and Holt，1959 中的数据），与此同时还生产了数量更多的性腺物质（Lagler et al，1977；Michalsen et al，2008）。显然，它们的生长并没有受到繁殖消耗的拖累。

Iles（1974）给出了支持水生动物生长不受繁殖消耗拖累的数据，并希望解释鱼类的 L_m/L_∞ 比值为什么相对恒定。他提出，鱼类在个体发育过程中会运行某种预录的生长“程序”，并由其决定产卵时间，从而产卵就是它们生长“程序”中的一个“事件”[165]。

但是，不论是“繁殖消耗”的概念，还是 Iles 的程序化生长，都没有将鱼类的 L_m/L_∞ 比值相对恒定这一现象与导致产卵的生理事件序列关联起来。

此外，从上文提到的生理事件序列可推断，受到“环境刺激”的鱼类确实感知到这些刺激的存在。但是，如果幼鱼期持续数年（如鳕鱼、大比目鱼、海鲈鱼以及其他长寿命的水生动物），则稚鱼期就会经历若干个被年长于它们的鱼类视为“产卵季节”的环境事件序列，可是，此时它们并不产卵（更多相关讨论见下节）。

显然，产卵季节的正确“环境刺激”还不足以使鱼成熟并产卵；它们还必须长到关键的体长（接近 L_m），才会感知触发性腺成熟的环境刺激。我们来看看如何解释这些现象。

首先回顾一下，为了生长和生成配子，水生动物既需要摄食也需要氧气。与食物代谢所需的氧气相比，食物一般呈相对大块的形态，并且可以这样或那样的形式存储一段较长的时间，而氧气必须耗费巨大的能量从溶解氧量相对低、密度相对高的水体中吸收，并且基本不可能在体内储备起来，日后再利用。第一章和第二章论证了鱼类和呼吸溶解氧的无脊椎动物的生长普遍受限于氧气的观点[166]。氧气限制的主要原因在于，鱼鳃要为身体提供氧气，而鱼鳃的生长却跟不上身体的生长，因为即使有显著的正异速生长，表面积的增长也跟不上身体的增长［参见方程（3.1~3.3）中，$a<b$］，由此造成的直接后果就是，随着身体越长越大，氧气相对供应量却一路减少，最终达到停止生长的临界点（W_∞），此时的氧气供应（Q_∞）仅够维持新陈代谢（图 5.5A）。因此，对于特定种群，任何造成新陈代谢水平上升的事件（如温度上升、群体密度增大、渗透压或其他压力的变化等，Kassahn et al，2009），都会造成渐近个体大小的下降（图 6.5B）。这一点在文献中有充分的论述（Taylor，1958；Liu and Walford，1966；Iles，1973；另见注 110）。

显然，只有 $W_m<W_\infty$，从而 $G_m>G_\infty$，$Q_m>Q_\infty$（图 6.5A、B），水生动物才可以将能量用于性腺生产和产卵。因此，水生动物的 L_m/L_∞ 比值相对恒定，实际上可视为对更基本的 Q_m/Q_∞ 比值恒定的近似表达。当生长中的稚鱼达到这个值时，就具备了发育为成鱼的潜力，也就有能力感应相关的环境刺激。

定义 $Q_m=a' \cdot L_m^p/L_m^b$，$Q_\infty=a' \cdot L_\infty^p/L_\infty^b$，则 $Q_m/Q_\infty=L_\infty^p/L_\infty^b \cdot L_m^b/L_m^p$。依据方程（3.1~3.3），可以推算 Q_m/Q_∞ 比值与 L_m/L_∞ 比值之间的关系。经适当变换，可得方程式如下：

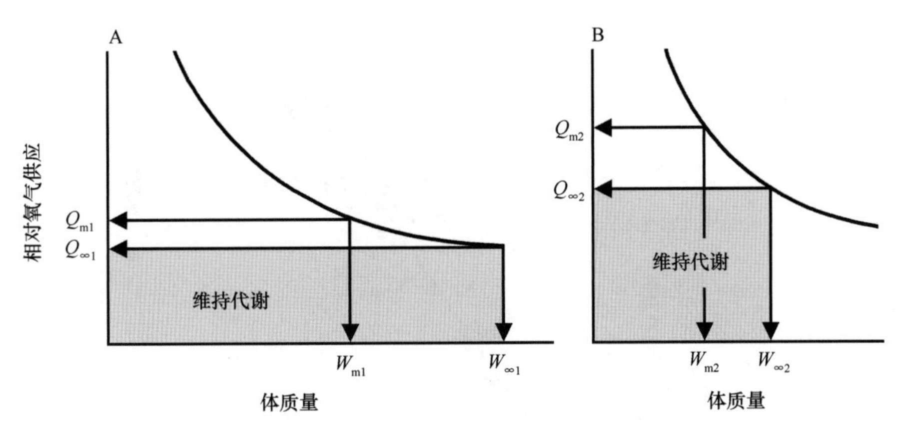

图 6.5　用 P 图解释水生动物显然恒定的 L_m/L_∞ 比值：如果氧气供应量持续下降，最终则限制了生长（图中 $Q_{\infty 1}$ 和 $W_{\infty 1}$），那么，鉴于 $L_m<L_\infty$，则性成熟时的氧气供应量（Q_{m1}）必须高于生长停止时的氧气供应量（即 $Q_m>Q_\infty$ 和 $W_m<W_\infty$）。B：当一种外部因素（如温度上升）增加了需氧量，则 $Q_{\infty 2}$ 必然增加而 $W_{\infty 2}$ 减少。但是，Q_m/Q_∞ 的比值保持不变，水生动物将在 Q_{m2} 和 W_{m2} 时成熟和产卵。注意，Q_m/Q_∞ 比值恒定（图 6.6 对此做了估值）会在 L_m/L_∞ 比值或“繁殖负荷”中近似反映出来。改绘自 Pauly 1984a

$$Q_\infty/Q_m = (L_m/L_\infty)^{b(1-d)} \tag{6.4}$$

式中，$d=p/b$，而 $b(l-d)=D$（见 1.3.3）。

在第二章中，我们已经看到个体小的鱼类（如虾虎鱼科、孔雀鱼等）往往 d 值低（按上文定义），而成鱼个体大的鱼类（如金枪鱼）d 值高。因此，小到孔雀鱼，大到金枪鱼，d 值与个体最大值之间的数量关系（图 1.3）可与 L_∞ 值和 L_m 值联用，得到如图 6.6 所示的 $L_m{}^{b(1-d)}$ 与 $L_\infty{}^{b(1-d)}$ 之间的关系。图中显示水生动物 Q_m/Q_∞ 平均值约为 1.4。

考查上述因素，可推导出如下情形：对于特定鱼类种群，个体将迅速生长，直至 Q_m/Q_∞ 值接近 1.3~1.4，在这个点，将生成更多的某种物质，使得鱼类大脑可以对环境刺激做出繁殖反应[167]。一开始，因为该物质产量低，或者在产卵季节感知到环境刺激时已经（太）迟了，或两种原因兼而有之，鱼类要么没反应，要么“跳过”产卵（Rideout et al，2005；Jørgensen et al，2006），或者经历一个“力争成熟”或者说“成熟失败”的过程（Hickling，1940；Iles，1974），然后到产卵季节后期，再吸收之前生成的物质（另见下一节）。之后，随着身体继续生长，Q_m/Q_∞ 值达到 1.3~1.4，至此，从下一个产卵季节一开始，鱼类就对环境刺激做出反应。

失去的性腺物质最多可达体质量的 20%（Lagler et al，1977），之后，筋疲力尽的鱼体的 Q 值大于 Q_m 值。因此，大部分氧气会再用于生长（而不是仅仅用于维持生命活动），好让自身返回 $Q_m/Q_\infty \approx 1.3$ 状态，以便在下一个产卵季节开始时，就可以快速启动性成熟[168]。

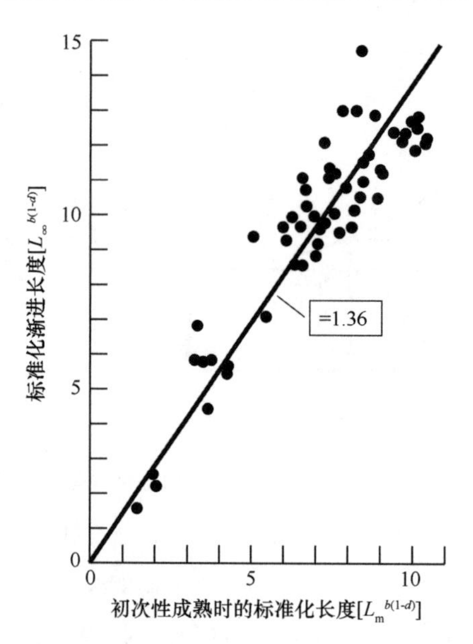

图 6.6　鱼类初次性成熟时的新陈代谢率（Q_m）约为处于渐近个体大小或最大个体时（即停止生长时）的新陈代谢率（Q_∞）的 1.4 倍。体长和体质量利用现有最准确的体长-体质量关系数据来换算。图中的 56 对 L_m/L_∞ 数据来自 Beverton 和 Holt（1959），Beverton（1963）和 Mitani（1970），涵盖范围广泛的多种水生动物，小至孔雀鱼，大至蓝鳍金枪鱼。引自 Pauly，1984a

较高的环境温度、较低的食物密度（增加觅食时间）[169]，较低的氧气供应，环境拥挤，或其他压力因素，都会增加耗氧量，从而降低 Q_∞ 值，给鱼类带来影响。但是，因为存在 Q_m/Q_∞ 恒定这一调节机制，鱼类“知道”在个体较小时就停止生长，于是在个体更小的时候就产卵，由此加以适应，在罗非鱼等鱼类的养殖中，这是一个大问题（Iles，1973；Pullin and Capili，1987）[170]。

注意，此处提出的关于水生动物 Q_m/Q_∞ 值恒定的假设，使得我们无需假设一种生物钟，或者任何类型的生长“程序”，来解释为什么对于特定种群，初次性成熟的鱼龄相对恒定。“早熟”产卵（Iles，1973）和摄食速率与成熟速率的关系（Thorpe，1990）[171]，也可以得到解释。确实，这还解释了为什么大量北大西洋鱼类初次性成熟时个体变小了，而之前的解释是渔业造成鱼类个体最大值减小（Trippel et al，1997，以及尾注 67）[172]。

Kolding 等（2008）对这一假设做了一次明确的检验，将基于本假设的预测和基于其他假设的预测进行了对比。

结果证实了这里所做的预测（图 6.7 和表 6.1）。

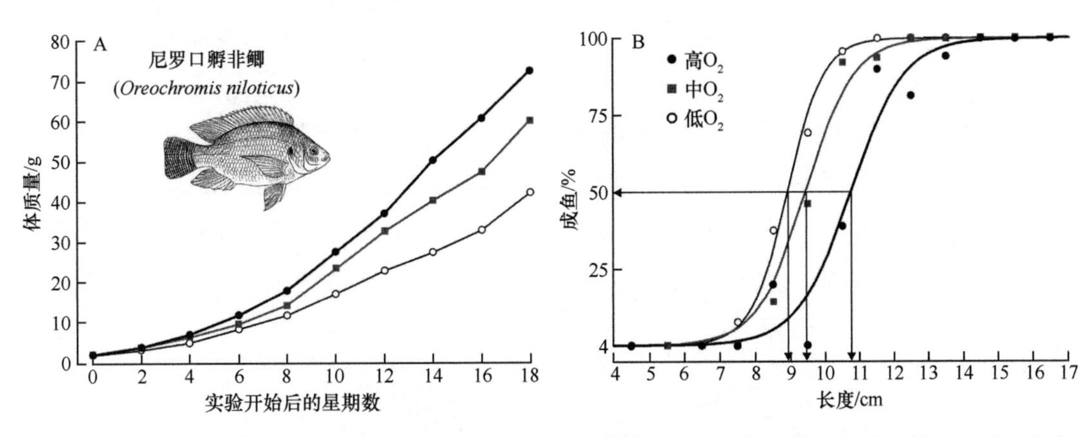

图 6.7　尼罗口孵非鲫（*Oreochromis niloticus*）的体质量增长（A）和初次性成熟时的体长（B）是溶解氧含量的函数。生长于氧气浓度低的环境中的鱼类长得最慢，达到性成熟时的个体也小；与此正相反，长得最好的鱼，达到性成熟时的个体较大。这符合本理论的预测。同时，生长于氧气浓度中等的环境中的鱼类，其生长和成熟情况也处于中等水平。改绘自 Kolding et al，2008

表 6.1　Kolding 等（2008）对受检验的假设所做的总结

假设	推论	结果
假设一：低氧气浓度抑制了生长，导致发育迟缓	身体生长受到抑制（Pauly，1981；van Dam and Pauly，1995）	是
	初始生长率较高（Iles，1973）	否
假设二：低氧气浓度触发个体较小时性早熟	个体较小时性成熟（Pauly，1984a；Kolding，1993；Brummet，1995）	是
	鱼龄较小时性成熟（Kolding，1993；Brummet，1995）	否
假设三：低氧气浓度缩小了卵子的体积，但增大了相对生育力	卵子较小（Peters，1963；Iles，1973；Lowe-McConnell，1982）	是
	相对生育力较高（Peters，1963；Iles，1973；Lowe-McConnell，1982）	否

本假设的主要推论是，鱼类在经历单位体质量氧气供应量稳步减少时，会生成某种（或多种）物质，这些物质激活鱼类大脑对环境刺激做出繁殖反应[173]。

因氧气供应量减少而处于永久性呼吸压力的动物体内生成的物质在生理学文献中多有论述，这些物质中的任何一种都有可能在代谢压力和大脑反应之间建立联系[174]。

呼吸溶解氧的无脊椎动物的 L_m/L_∞ 比值相对恒定（图 6.4B），这表明上文讨论的稚鱼-成鱼转变机制也适用于呼吸溶解氧的无脊椎动物，这可能也有助于确定上文所假设的因压力而生成的物质。

6.3　成熟和产卵的“季节内”机制

上一节以 P 图为启发理解的手段，解释了鱼类为成熟所做的整体准备（即它们为感知短暂的季节性成熟和产卵信号而准备就绪的程度）是个体在其特定环境条件下能够长到的最大个体的函数。

本节继续讨论鱼类初次成熟和产卵的合适个体大小，但重点讨论一旦达到能够感知成熟和产卵信号（在季节内）的个体大小时，会发生什么。正如后文将揭示的，接下来发生的过程可描述为在鱼类产卵观测中看到的诸多尚未解释或被视为异常的现象，现在无需特定假设就可解释。但是，为此目的，必须引入另一种启发理解的手段——“尖点突变”（cusp catastrophe）（图 6.8A）。

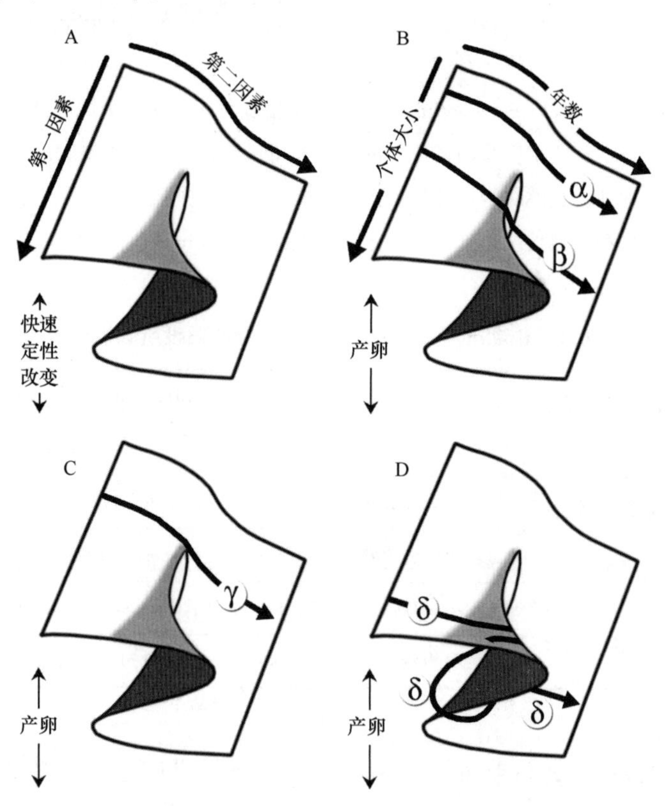

图 6.8　产卵过程的尖点突变图解。A. 在用于解释产卵过程时，尖点以个体大小（体质量）作为控制因素 1，以时间（一般以年为单位）作为控制因素 2；B. 体质量低（年轻）的水生动物会经过一个（或多个）“产卵”季节而不产卵（α 轨迹）；如果在产卵季节到来前长到初次性成熟的尺寸，鱼类就会接收成熟信号并产卵，这说明发生了突然的阶段变化（β 轨迹）C. 接近产卵季高峰时可能成熟，但随后却跳过产卵的年轻成鱼（γ 轨迹）；D. 个体大（老）的鱼在产卵季更早开始成熟和产卵，并有可能随着再次成熟而反复产卵，符合迟滞循环（δ 轨迹）

尖点型突变，或简称“尖点”，是突变理论的 7 种基本类型之一。Thom（1975）证明了这 7 种拓扑学模型足以定性地描述控制因素多达 4 项的转变，并可区分平滑转变的域和突然转变的域。在仅有两项控制因素的情况下，尖点可以方便地说明生物学相关变量之间的阶段变化，而这一点引发了关于纯粹拓扑学方法在生物学研究中的应用前景的激烈辩论（见 Zeeman，1977；Kolata，1977；Woodcock and Davis，1980 的综述等文献）。在此，我无意引用这些早期的辩论来陈述我的观点，因为争论已经平息，研究人员可以意识到尖点可能适合于描述快速的性质变化（“事件”），而无需引用突变理论学者更为宏观的主张。

在应用尖点突变模型研究鱼类产卵时（这显然是首次），个体大小（或鱼龄）作为控制因素 1[175]，时间（一般是一年[176]）作为控制因素 2（图 6.8B）。正如上一节所解释的，鱼类可以因个体大小不足（鱼龄小）而经历一年的间隔不产卵（对应图 6.8B 中的 α 轨迹），或者在产卵季节前达到一个临界个体大小，使之能够接收成熟信号，进而成熟并产卵，后一种意味着发生了突然的阶段变化（图 6.8B 中 β 轨迹）。这个过程简单明了，但还不够有趣。我们来看看更复杂的情形和更复杂的图。

尖点图显示，一些后期的稚鱼或早期的成鱼可能成熟（接近产卵季高峰）却不产卵（图 6.8C 中的 γ 轨迹）。实际上，文献中能找到大量“跳过产卵”，包括在产卵季节中断成熟，并随后吸收回性腺组织的例子（Hickling，1930；Iles，1974；参见 Rideout et al，2005）。而且，“跳过产卵”现象“更常见于年轻和个体小的鱼类”，以及食物有限的鱼类（Jørgensen et al，2006）。要解释这一现象[177]，并不一定要引用涉及毕生繁殖产出和未来生长与存活之间的取舍的复杂模型，鱼类在“决定”产卵与否之前不会知道这种取舍[178]。

图 6.8B～D 中的阴影部分代表成熟，这说明个体较大（较老）的鱼应该更早开始成熟，并在产卵季节后期结束产卵，而个体较小（较年轻）的鱼普遍只在旺季成熟（并产卵）。这一点已经通过大量的观测得到验证，例如 Rijndorp（1989）研究北海的鲽（*Pleuronectes platessa*），Hutchings 和 Myers（1993）研究大西洋鳕（*Gadus morhua*）[179]，Jansen 等（2015）研究南非无须鳕（*Merluccius capensis*），Farley 等（2015）报道关于南大洋蓝鳍金枪鱼（*Thunnus maccoyii*），“研究结果表明，小型蓝鳍金枪鱼往往稍晚于产卵期到达产卵场，在产卵期比大型鱼类更早离开”和“对于大型鱼类来说，延长产卵期并不少见，而且在长鳍金枪鱼中也观察到了这种现象（Farley et al，2013），以及其他物种，如鳀鱼、沙丁鱼、沙脑鱼、鳕鱼和鲭鱼（Fitzhugh et al，2012）”以及 Trippel 等（1997）对表 2.1 中的不同物种所做的研究，后者将 BOFFs[180]的作用总结为“观察发现，与个体小的雌性相比，个体大的雌性普遍在产卵季节更早开始产卵，持续时间更久，产出的卵更大也更有活力；这种现象强化了雌性个体大小对成功补充种群的重要作用。”（另见图 5.9 中的 P 图）。

尖点往往意味着，阶段变化一旦发生，则系统显示出“滞后现象”，其中观测到的行为（即产卵行为）进入反复循环（图 6.8D，轨迹 δ）。这一结果恰恰就是个体大且高龄的鱼的行为，它们可以在同一产卵季节反复产卵，而个体小的成鱼通常只产卵一次，甚至跳过产卵。对这种行为的解释如下：一旦个体大的鱼产过卵，即失去了一部分必须为之供氧的组织，也就获得了比产卵前更高的鳃面积/体质量比，从而原则上可以回归正常的活动，包括摄食活动[181]。但是，如此会导致体质量增加，从而重新降低了鳃面积/体质量比，而这会造成（至少对个体大的鱼而言）迅速的重复成熟和重复产卵（Trippel et al，1997）。这种循环可以在一个产卵季节中反复进行，直至（温度下降和）呼吸压力缓解，到这时，繁殖季节也结束了[182]。

因此，除了为产卵提供一个图形化的解释，尖点还将之前未被纳入通用解释框架的三个现象（产卵跳过、个体大小决定繁殖季节、产卵迟滞现象），用一个 P 图（图 6.9）做了清晰的解释。因此，这幅图代表了一种综合观点：寿命长的鱼一生可视为一系列连续的尖点，每一个尖点都要达到相应的大小（对应连续的鱼龄）才能“进入”，这意味着每一个体都有与众不同的一套反应。

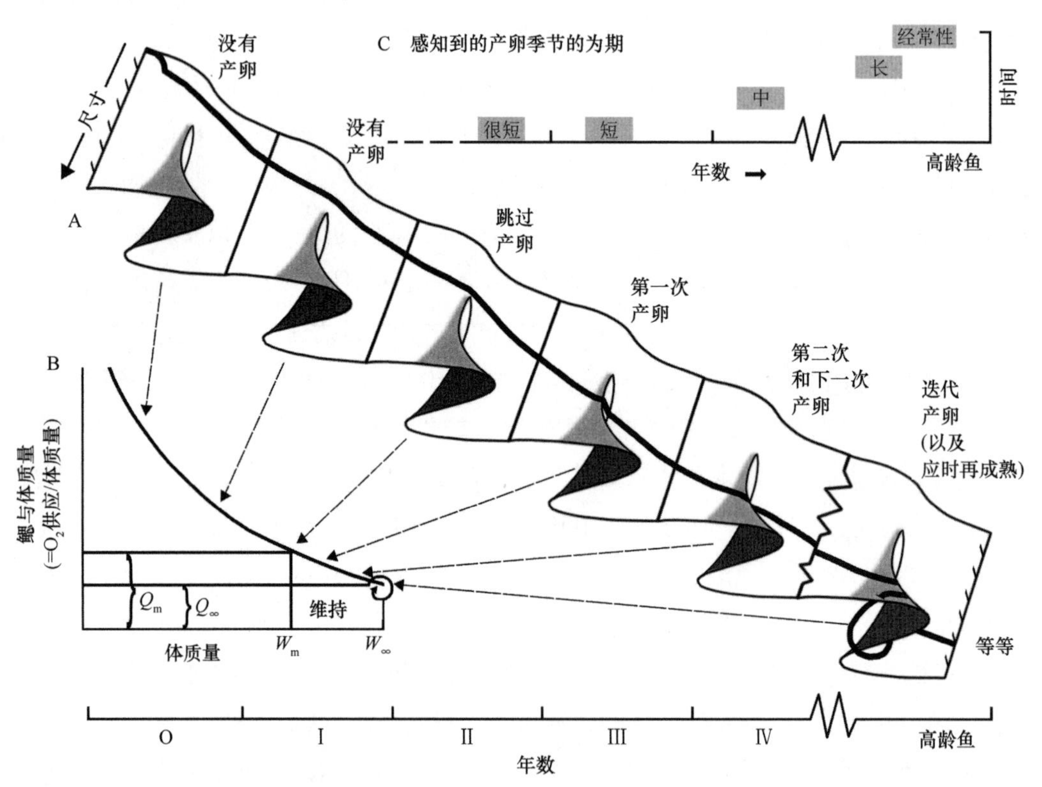

图 6.9 鱼类生长可看作每年发生的连续尖点事件，A. 在事件发生期间，鱼类根据当年年初长到的个体大小，表现出不同的轨迹。B. P 图展示了作为结果的产卵事件的特征，C. 描述了个体大小不同的鱼的产卵季持续时间（如果有产卵）

显然，产卵远比这个复杂（例如，它还涉及多种激素的释放和相互作用，见 6.2 节开始部分的参考文献）。但是，上述过程仅进一步说明氧气和产卵之间的关系。这一理论有可能得到进一步发展。我也希望它会得到进一步发展。

6.4 严重过度捕捞的鱼类为何在个体小时达到性成熟

鱼类种群中的同龄鱼群的个体普遍具有不同的生长曲线，因此它们的年龄-体长数据或多或少呈正态分布。这一特征是通过体长-频率分布来推断生长过程的基础。在这方面，Petersen（1891；另见 Pauly and Morgan，1987 和 Taylor and Mildenberger，2017）做出了开创性的研究。

商业渔具可以有很多特征，但它们共同的一个特征是不捕捞非常小的鱼。因此，具体到某一种渔业，持续数十年使用一种特定渔具就会对捕捞对象有选择效应，使得长得快（迅速长到可能被渔具捕捉的尺寸）的个体被捕捉，留下那些个体较小的鱼类（图 6.10）。

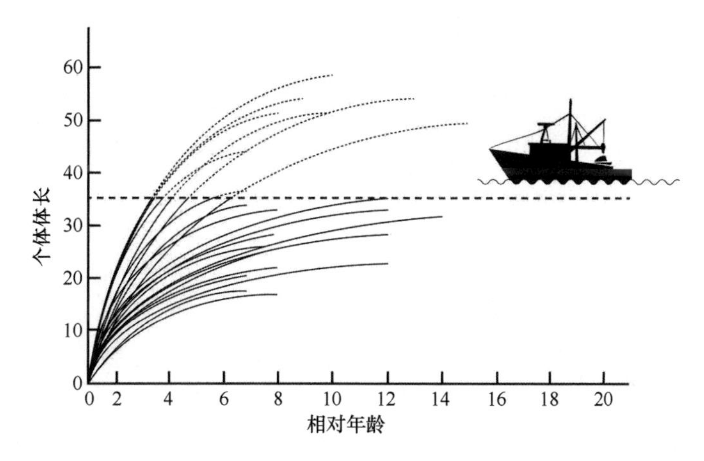

图 6.10 同龄鱼群（即由同一批卵孵化的一群鱼）个体间的生长差异图示。其中，部分差异由等位基因造成。生长快的个体往往在与它们能够达到最大个体（L_{max}）还相去甚远时就被捕捉，也就没机会产卵，而生长较慢的个体则有机会产卵。长此以往，在一个受到高强度捕捞的种群中，与较小的最大个体和较小的性成熟体长（L_m）相关的等位基因出现的频率逐渐提高，而平均 L_m 和 L_{max} 则下降

维持小个体并繁殖的鱼类都是将氧气用于非生长过程（如性选择）的个体，或者是那些摄食率和同化率低的个体。因此，连续数代的生长都受限于氧气，个体也越来越小[183]。

但是，6.2 节的论证和论据说明，造成生长慢的鱼维持小个体的因素也使得它们在体长较小时产卵。换句话说，在许多高强度捕捞的鱼类种群中观察到的性成熟平均体长（L_m）下降，其原因与这些种群的平均最大体长（L_{max}）下降相同。

一些研究数据支持 L_m 和 L_{max} 的平行关系，另一些研究则报道了 L_∞ 与初次性成熟的年龄同步下降（Cottingham et al，2014），后者通常也反映了相同的平行关系。然而，大多数

证实 L_m 下降的研究却未能探讨 L_{max} 或者 L_∞ 的表现（Meyer et al，2003），反而其中一些研究（Olsen et al，2005）引用了“性成熟时的年龄与体长的概率性反应常态”，虽然有详细的描述，却并不能解释 L_m 为什么下降，而“GOLT”理论就可以。

第七章　鱼类体内 pH 的动态变化及其与生长的关系

7.1　活力、pH、压力和疼痛

“GOLT”理论认为，鱼类和呼吸溶解氧的无脊椎动物容易受到呼吸压力的影响，特别是在鳃面积与体质量比值较低的成体阶段[184]。

活动量大，体内储存的氧气就消耗得快，而要补充氧气并不容易，于是就出现呼吸压力[185]。长时间承受呼吸压力，就会导致乳酸在体内组织累积，因为没有足够的氧气使氨基酸充分“燃烧”（见 1.3）。与久坐不动的人突然站立奔跑时的感受一样，乳酸的累积可能会导致疼痛[186]。

这很可能就是鱼类在上钩后，挣扎了一阵子就放弃，并渐渐失去活力，而且，往往是哪怕没有明显的伤口，放回水里也一时难以恢复的原因[187]。确实，随着无氧代谢的发生和乳酸的产生，组织中的 pH 值迅速下降，导致活鱼细胞的凋亡和溶解（见 7.3“烧坏的金枪鱼”和“胶化的比目鱼”）。

呼吸压力不严重的时候，可以调节。以昼夜节律为例，白天高强度活动所导致的氧气缺口可在夜间弥补，夜间活动的鱼类反之亦然（图 7.1）。实际上，这就是硬骨鱼的耳石、鱿鱼的平衡石和双壳类的贝壳形成日轮的原因，也是接下来要讨论的内容。

7.2　耳石、平衡石和贝壳上的日轮结构

如果氧气供应最终决定了水生动物所能长到的最大个体大小，那么它也可能影响它们在此之前的生长过程。有独立研究证据显示，鱼类的生长受到氧气的限制，虽然对这些证据经常并不做如此解读，但在这里我指的是（严格意义上的）鱼类的耳石、鱿鱼的平衡石和无脊椎生物［甚至包括水母（Ueno et al，1995）］的类似钙化结构上生成的日轮。

这里的相关过程，即日间多轮活动中的氧气限制和耳石与平衡石中的日轮的形成之间的联系是直接的，并且只需要用到已知的生理学/化学机制。Lutz 和 Rhoads（1974）根据这种机制[188]提出了对双壳类生长的解释，并希望发展出正如本书所提出的更通用的

“GOLT”理论。

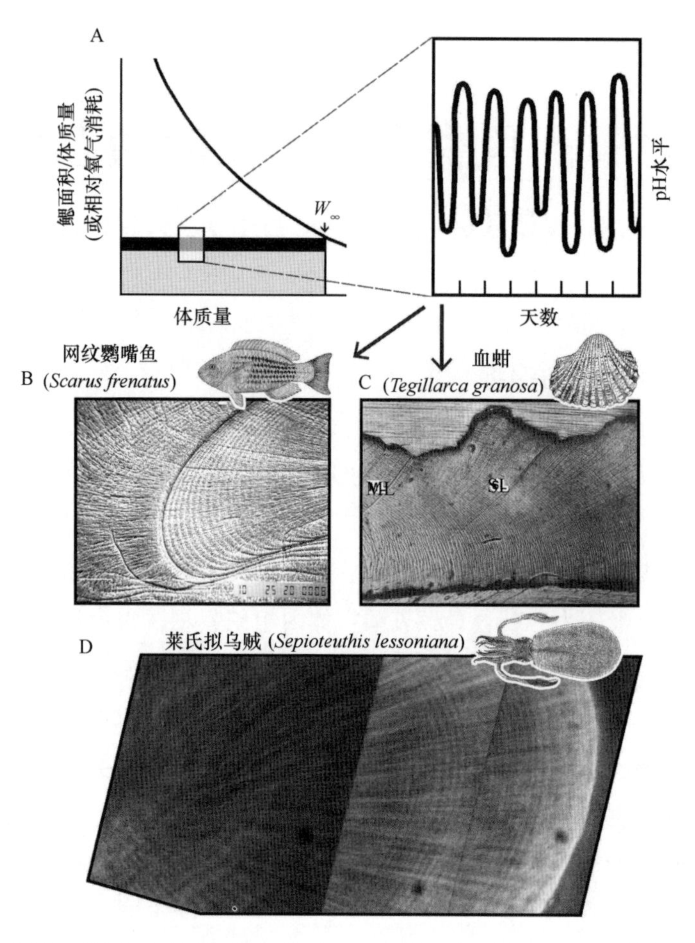

图 7.1　水生动物耳石日轮的形成机制与例子。A. 日间反复活动（左图为其在 P 图中的位置，右图为该部分特写）造成鱼类经历多次无氧代谢，降低了体内的 pH 水平并“刻蚀”出钙化结构（鱼类的耳石，鱿鱼的平衡石，双壳类的壳）；夜间以有氧状态为主，重新开始物质的沉积过程。夜间活动动物的这个过程正相反。B. 一条网条鹦嘴鱼（*Scarus sexvittatus*）（标准体长 24.5 cm，澳大利亚）耳石上的日轮，显示其仔鱼期末的变态（E. B. Brothers 拍摄的扫描电子显微镜照片；Longhurst and Pauly，1987 中的图 9.7B）。C. 在泰国昂西拉按照试验条件养殖的泥蚶（*Anadara granosa*）外壳上每日形成的结构，很有可能与小潮相关（对称中心线从右上到左下）。生长从左向右进行；样本做了标记（图中 ML 线），一个月后再做一次标记（图中 SL 线）。图中照片用醋酸纤维素揭片技术制作（Vakily，1992 中的图 4.11）。D. 莱氏拟乌贼（*Sepioteuthis lessoniana*）的平衡石，外套膜长 6.3 cm，前后表面都经打磨，显示圆顶侧面的日轮（Balgos and Pauly，1998）

他们的解释（见图 7.1 的图解），要点在于多轮日间活动（或者夜间活动动物的多轮夜间活动）加大了氧气需求，以至于通过鳃供应的氧气无法满足需求。这些动物必须转为无氧代谢，于是降低了组织的 pH 水平并导致鱼类耳石产生日轮（Mugiya et al，1981），双壳类壳体上产生每日的“刻蚀”（Lutz and Rhoads，1977）[189]。

“GOLT”理论也能解释其他压力事件，（如低潮）所导致的非每日生成的轮纹（相关证据可见 Vakily 1992）。也有文章提到了鱼类耳石上类似的由压力事件导致的非每日生成的记号，如潮汐轮、风暴穿过礁区产生的风暴、产卵记号等（Panella，1971，1974；Longhurst and Pauly，1987；Mugiaya and Ichimura，1989；Gauldie and Nelson，1990）。

Morris（1991）在没有引用 Lutz 和 Rhoads（1974）的理论的情况下，提出了一种类似的机制来解释鱿鱼平衡石中的日轮。有趣的是，他注意到实验中制造的压力，即保持较高活动量和耗氧量抑制了每日的 pH 周期（或者更准确地说，每日的 pH “峰值”），而这正是日轮形成所必需的。

Lipinski（1993）也在没有引用 Lutz 和 Rhoads（1974）的情况下，提出了一种不同于 Morris（1991）的机制来解释平衡石外围淋巴液的 pH 值的变化。但是，他也认为日间的活动周期和日间的周期性组织供氧不足是鱿鱼平衡石日轮形成的最终原因。

Lipinski（1993）认为他和 Morris 关于平衡石成因的假设都不完善，因为“没有对大量的现象做出令人满意的解释，例如，一些标记还缺乏很有说服力的定义，每次新增的生长轮数目不定，新增轮纹的宽度不定等现象，还有待解释和深入研究”。另一方面，与鱼类耳石日轮相仿，鱿鱼的平衡石，由于每日重复的呼吸压力形成的平衡石，为理解鱿鱼生长的关键限制因素贡献了关键的证据。

实际上，在我们考察鱼类个体大小差异及其对耳石、平衡石或其他坚硬部分的清晰可读性影响时，这些证据甚至更为强大。之前给出的很多 P 图（从图 1.4 开始）都说明，与呼吸溶解氧动物的幼体和稚体相比，成体的呼吸压力更严重，频率也更高。另一方面，显然对于特定种群，不同个体维持生命活动的需氧量各不相同（即使它们的相对鳃面积并无差别），因此生长曲线也各不相同（见图 7.2 的 A、C 和曲线 1、2），这就产生了在鱼类和鱿鱼种群中观测到的体长与鱼龄不尽相符的现象（图 6.2B 箭头处）。

鉴于它们的新陈代谢率较低，图 7.2A 中的个体大小在其大于图 7.2C 中个体时，将经历与个体大小相关的呼吸压力。这种呼吸压力阻止了日轮（图 7.2B 中的点）的形成，并造成耳石和平衡石中的模糊区域。但是，在鉴定日龄时，必须舍弃带有这种模糊区域（图 7.2B 中的实线）的耳石和平衡石，这就导致在分析年龄时只考虑生长快速的鱼类和鱿鱼（Morales-Nin，1988；Balgos and Pauly，1998）。这必然导致成鱼年龄被大大低估，即生长率被高估，或许这也是“线性”或“指数”生长曲线经常出自按日增一轮[190]计算鱼龄的体长-鱼龄数据的原因所在。

Morales-Nin（1988）对这个问题做了如下描述：“用光学显微镜研究水生动物成体耳石的新增轮纹时，会看到增量不清晰的区域。Ralston（1985）将这些区域归因于样本准备

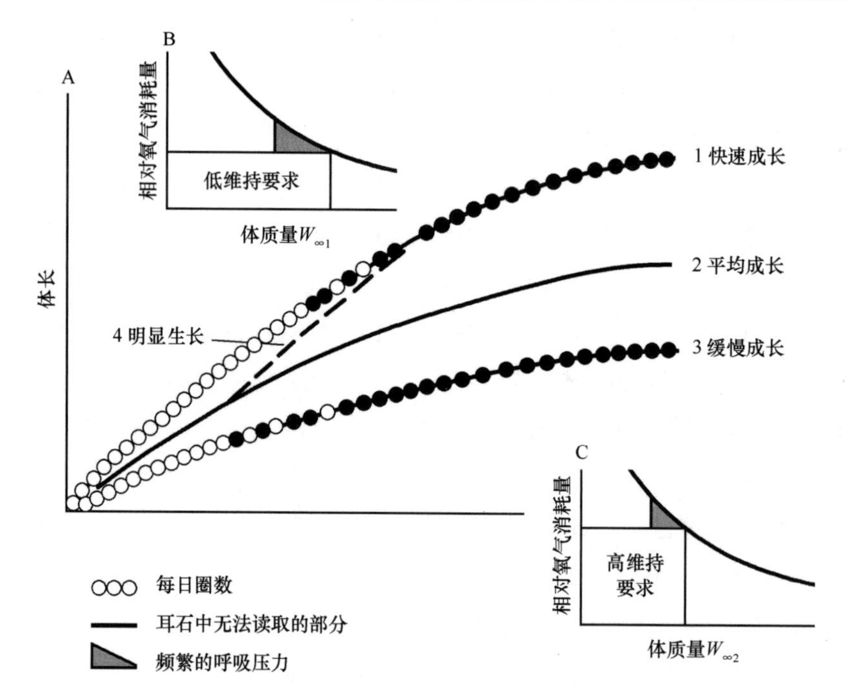

图 7.2　如图所示的过程中，较老的鱿鱼的生长率往往被高估，原因在于未考虑生长较慢且平衡石不可读的个体。与稚体形态（B 图和 C 图）相比，成年鱿鱼遇到的呼吸压力会更严重，也更频繁；但是，特定种群的不同个体（以 B 图和 C 图代表）对维持最低氧气量的要求也各不相同（即使它们的相对鳃面积并无不同），这导致它们各有不同的生长曲线（如 A 图中的曲线 1 和 3 所示），而这又产生了观测到的年龄-体长值偏离生长均值（曲线 2）。鉴于其新陈代谢率较低，B 图中的鱿鱼将在个体大小大于 C 图中的鱿鱼时经历呼吸压力。这种呼吸压力导致平衡石上形成模糊区域，并且渐渐地从可读状态（A 图中的空心点）转变为不可读状态（实心点）。由于后者在读取日龄时不予考虑，因此，年龄分析的主要对象就只有长得快的大型鱿鱼，这造成了对特定大小的成年鱿鱼平均年龄的低估（A 图中的虚线 4），从而高估了生长率。类似的偏离机制也发生在鱼类身上，但是由于经常使用替代的定龄方法，它们的负面影响被减弱了（引自 Pauly，1998b）

不足。他建议应用一种按照增量厚度来确定生长率的方法，并按照增量的测量值来推算鱼龄。然而，在夏威夷四线笛鲷（*Lutjanus kasmira*）身上发现，这些区域是由非常细的新增轮纹构成，细到超出了光学显微镜的显微倍数。因此，如果用 *Ralston* 的方法来确定生长率，只会计算更清晰、更厚的轮纹。结果，由此得到的生长参数就会明显高估。”

我没看到有人承认过这种偏差效应（它独立于任何与个体大小-年龄数据拟合的生长模型），更不用说在成年鱿鱼平衡石定龄（和鱼类定龄）研究中考虑过这种效应。确实，在鱿鱼研究中，按照年龄和按照体长的研究结果之间经常出现的巨大差异，对此，迄今唯一一次严肃的讨论是 Caddy（1991）。虽然有 Beamish 和 McFarlane（1983）的告诫在前，但 Caddy 认为根据体长进行分析自然要发生偏差[191]。

做一做图 7.2 中说明的测试是顺理成章的，因为它暗示这么一个假设：平衡石中无法读取的部分随着体长的增加而增加。对于之前（降低显微镜放大倍数）将“非足日形成”的轮纹认定为日轮，且不实行区分日轮和“非足日轮”的客观标准[192]的成年鱿鱼研究，可能亟须这样一种测试。

不论是什么情况，幼体的耳石和平衡石日轮最为清晰可见，幼体的呼吸表面/体质量比也高，因此，在白天，多次高耗氧活动使得 pH 值降低，但到了晚上，经过“休息和呼吸”，就能得到完全补偿（对于夜间活动的物种，情况刚好相反）。这样，我们就同时既解释了日轮，也巩固了“GOLT”理论。

7.3　“烧坏的金枪鱼”和“胶化的比目鱼”

“烧坏的金枪鱼”可以进一步解释鱼类的呼吸压力。“在夏威夷，买鱼的人把比正常金枪鱼肉颜色浅、肉质软的生金枪鱼肉称为‘烧坏的金枪鱼’。高品质的金枪鱼肉应该有光泽、色红、肉质紧实，而烧坏的金枪鱼肉，纹理和色泽差，味道偏酸，虽然可以吃，生吃（做成生鱼片）却不受欢迎。因此，价码要比高品质金枪鱼低好几倍，具体要看烧坏的面积和严重程度。”（Cramer et al，1981）。

这些作者调查了 12 种烧坏的金枪鱼，得出的关键结果是：“挣扎时间与死亡时血乳酸和血糖的浓度显著正相关（$p<0.05$）；挣扎时间与鱼卸船时组织中的乳酸也显著正相关。挣扎时间与卸船时肌肉的相对酸度负相关。”（见图 7.3）

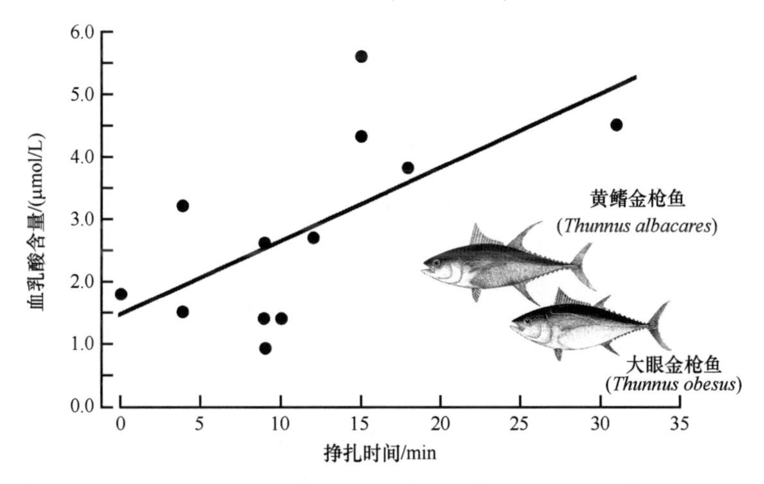

图 7.3　黄鳍金枪鱼（*Thunnus albacares*）（$n=9$）和大眼金枪鱼（*Thunnus obesus*）（$n=3$）上钩后的挣扎时间与血液乳酸含量（刚死亡时）之间的关系，表明发生了无氧代谢。改绘自 Cramer 等（1981）

换句话说，上钩后挣扎的金枪鱼，其代谢过程迅速转为无氧代谢，组织中的 pH 值（即与“相对酸度”的“负相关”）下降，下降到一定程度则肌肉细胞开始凋亡和溶解。这就是休闲垂钓者喜闻乐见的焕发搏斗之美的鱼身上发生的事情（见尾注 163）。不过，我们还是离开这个悲伤的话题，来看看设法在呼吸压力中逃生的鱼。

许多鱼龄长、体型大的成年比目鱼身上都会出现这样一种情况：肌肉逐渐转变为一种类似胶状的半透明物质[193]。下述引文对此做了描述，但是，混淆了观察（画线部分）与解释，进一步的分析见下文。一位未署名的作者对美首鲽（*Glyptocephalus cynoglossus*）有如下描述：“1978 年对这种鱼的资源量做了一次生物学评估，在渔获物中发现了年龄达到 26 岁、体型非常庞大的高龄鱼。这些高龄鱼很多都不得不被丢弃，因为出现了一种‘胶化’状况，肉质普遍很差。在产卵季节，这些鱼摄食不多，甚至不摄食，生存所需的能量不得不来自体内，结果留下了软塌塌的‘胶化’肉，无法销售。这种情况在低龄鱼身上不会发生。因此，减少资源中年龄极高的鱼的数量，就可以减少摄食竞争，让低龄鱼长得更快。这对渔业有利。”（FMI，2009）。

注意，讲到摄食的部分没有下划线，因为我不相信之前做过可以得出如此结论的比较研究，即胶化的美首鲽比个体大小相同但非胶化的美首鲽消耗更少的食物（虽然这是有可能的）。即使做过这样的比较研究，并得到这种相关性，也不能肯定这些鱼是因为吃得少而胶化，还是因为胶化了才吃得少[194]。

在“GOLT”理论中，后者才是事实，即胶化是反复承受呼吸压力的结果，经常发生在“体型庞大的高龄鱼”身上，同时出现 pH 值降低和肌肉细胞凋亡的现象[195]。至于为什么报道中提到的都是比目鱼（鲽形目鱼类），原因在于这些鱼[196]消耗得起：它们大多时候栖息在海底，活动量小，只要偶尔有猎物经过嘴边，就能满足营养需求（对于年龄大的鲳科鱼类，基本也是如此）。游泳鱼类承受不起消化自己的肌肉，因此，上面提到的“烧坏的金枪鱼”也就必死无疑。

再一次，我们对一个常见但迄今尚无解释的现象做出了解释，同时也巩固了 GOLT 理论。

7.4 大鱼和小鱼体内的酶

在一篇批评“GOLT”理论的论文中（详见第九章），Lefevre 等（2017a）提出了一个很漂亮的柔道式反驳[82]——他引用“氧化酶活性随水生动物体质量增加而降低”（Davies and Moyes，2007），反对将大鱼/高龄鱼停止生长的原因归因于单位体质量从鳃得到的氧气比小鱼/低龄鱼少。

在撰写本书第一版时，我还不知道这一事实。的确，当鱼类的个体/年龄还小时，肌肉和其他组织中氧化酶占主导地位，而同种大鱼/高龄鱼的相同组织中则以糖酵解酶为主，后者在厌氧条件下起作用（Burness et al，1999；Davies and Moyes，2007；Norton et al，2000；Somero and Childress，1980）。

显然，这说明 Lefevre 等（2017a）不仅混淆了因果关系（Pauly and Cheung，2018），也未能注意到在研究这种代谢转变的论文中，有一篇在题目中就暗含警告——“新陈代谢生长模型被违反：大个体鱼肌肉中的糖酵解酶活性上升”。

以下节选自 Somero 和 Childress（1980）的摘要：“实验测量了不同大小的 13 种真骨鱼类样本的轴上白肌中的两种糖酵解酶（乳酸脱氢酶［LDH］和丙酮酸激酶［PK］）和两种三羧酸循环酶（柠檬酸合成酶［CS］和苹果酸脱氢酶［MDH］）的活性（每克湿组织中的活性单位数量）。对于柠檬酸合成酶这种与有氧代谢相关的酶，每克肌肉中的活性单位数量随着身体的增大而减少，符合观察中发现的体长表现为有氧呼吸的函数的典型生长模式。乳酸脱氢酶和丙酮酸激酶这两种在无氧条件下维持稳定的酶在大个体样本的肌肉中显然表现出更高的活性。在本研究中形成鲜明对比的需氧酶和厌氧酶的增长模式说明，在无数的呼吸代谢研究中观察到的新陈代谢生长模型或许并不适用于无氧代谢，因为在有氧和无氧条件下，代谢率可能受到不同的限制。有氧新陈代谢可能受到表面积-体积关系和氧气输送能力的限制，即受到组织间关系的限制。”

对于一个未解之谜[197]，或许并无理由以“范式”命名，而这个迷在上述作者提到“表面积-体积关系”和“氧气输送能力”时几乎得解。由此，小鱼/低龄鱼主要依赖氧化酶，因为它们单位体质量对应的鳃表面积大，组织中充满了氧气；相反，大鱼/高龄鱼就是因为呼吸器官面积跟不上身体的生长，从而苦于单位体质量获得的氧气少，不得不依赖无氧代谢。除此之外，还有什么可以解释摆在眼前的观测结果呢？

第八章　全球变暖背景下的鱼类分布和生产力

8.1　鱼类的分布深度与氧气和温度的关系

多种多样的非生物因子和生物因子共同决定了鱼类的分布，其中，最重要的因子之一就是分布与深度有关，而深度本身与温度和溶解氧的变化又相互关联[198]，后两者是海洋动物分布的另外两个关键的非生物因子，经常发生迅速的变化（Longhurst，2007）。Heincke（1913）概述了北海鲽（*Pleuronectes platessa*）大部分的生活史，发现鲽鱼的体型随着离岸距离（包括深度）的增加而变大，但数量则减少（图 8.1，Zeller and Pauly，2001）。

我们不应该追究为什么鲽鱼总数随离岸距离或深度的增大而减少，这是一个死亡率的问题，可归结于自然因子（尤其是捕食）[199]，在现代，还可归结于捕捞[200]。另一方面，我们应该探究被称为“海恩克定律”的另一基本事实，即离岸或深海的鲽鱼体型更大。为什么会这样呢？显然，答案是重要的，因为这是底栖鱼类的一个非常普遍的模式（见 Macpherson and Duarte，1991）。

在本书的框架下，自然可有如下解释：大型鲽鱼和其他底栖鱼类移动到更深的水域，为的是利用近乎普遍的随深度增加而降低环境温度，减少它们的需氧量（见图 8.2）[201]。

这种年间洄游的趋势部分被季节性洄游所掩盖（特别是在采样不规则时）：在温暖季节洄游到深水区，寒冷季节返回浅水区（图 8.3）。不过，这种行为形成的一个效应就是成体远离仔稚体生活，同时也远离了年龄更小的水生动物[202]，因为成体出于天性会随时吃掉同种的仔稚体[203]。

还要注意的是，在上述数量减少和存活个体体型增大的共同作用下，中等深度产生了峰值生物量（图 8.4A），大体相当于（多种的混合鱼群）在接近初次性成熟的个体大小（和年龄）时达到的生物量峰值（Yañez-Arancibia et al，1994）。利用简单的算术[204]和个体大小与深度关系（图 8.4B）的趋势确实可以估算出潜在死亡率（图 8.4C），这进一步说明了个体大小、深度（温度和溶解氧）和死亡率存在密切的相关性（Pauly，1980a）[205]。

这种相互影响的另一个表现就是早已为达尔文所知道的“赤道下潜”。达尔文在他（未出版）的《大物种书》（Stauffer，1975，555 页）中写道：“我们听 J. Richardson 爵士

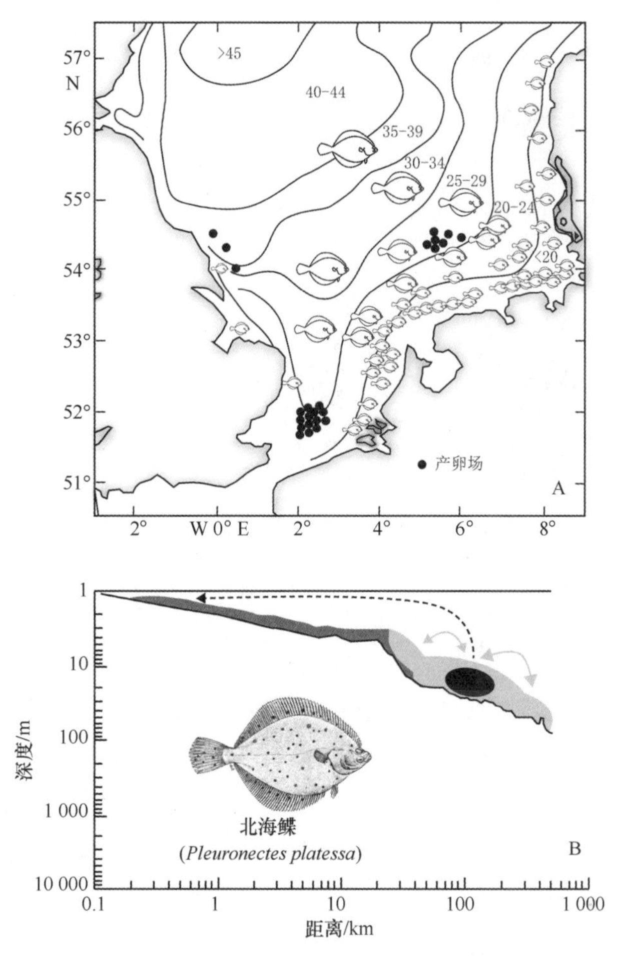

图 8.1　水深和水生动物关键特性的关系，以北海鲽（*Pleuronectes platessa*）为例。A：Garstang（1909）的地理视图经修改后，说明鱼类在每一条深度等压线的平均个体大小（全长，cm）；B：典型的深度横切面（53°N，80°E—56°N，3°E）。深灰色代表稚鱼期的分布，浅灰色代表成鱼期的分布，黑色代表产卵区（改绘自 Zeller and Pauly，2001）

说过，北极水生动物在日本海及中国北部海域消失，取而代之的是较温暖纬度海域的其他鱼类群体，而这些消失的鱼类却会出现在塔斯马尼亚沿岸、新西兰南部和南极群岛海域。”（Pauly，2004，198 页；Richardson，1846）。

Ekman（1967，249 页）给出了一个带有北半球偏见的定义：“在高纬度海域生活于浅水的动物，到了更南的海域会寻求在渐深或纯粹深海的海底栖息……这是一个非常普遍的现象，并且已被若干位早期的研究者注意到。我们沿用 V. Haecker（1904）的说法，称之为下潜。V. Haecker 在研究中上层放射虫时注意到这种现象。在大多数情况下，纬度越低，下潜越深，因此可称之为赤道下潜。下潜仅仅是动物对温度反应的一种结果。冷水动

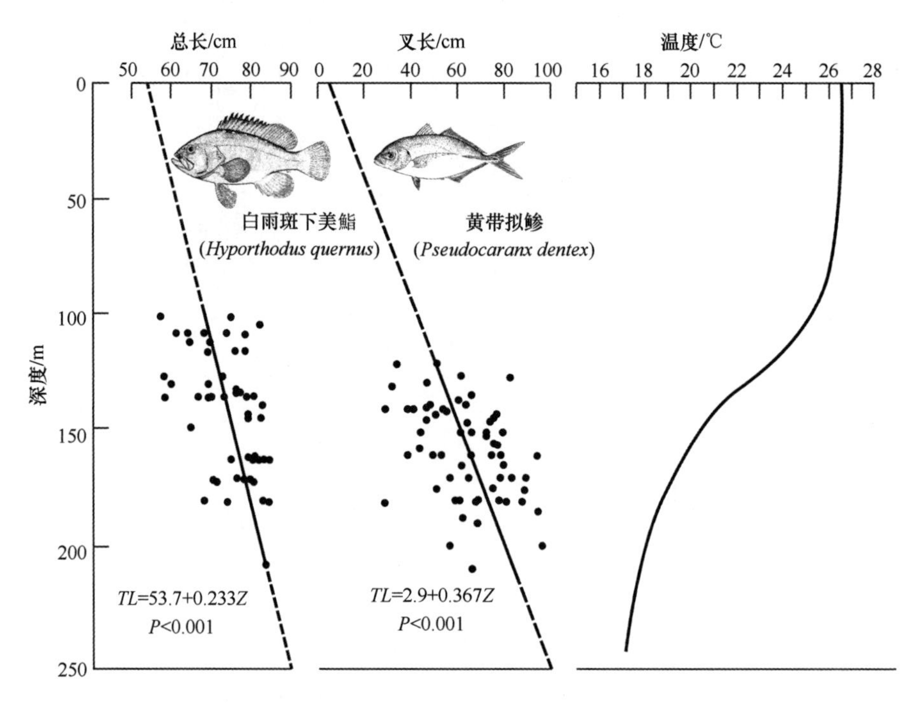

图 8.2　在夏威夷群岛的弗伦奇弗里盖特浅滩，两种礁栖鱼类的平均个体大小的增长表现为水深和水温的函数（Longhurst and Pauly，1987）

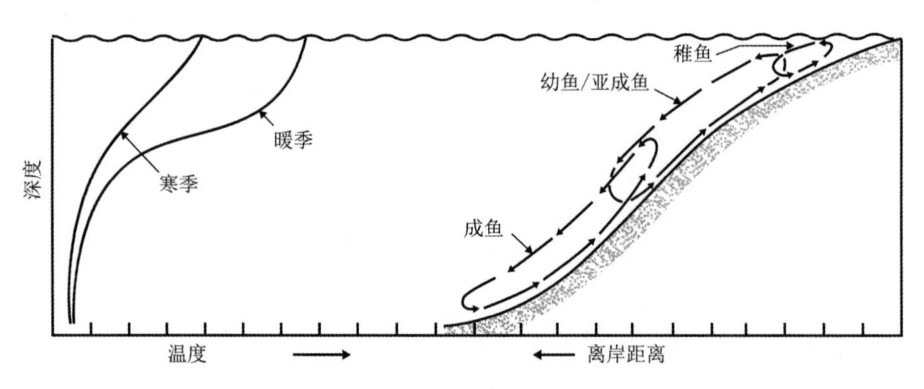

图 8.3　非长距离洄游水生动物为了保持自身温度全年大致不变，会进行季节性的离岸-近岸洄游。注意，任何季节，体型较大的水生动物往往都比体型较小的水生动物下潜得更深（改绘自 Pauly，1994c）

物如果非要在温暖的表层水海域生活，就必须到更冷、更深的水层栖息。”

赤道下潜的一种效应是引起 Pielou（1979，278～279 页）称之为“虚假隔离分布”（spurious disjunctions）的现象。然而，这一现象有它复杂的一面。回想一下，正在生长的鱼类到更深水域寻求低温，主要是为了维持（取决于温度的）需氧量和供氧量之间的正相平衡，而后者受到溶解氧含量的影响。但是，在一些海域，为了个体发育而洄游到更深水

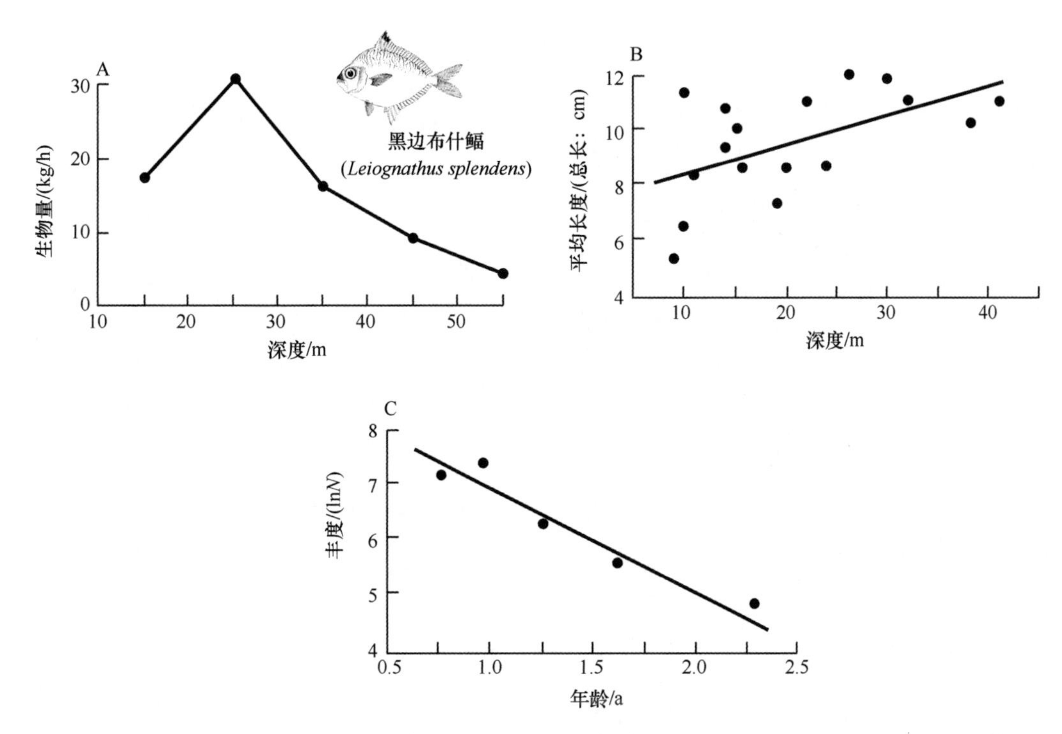

图 8.4 加里曼丹岛南部海域一个当时未经开发的黑边布氏鲾种群的 A. 生物量（数量×平均体质量）；B. 个体大小与深度；C. 死亡率之间的关系。改绘自 Pauly（1980c）

域是很困难的。例如，在印度洋北部，缺氧的深水层偶尔会扩张到大陆架（Levin，2002）。因此，就能从 1979/1980 年“南森”号（*Fridjoft Nansen*）科考船在缅甸近海收集的数据中发现，大片海域的溶解氧含量低于 0.8 mL/L，特别是北部的若开邦沿岸水域，那里的溶解氧含量下降到小于 0.2 mL/L。

这种现象在印度沿海水域也很出名，甚至导致大量的水生动物死亡，或迫使浅海水生动物拥挤在紧靠海岸的水下，或两种后果兼而有之（Banse，1968）。这种拥挤也发生在缅甸沿海，由图 8.5 所示，这与日本金线鱼（*Nemipterus japonicus*）在北加里曼丹岛（图 8.5A）的个体大小与深度关系形成了鲜明的对比，那里不会发生像缅甸近海那样的缺氧现象（图 8.5B），也不像缅甸近海那样没有明显的个体大小深度关系（Pauly et al，1984b）。

最后但并非最不重要的是，只要是沿海水温度梯度呈现强烈季节性变化，就会出现各种水生动物纬向洄游的现象，例如，非洲西北部（图 8.6）[206]。同样，Pauly 和 Keskin（2017）也证明了季节性温度波动与大西洋鲭（*Scomber scombrus*）在黑海和马尔马拉海的分布之间的密切关系，这揭示了，一般来说，如果不考虑温度就试图解释鱼类的洄游原因，注定会失败[207]。

这些例子说明了鱼类和无脊椎动物在个体发育过程中和在不同季节，如何进行垂直和

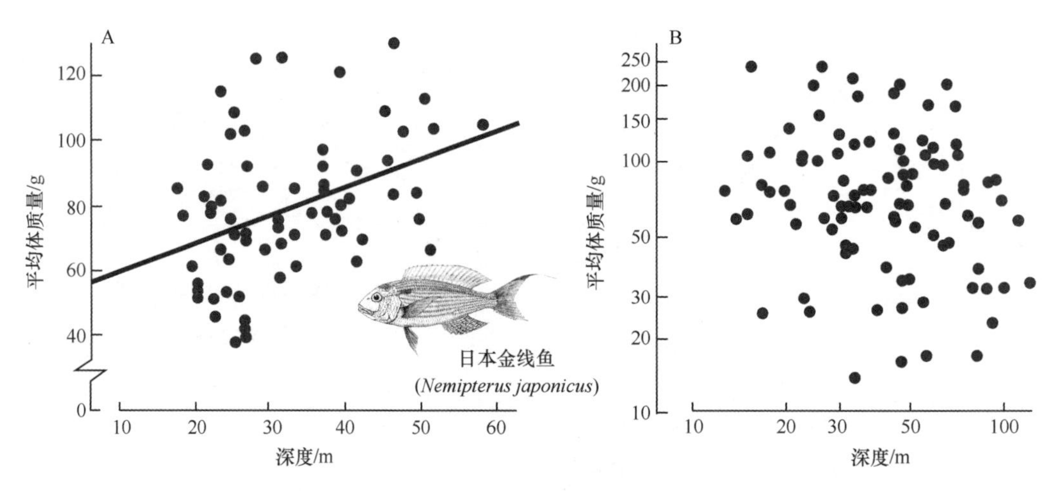

图 8.5 A. 加里曼丹岛北部近海的日本金线鱼（*Nemipterus japonicus*）的分布深度，那里不会发生缺氧现象；B. 在缅甸近海，那里会发生缺氧现象，说明存在由缺氧引发的“拥挤”（改绘自 Pauly et al，1984b）

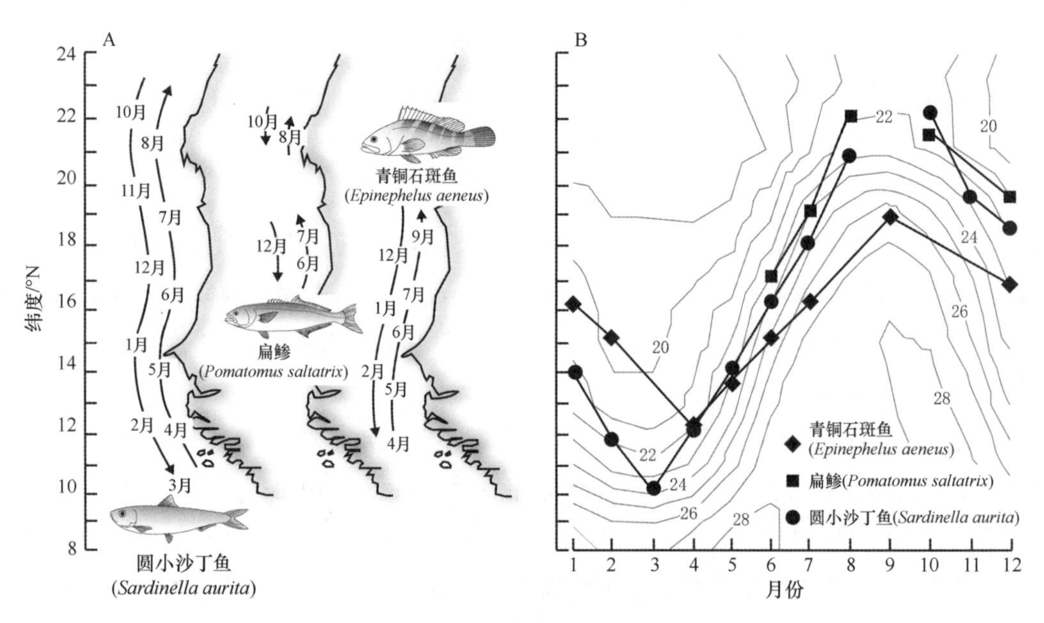

图 8.6 非洲西北部一些水生动物的季节性纬度洄游：A. 以下 3 个物种出现的空间（纬度）和时间（月份）信息摘要：圆小沙丁鱼（*Sardinella aurita*），扁鲹（*Pomatomus saltator*），青铜石斑鱼（*Epinephelus aeneus*）（Boëly，1979；Boëly et al，1978；Champagnat and Domain，1978，Barry－Gérard，1994）；B. 与 A 相同，但对照月平均温度（来自 COADS 数据）绘制这 3 种鱼的分布曲线。季节性洄游的结果让这 3 个物种全年都处于大致相同的温度中（也就有大致相同的氧气状态）。改绘自 Pauly，1994c

纵向洄游，以便置身于与其个体大小相适应的本物种特定的温度/氧气条件下[208,209]。这决定了它们的总体分布范围，也是我们的下一个话题。

8.2　20世纪的鱼类分布和生产力

8.2.1　制作鱼类分布图用于气候变化研究

目前正在使用3种不同的方法绘制海洋动物的全球分布范围图（简称“分布图”）。

第一种是传统的和最可靠的方法，但只适用于具有大量分布记录的物种（包括肯定的和否定的分布记录）。研究目标物种的专家将该物种分布的记录在地图上标注为一个点，并根据其对该物种的生境要求的了解和其他（部分依靠直觉的）生态学知识，推算该物种在这些点之间分布与否。

不幸的是，除了海鸟这样的少数群体外，现有的数据太少，而要测绘的物种太多，并且专家数量太少，应用这种方法只能对海洋生物多样性的一小部分进行测绘。此外，仅有少数海域，例如东北太平洋和北大西洋，进行过密集的生物取样；相比大多数海洋物种的分布范围，这么小的覆盖范围使得外推大洋尺度的海洋生物多样性存在困难。

另一种不太常用的方法最近由Rainer Froese通过他的“Aquamap项目”（见www.aquamap.org和Kaschner et al，2008）系统地提出，主要是利用环境特征，特别是温度和深度，与物种分布记录的相关性（分布记录的来源可以是博物馆藏和其他来源），定义一个物种的环境“包络线”，然后通过温度地图和深度地图等投射出可能的分布图。

这些程序的各个步骤在实践中自动运行：先从OBIS数据库[210]中提取物种分布记录，并与相关的环境特征（深度、温度等）关联。然后，结合相关环境属性，在以1/2经/纬度为单元的全球栅格上运行一般线性模型，直到获得一个模型来生成具有合理统计学意义的物种分布概率全球分布图。这样的图在世界鱼类数据库（www.fishbase.org）和海洋生物数据库（www.sealifebase.org）有许多，但需要加以修剪，因为程序本身无法区分相同的生境类型，例如，印度洋-太平洋上的热带浅水生境与大西洋的热带浅水生境。利用这种方法已经生成了大约25 000幅生物分布图（大部分是海洋鱼类），可应用于各种荟萃分析①（见www.aquamap.org）。

最后，致力于研究全球渔业对海洋生态系统影响的“我们周围的海洋”项目（Pauly 2007；www.seaaroundus.org），综合上述两种方法的要素，开发出一种方法，利用Fish-Base、SeaLifeBase或文献中的可用信息，首先绘制出包含所有非零分布概率的最小多边

---

① “荟萃分析”，也译为元分析，定义为：对具备特定条件的、同课题的诸多研究结果进行综合的一类统计方法。——译者注

形。然后，使用生态规则（例如适用于赤道下潜的生态规则，见下文）和多边形内各种生境（例如上陆架、下陆架、陆架斜坡、海山、上升流等）的“相关度”阵列，绘制1/2度特定栅格的分布概率，使得多边形中所有栅格的分布概率加起来等于1。这个方案最初由Watson等（2004）设计，然后扩展到研究与生境有关的联系，其优点之一是可以利用关于某些生境相关度的定性信息来推导分布区（见Close et al，2006；Cheung et al，2008a；Palomares et al，2016）。

上述方案引入了赤道下潜对物种分布的影响，同时考虑到两个限制条件：①数据稀缺；②环境变量（温度、氧气、光照、食物等）与深度的非线性关系（Close et al，2006；Cheung et al，2008a；Lam et al，2008；Palomares et al，2016）。

“数据稀缺性”（上述限制条件①）是指我们尚未掌握大多数商业捕捞物种的详细深度分布信息。鱼类和大多数无脊椎动物的每一物种的4个关键数据点都可以分别在世界鱼类数据库（FishBase）和海洋生物数据库（SeaLifeBase）中获得：深度范围的浅端或者说“高端”（D_{high}）；其深端或者说“低端”（D_{low}）；高纬度的分布范围极限（L_{high}）；和低纬度的分布范围极限（L_{low}）。如果存在赤道下潜，则可合乎逻辑地假设D_{high}对应于L_{high}，并且D_{low}对应于L_{low}。同时，考虑到数据稀缺，这里假定纬度和赤道下潜之间的函数的形状。因此，采用了两条抛物线，一条用于深度分布（P_{high}）的上限，另一条用于下限（P_{low}），假设P_{high}和P_{low}在赤道两侧对称。另外，可以假设最大深度在60°N以北和60°S以南保持不变。

与深度相关的梯度分布不均匀（上述限制条件②）可以通过约束P_{high}曲线的内凹程度小于P_{low}曲线来模拟。要实现这一点，就要将D_{high}和D_{low}的几何平均值D_{gm}设定为P_{high}可以达到的最低深度。此外，如果是穿越南北半球的分布，P_{low}则在赤道具有最低点（D_{low}）。最后，这里假设，如果计算出的P_{high}在纬度低于60°N和60°S的地区与零深度（D_0）重合，则利用60°N处的$D_{0N}=0$、60°S处的D_{0S}、和D_{high}这3个点及其纬度重新计算P_{high}，并由它们共同确定一条抛物线。

图8.7给出了不同约束条件下的3个应用示例。当所得到的曲线应用于不考虑赤道淹没构造的分布范围时，它们在低纬度（在较浅区修剪去最浅区）和高纬度地区（同理修剪去最深区）均具有效应，从而缩小所研究物种的表观温度范围（例如，根据海面温度估计的范围），这是Ekman（1967）定义的赤道下潜的实际作用。

实施“我们周围的海洋”项目计划所需的数据并不难找到，因为这个计划通过定性约束弥补了量化数据的补足，显然在设计上就是针对数据缺失的情况，同时，我们自己将研究局限于商业物种[211]，而这些物种的数量往往比其他后生物种更丰富，研究也更充分。“我们周围的海洋”项目可在线提供如图8.8所示的2 000多个物种的分布图（见www.seaaroundus.org），主要是鱼类，也有无脊椎动物（主要是大型甲壳类和软体动物，

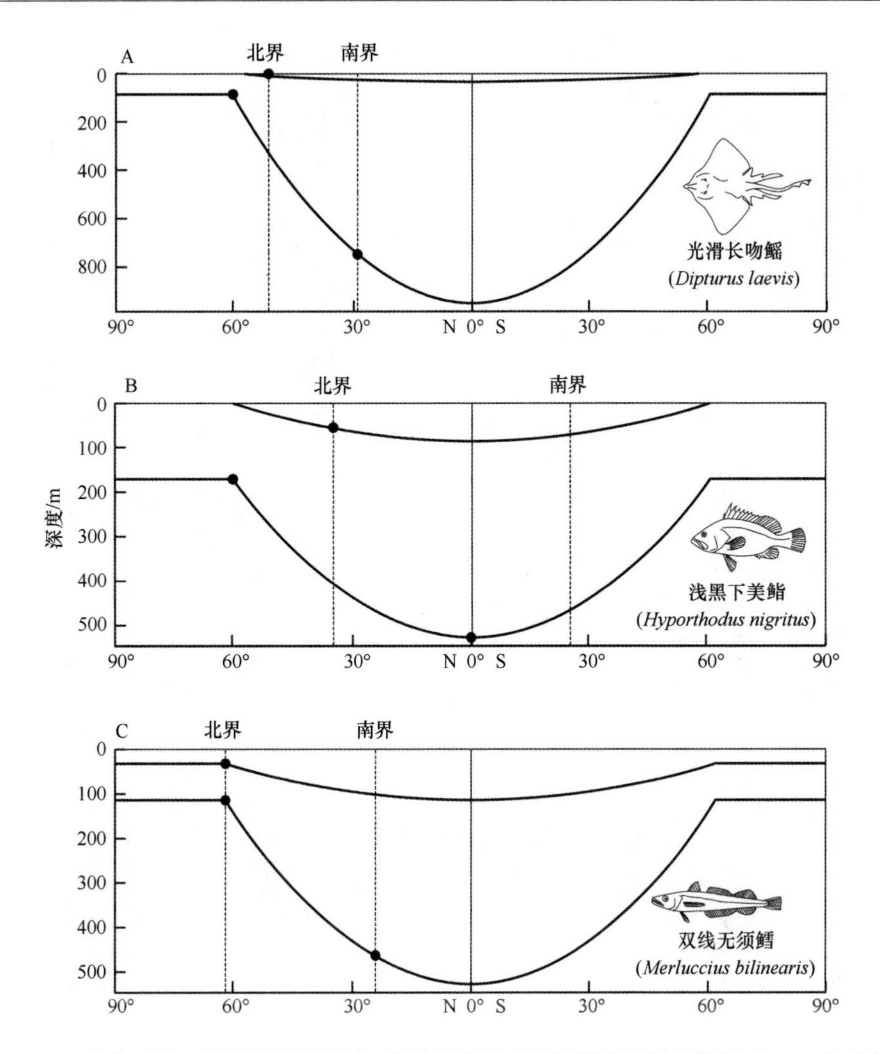

图 8.7　“赤道下潜”的说明如图所示，每个物种给出两组深度和纬度数据对。A. 光滑长吻鳐（*Dipturus laevis*）当其分布的深度范围（D_{high}）的浅端位于 60°N 和 60°S 之间时，则认为其深度分布的上限（P_{high}）在 60°N 和 60°S 为 0；B. 当分布范围穿越南北半球，如浅黑下美鮨（*Epinephelus nigritus*），下限的最低点（P_{low}）在赤道；C. 双线无须鳕（*Merluccius bilinearis*），纬度范围的极向限值（L_{high}）高于 60°N 和 60°S

特别是贝类和头足类）。

为什么要花这么大篇幅做上述介绍呢？原因就在于，第三种构建分布图的方法用到了除温度之外我们所知道的关于物种的所有知识。因此，当我们将某种鱼类的分布图叠加到温度图谱上时[212]，就避免了循环论证，从而推断出我们所称的适宜温度剖面图[213]（Cheung et al，2009；3 个示例见图 8.8 内的图中图）。

由于适宜温度剖面图（TPP）的推导过程存在大量独立数据，因此可以认为，适宜温

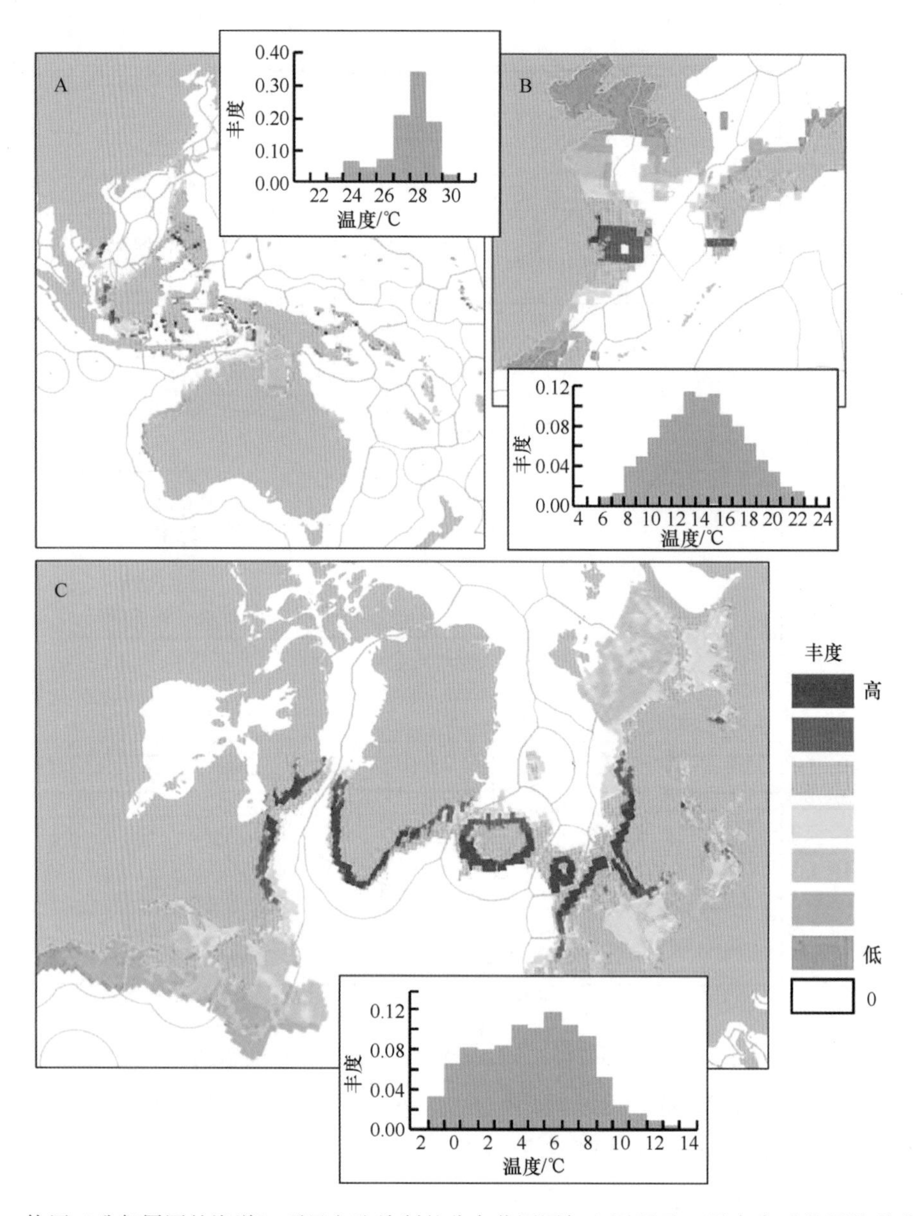

图 8.8 使用“我们周围的海洋”项目方法绘制的分布范围图如上图所示，图中表示按照物种分布绘制的适宜温度剖面。A. 鳃棘鲈（*Plectropomus leopardus*）；B. 小黄鱼（*Larimichthys polyactis*）；C. 大西洋鳕（*Gadus morhua*）。关于 2 000 多物种和更高分类单元的类似分布图（彩色），可从 www. seaaroundus. org 网站检索

度剖面图相当稳定地呈现了物种的热生态位[214]，并且可以用来补充从生物体外获得的热特性数据（图 8.9）[215]。显然，用于推导适宜温度剖面图的程序经过修改，可以适用于其他没有用于推导分布范围图的环境变量，特别是氧气[216]。

分布图的另一个特征是它们可以与相应物种的历史捕获数据相结合，并且鉴于已掌握

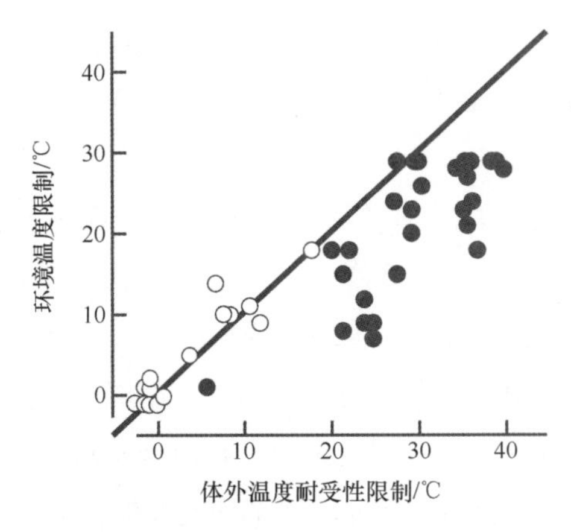

图 8.9　模拟环境下估计的 29 种鱼类和海洋无脊椎动物的致命温度的上下限与这些物种的适宜温度剖面图中的上下 5%温度之间的关系，适宜温度剖面图示例见图 8.8（本图经 William Cheung 授权使用，具体物种和数据来源见尾注 190）

足够数量的物种数据，并涵盖各种体长和分布范围，因此可用于推导潜在捕获量（Cp，因变量）与分布面积、营养水平和其他预测变量之间的经验关系。这个模型由 Cheung et al.（2008b）提出，其方程式如下：

$$\log Cp = -2.881 + 0.826 \cdot \log PP - 0.505 \cdot \log A - 0.152 \cdot \log\lambda + 1.887 \cdot \log CT + 0.111 \cdot \log HCT + \varepsilon \quad (8.1)$$

式中，Cp 是潜在的捕获量（单位：t/a，按 5 年最高捕获量的平均值估计）[217]；PP 是分布区内的年度初级生产力（单位：g · C）；A 是分布面积（单位：km^2）；λ 是营养水平[218]；CT 是用于计算 Cp 的年数；HCT 是相应的属或科下的物种的捕获量[219]，ε 是模型的误差项，其中解释了包含 1 066 个物种的数据集的 70%的变异性，涵盖了从南极磷虾（*Euphausia superba* a）到黄鳍金枪鱼（*Euphausia superba*）的多样海洋生物。

从方程（8.1）可以得出许多结论。其中之一是，鉴于鱼类始终偏好在相同温度范围内生活，海洋中大规模温度变化意味着水生动物分布范围的变化，并将反映在渔业捕捞中。这是下一节的主题。

8.2.2　一个新的概念：渔获物平均温度

海洋鱼类和无脊椎动物表现出的生理热耐受性限制它们在一定温度范围内生活。例如，沿西北非洲沿岸季节性南北洄游的水生动物的路线和沿岸季节性温度波动相同（图 8.6）。同样，随着海水升温，鱼类和无脊椎动物不得不转移分布，保证自己始终生活在适宜温度的生境中。这导致（在热带以外的海域）物种组成的变化，因为温水类群数量大量增加。例如，在西北非洲沿岸形成了来自红海的有毒兔头鲀种群（Kasapidis et al，2007）。

变化后的物种分布范围遵循从高到低的温度梯度，反映了海盆尺度的横向梯度（Pinsky et al，2013；Poloczanska et al，2013），或直到更深水域的垂直温度梯度（Dulvy et al，2008）。

渔获物平均温度（MTC，即捕获的各种鱼类和无脊椎动物的适宜温度的加权平均）是一项新开发的指数，可以反映这些温度变化，由此发现全球渔获量中，暖水种占比越来越大（Cheung et al，2013a）。通过叠加物种现有分布图和海表面湿度（SST），每个物种的适宜温度（预计在进化中保持相当稳定）可利用适宜温度剖面进行预测。其中，分布在温暖水域的物种的适宜温度更高，反之亦然。因此，在温带水域拥有小型专属经济区的国家，如果渔业捕捞到的暖水种越来越多，其渔获物平均温度就会上升。

使用“我们周围的海洋”项目的渔获数据，我们计算了1970—2006年全世界所有大海洋生态系（LMEs）的渔获物平均温度。在同时考虑了捕捞量和大规模海洋变化的影响之后发现，全球渔获物平均温度在1970—2006年之间以每10年0.19℃的速度上升，非热带地区渔获物平均温度的增长率为每10年0.23℃（图8.10A）。在热带地区，渔获物平均温度上升最初是因为亚热带物种渔获量的比例减少，但随着群落进一步的“热带化”的范围受到限制，这一比例随后稳定下来（图8.10B）。通过证明渔获物平均温度的变化与大海洋生态系统中表层海水温度的变化有很大关系表明，过去40年来，海洋变暖已经影响到全球渔业渔获物的组成。目前，一些小尺度的研究进一步验证了这一结论（Keskin and Pauly，2014；Tsikliras and Stergiou，2014），并验证其更长的时间内是否成立，其中包括对中国水域开展的研究（Liang et al，2018）。

8.3 鱼类分布、生产力和全球气候变化

8.3.1 鱼类分布和生产力的变化

经验观测和气候模型都表明，在过去的100年中，全球平均气温一直在上升（IPCC，2007），在陆地和海洋生物区系中都观察到生物对气温上升的反应（Hughes，2000；McCarty，2001；Parmesan and Yohe，2003；Perry et al，2005；Dulvy et al，2008；Hiddink and Hofstede，2008）。这些反应包括生物个体大小和生理机能（如生产力）的变化、地理分布范围的变化和在种群、物种、群落和生态系统层面的物候现象变化（Hitchink et al，2008，2008；Cheung et al，2009，2013a；Daufresne et al，2009）。例如，在过去的25年中，由于海水温度上升，近2/3的欧洲北海水生动物的平均纬度分布或深度分布或二者同时发生了改变（Perry et al，2005；Dulvy et al，2008，见上节）。

生物气候包络线模型（bioclimatic envelope models）广泛应用于预测气候变化对陆地

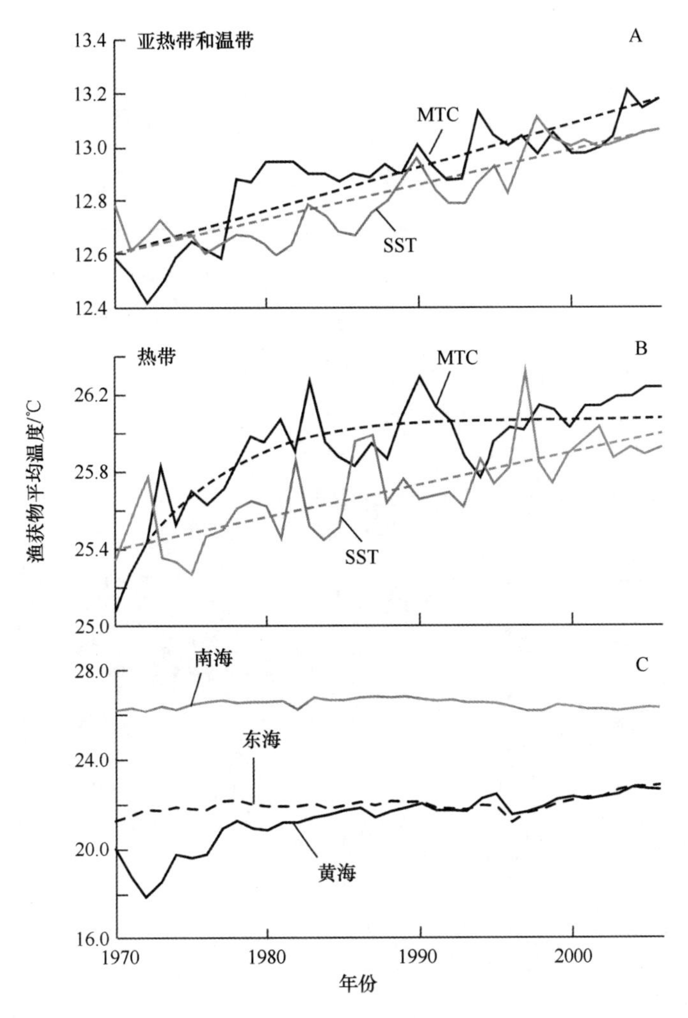

图 8.10　渔获物平均温度（MTC）和大海洋生态系统（LME）SST. A. 非热带大海洋生态系统的渔获物平均温度每 10 年上升 0.23℃；B. 在热带大海洋生态系统，MTC 由于渔获物中的亚热带物种数量下降，渔获物平均温度会短期上升，随后就不再变化（A 图和 B 图来自 Cheung et al. 2013）；C. 中国南海、东海和黄海的渔获物平均温度趋势（引自 Liang et al. 2018）。注意到中国南海（热带）的渔获物平均温度保持稳定，而与之形成反差的是另外两个中国大海洋生态系统（分别位于亚热带和温带）的渔获物平均温度显著上升，因此基本上确定了 A 图与 B 图中的模式

物种分布范围的影响（Pearson and Dawson，2003）。气候包络线可以被定义为一组适宜某一特定物种的物理和生物条件，例如，通过使用统计方法研究当前物种分布与生物地理属性之间的关系予以定义（见上文关于 Aquamaps 的内容，或 Luoto et al，2005）。因此，通过评估不同气候变化情景下的生物气候包络线的变化，可以预测物种分布的改变。

生物气候包络线模型在大海洋生态系统的应用受到限制，部分原因在于研究者认为大多数海洋物种都缺少大尺度的生物地理和生态学数据。但是，这类数据可以通过 Fish-

Base、SeaLifeBase 和“我们周围的海洋”项目网站/数据库获得，并用于构建全球商业捕捞的海洋水生动物分布范围图（见上节）。然后，这些数据可以与物理海洋学数据（温度、盐度、冰盖等）模型预测相结合，用于预测未来的物种分布。

因此，研究人员利用上文定义的适宜温度剖面（TPP，见图 8.8）、不同生境类型的相关度和 1 066 种海洋鱼类和无脊椎动物的生态参数，建立了一个全球生物气候包络线模型，在一个包含 18 万个 1/2 度纬度/经度单元的栅格场中，预测因气候变化导致的这些物种的迁移（详见 Cheung et al，2008b，2009）。具体来说，这个模型将物种的生物气候包络线与它们的种群和扩散动态结合起来，从而比传统的生物气候包络线模型的预测更加现实，后者只使用环境变量来预测物种分布的变化。

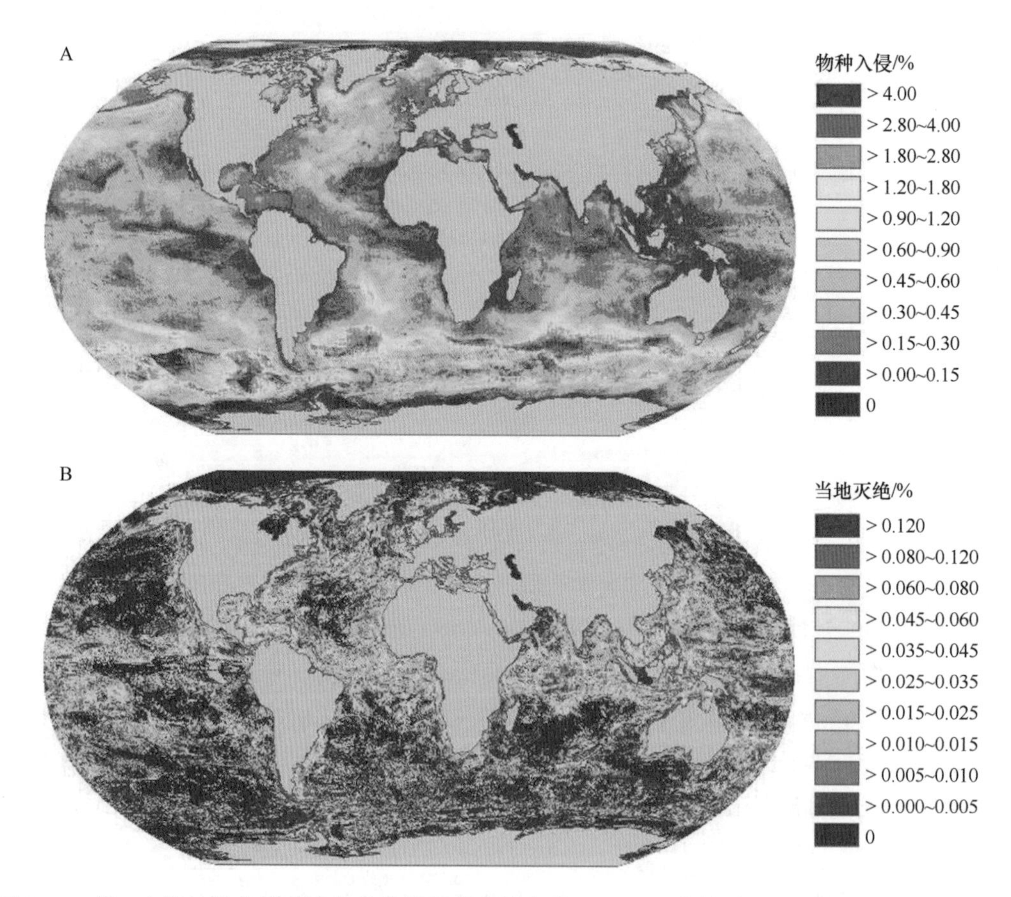

图 8.11　将一个海气耦合模型输出的结果与代表性鱼类（$n = 837$ 个物种）和无脊椎动物（$n = 229$）的动态和分布所遵循的一组生物学规律进行关联后得到的模型所预测的 2050 年的全球海洋生物多样性变化。A. 全球物种入侵强度，高纬度地区的值最高；B. 全球物种灭绝强度，热带地区的值最高。（改绘自 Cheung et al，2009a）

这一模型的主要成果之一是全球物种入侵图和灭绝图，两者相结合，就可得出全球物种更替图（Cheung et al，2009）[220]。并不令人惊讶的是，这些图显示了极地地区的物种更替情况更严重（图 8.11A），而物种灭绝是低纬度地区的主要变化（图 8.11B）。

此外，将这些图中的数据与方程（8.1）中的经验模型相结合，可以绘制出潜在渔获量的变化图（图 8.12），揭示出在渔业捕捞潜力方面可能的“赢家”（冷温带国家，如挪威、冰岛）和“输家”（热带国家，如印度尼西亚），全球渔业总渔获量在 2050 年前将维持在与现在相近的水平上[221]（Cheung et al，2010）。

在中国，研究人员使用最大熵模型（MaxEnt）预测了 21 种重要海洋鱼类在 2050 年的潜在分布，发现 9 种鱼类的适宜栖息地范围可能减少，被认为是适应气候变化的潜在受损者，而其他 12 种鱼类则被认为是受益者。绝大多数鱼类的栖息地范围将向北移动，平均栖息地质心移动距离在 110~206.5 km 之间。研究还发现长江口可能是某些物种向北迁移的地理障碍，而北部湾、珠江口、台湾海峡西南部和长江口被识别为气候避难所。在研究区域内观察到栖息地范围变化的不对称性，其中前缘比后缘移动快 1°。此外，中国近海鱼类物种丰富度可能出现南减北增的格局，物种周转构成了时间尺度上物种多样性变化的主要组分（Hu et al，2022）。

图 8.12 图为考虑到全球变暖引起的鱼类分布范围的变化后，对渔业潜力的变化做出的预测（Cheung et al，2009b）。注意，这些预测并没有考虑到海洋缺氧和酸化现象，因此只是代表了一种乐观的情景

大气-海洋耦合模型的输出表明，除了在 4 个边界流区（即上升流；Bakun，1990），未来的海洋将更加强烈地分层，而沿海富营养化也更加严重。因此，未来的海洋不仅会变暖，而且溶解氧含量也会减少，而缺氧区/事件的频率和强度都将会增加。结合本书前几章所提供的证据，可以预测这些效应对鱼类资源的影响会越来越大。下一节给出了一个例子。

8.3.2 越来越小的鱼、海水酸化和生产力

正如前几章所持观点，理论和经验观察也都支持这样的假说：水温变暖和溶解氧含量

下降将导致海洋鱼类（Pauly，1998a）和无脊椎动物（Pauly，1998b）的个体变小。温度、溶解氧含量和其他海洋生物地球化学过程的变化直接影响呼吸溶解氧的海洋动物对环境的生理适应。特别是它们的生理表现，包括生长速度和初次繁殖时的个体大小，都显著取决于温度和溶解氧含量（Pauly，1981，1984b，1998a，1998b，2010；Pörtner and Farrell，2008）。动物的低氧耐受阈值因种类、个体大小和生命阶段的不同而不同，最大值见于大型动物。氧气耐受阈值是由动物的呼吸和循环系统提供氧气以满足需求的能力所确定的。结果，水生动物的分布、生长、初次繁殖时的个体大小、最大体型和生存都受不同温度条件下的氧气供需平衡的控制（Pütter，1920；Pauly，1981，2010；Kolding et al，2008）。随着水生动物个体大小（质量）的增加，单位体质量的需氧量比供氧量增长得更快（第一章和第二章）。这意味着，假设其他条件不变，食物转化率下降会降低鱼类和无脊椎动物种群的生物量生产。

然而，虽然在实验室里已经充分建立了温度、氧气与水下呼吸动物生长之间的相互关联（详见第二章），但是海水温度和含氧量水平的预测变化对水生动物最大体型的影响程度仍未得到研究。因此，根据物种的生态生理、扩散、分布和种群动态的显著表现，上一节所描述的气候包络线模型被用于检验600多种海洋水生动物对分布、丰度和体型变化产生的综合生物学反应（Cheung et al，2013b）。

结果发现，对所有类群采用相同的标度指数（$d=0.7$），在高排放情境下，2000—2050年，全球生物群落平均最大体质量预计将下降14%~24%[222]。预测的体型减小幅度与野外观察（Baudron et al，2014）和实验室（Cheung et al，2013c）的结果一致。体型减小大约半数是因为分布和丰度的变化，其余是因生理机能的变化。同样，热带和中纬度区域将受到严重影响，生物个体大小平均下降20%以上。生物生长率的下降和体型的缩小势必会导致鱼类种群生物量的减少，从而减少了渔获量，特别是在热带地区之间，而那里也是最需要渔获物的地方。

到目前为止，另一个尚未充分研究的因素是海水酸化（Feely，2004；Orr et al，2005）。海水酸化的效应远不止一些研究者认为的只是影响到珊瑚礁和带壳无脊椎动物（Cooley and Doney，2009），更将影响到所有水下呼吸动物，不论是鱼类还是无脊椎动物，只不过影响的程度未知。关键在于，鱼类的鳃不仅是吸收氧气的部位，而且是将体内新陈代谢过程产生的二氧化碳排出到水中的器官。但是，随着水中二氧化碳越来越多，水下呼吸动物就必须消耗更多的能量（和氧气）来换气，并通过鳃不断排放出二氧化碳（Portner et al，2004；Portner，2008）。这必定会对它们的新陈代谢（特别是对体型和年龄都大的鱼类和无脊椎动物而言，Cheung et al，2011）和最终的健康和生产力而产生负面影响。

因此，即便假设我们很快地开始减少温室气体排放[223]，海洋生物多样性和渔业的前景可能至少在几十年内仍不容乐观。

第九章　管窥生命本质

所有生物都有个体大小限制，因此，一种完美的解释应该能最终简化到所有生物都适用的一个（或多个）因素。这一推论很有吸引力，特别是活体生物所具备的一系列生物学和生态学特征——至少对后生动物而言——似乎随着身体生长而越发显著，实际上，从细菌甚至病毒就开始延续着这样的趋势（图 9.1）[224]。

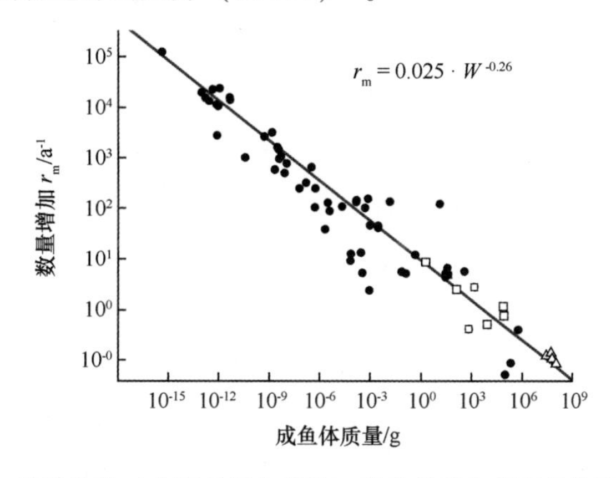

图 9. 1　各种生物（主要是后生动物）的生长率和其平均体质量的关系。引自 Blueweiss et al，1978（圆点），其中加入作者修改自 Pauly，1982b 的鱼类数据（正方形）和鲸鱼数据（三角形）

这一点尤其适用于新陈代谢率。我们不要忘记，新陈代谢率取决于异养生物通过呼吸系统获得的氧气供给量，而不是它们的代谢需求量（见 1. 2）。尽管如此，各派专家仍然就哪个指数能正确表达小到细菌、大到鲸鱼的各种生物的生长关系而争论不休。为求简洁，这些学术派别可归为三大流派，对他们的立场简短评述如下（Pauly，2021）。

第一个流派包含纯粹经验主义者，认为某种表现（代谢率、种群增长率等）与体质量的关系都应针对这一关系本身进行解释（特定解释）。其中一个例子是 Lefevre 等（2017a，2017b）的论文，这些论文作者不仅按照对 2. 5 和图 2. 14 中总结的维度论点的误解而反对“GOLT”理论，而且甚至不想针对“GOLT”理论解释的现象提出自己的解释[225]。回想本书之前对“特定主义”的态度，读者就知道我们马上就要跳过这个流派，开始评述第二个流派。

第二个流派在（代谢物）分布网络分支的基础上，提出这类关系的指数必须是 3/4

(West et al, 1997)[226]，且适用于所有的后生动物，也适用于植物（Enquist et al, 1998）。在此之上，他们又加上一个“个体发育生长的通用模型”，这个模型用同一条生长曲线来解释猪和豚鼠、孔雀鱼和奶牛、鹭和鲑鱼、甚至“虾”[227]（West et al, 2001）。但是，他们的“通用模型”规定了 $d=0.75$ 的 VBGF 函数的广义化版本，其中表示时间和个体大小的坐标轴都重新标度，使得数据点在不同物种之间可进行比较[228]。

但是，为了适用 West 等（1997）的通用模型，生长指数必须始终保持在 3/4。然而，植物是个例外，它们的 $d\approx1$（Reich, et al, 2006）；桡足类是个例外，它们的 $d\approx1$（Glazier, 2006）；头足类是个例外（见 2.4.2 和 Seibel, 2007）；刚刚孵化的仔鱼是个例外，它们的 $d>1$（Bochdansky and Leggett, 2001）；长到成体仍然很小的鱼类，如孔雀鱼和一些虾虎鱼类，也是例外，它们的 $d=0.6$（von Bertalanffy, 1951，另见图 1.2）。实际上，正如 Glazier（2006）所断言，一些种群数量庞大的海洋生物，如“刺胞动物门和栉水母动物门”，恰恰缺乏作为 West 等（1997）广义化基础的“分支分布网络”[229]。广义化过程中产生例外是合理的，但是，例外不能被忽略或置之不理[230]。相反，必须直面这些例外，或许还要利用它们构建一套理论的可能边界——特别是存在很多例外的时候。West 等（1997, 2001）没有这么做，或许他们是心有余而力不足[231]。实际上，与特定的一组器官［如 West 等（1997, 2001）和 Enquist 等（1998）的“分支分布网络”］相关联的统一生长定律存在的可能性不大。

第三个流派以 Ginzburg 和 Damuth（2008）为代表，考虑针对特定领域的指数，具体取决于所研究问题的类型。他们特别相信，增加一个时间维度，可以更好地理解小到细菌、大到鲸鱼的各种生物的生长关系（如图 9.1），并且不依靠“分支分布网络”结构，就能推导出许多此类关系中观察到的 3/4 指数。

因此，Ginzburg 和 Damuth（2008）建议：“一种富有成效的观点，是将生物视作四维对象，其中空间占三个维度，时间占一个维度（等于世代时间）。这种空间-生命期假设具有直接的意义。现在，生长必须看作是一种在所有空间维度和世代时间中发生的同步成比例变化。根据这个观点，新陈代谢的增长指数为 3/4 一点都不奇怪，因为与环境的能量交换通过一个三维表面发生（两个空间维度加一个时间维度），而消耗相应地在四维中进行（三个空间维度加一个时间维度）。所有指数为 1/4 的不对称现象也可同时用这个简单的观点解释”。

虽然 Ginzburg 和 Damuth（2008）关于时间维度的清晰思考对生态学而言可能是新思路，但是在渔业科学和生态系统建模中却相当常见，例如，在变换体长渔获曲线中绘制数量与个体大小函数关系的曲线，以估计鱼类或无脊椎动物种群的总死亡率（Pauly et al, 1984a; Pauly, 1998a）[232]，又如，绘制生态系统生物量与个体大小函数关系的曲线，以推导生态系统级别的个体大小频谱（Pauly and Christensen, 2002）[233]。

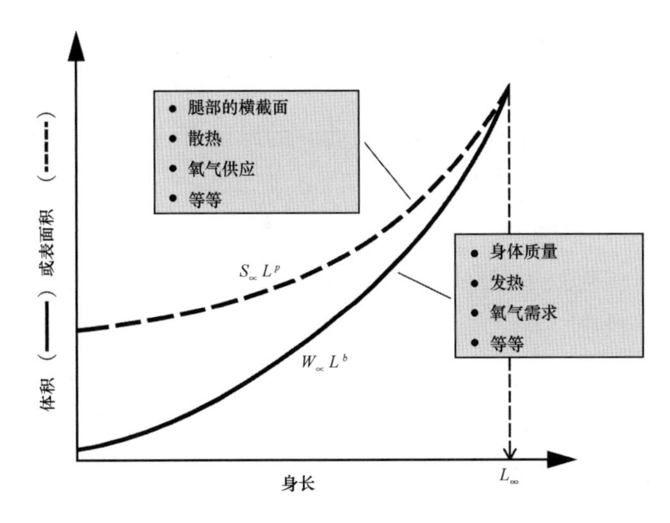

图 9.2 图示说明了后生动物的“维度冲突”：体质量的增长与体长的乘方（指数用 b 表示，一般接近 3）成比例。另一方面，表面积的增长（陆地动物的腿部横截面，鱼类或水生无脊椎动物的鳃表面积等），一般与指数小于 3 的体长的乘方成比例，因此，最终造成在特定环境下表面积限制了生长和最大个体大小。不同动物起决定作用的表面也各不相同，限制的对象可能是运动、呼吸、散热等（引自 Pauly，1997b）

Ginzburg 和 Damuth（2008）接着得出如下结论：“当我们将世代时间加入生长理论，作为生物的第四维度，我们看到了与代谢指数相关的有序状态，而在这之前它是模糊的。这个指数简单地取决于所研究生物类别的维度：二维的指数是 1/2，三维的是 2/3，四维的是 3/4。我们相信这个观点可以作为组织框架，让不同的理论和机制可以在这个框架下和平共处，各自适用于确定了正确维度的空间（或次空间）。我们不期待其中一个指数（3/4、2/3 或 1/2 等）能够统一适用，相反，我们期待看到不同维度的不同指数。”

事实上，一旦考虑到时间维度（这里不考虑石头等非生物，它们不会呼吸也不会生长），我们就可以回到文艺复兴时代的学者已经知道的一些常识：几何统治着世界。表面积和体积适用的指数是不同的（全等变换不是必要的）[234]，这既限制了生物的结构和功能，也限制了人类的努力[235]。在生物学中，几何的限制体现在生长、个体大小最大值和其他生物特征，这些限制，即使神奇如进化，历经数百万年，也无法克服[236]。确实，因指数不一致而造成的构造和大小限制是无法避免的。

在恒温动物中，这些限制表现为体质量指数，其中身体产生的热量大致与体长的立方成比例；还表现为体表指数，其中体表面积与体长的平方成比例，而热量通过体表丧失——伯格曼法则的解释力量正源于此。这个法则在解释极地环境外的巨型哺乳动物时经过修改，对于这样的动物，如何散发多余的身体热量就成了一个问题。鲸鱼和大象都幸运地解决了这个问题，鲸鱼有逆流热交换机制，大象有巨大的扇形耳朵。

在昆虫中，起限制作用的是细小的气管网络表面。气管将氧气带给昆虫的每一个细胞，但它们跟不上体质量的增长，仅仅是因为它的维度小——因此，在昆虫形态学中[237]，昆虫的个体大小限制是与生俱来的。

表面和质量维度不同对个体大小限制的另一个影响，是大型陆地动物必须随体积的增加，加大腿部的相对横截面（表面）。因此，恐鸟、犀牛或巨大的恐龙都要有柱子般的腿。类似的论点也适用于植物（对比草和树），植株大小受到限制，原因也在于此，即便它们的呼吸代谢随身体质量（或更准确地说，随含氮量）增减（Reich et al，2006）[238]。

在通过鳃进行水下呼吸的动物中，与重力或生产热量相关的表面并不重要，限制个体大小的表面是鳃的表面积。同样呼吸空气的人类很难意识到这一点，但是水下呼吸是一项艰苦的工作：想象一下，单单呼吸（从难以溶解氧气的水中提取氧气，见表 1.1）就要耗费鱼类 10%~30%的能量。这就是我认为鱼类和水下呼吸的无脊椎动物受到鳃面积限制的原因所在。因此，本书对研究大象这一类动物的同仁帮助不大。但是，他们或许可以欣赏鱼类如何应对所受到的限制，而这些限制与影响大象等厚皮类动物的限制之间，相差竟然如此之大。

生命的本质不是所有的生物都在做相同的事，而是所有的生物都在不同的限制下，做着相同的事——生存、摄食、生长、繁殖。并且，不同的限制导致不同的解决方案[239]。然而，当这些限制得以完善定义后，就能确认哪些领域有哪些限制，从而针对特定领域加以广义化[240]。本书的贡献就在于此。我相信本书所给出的广义化方法必有用武之地，因为可以将大量先前认为风马牛不相及的现象放到了同一个框架内解释，并做出预测。因此，我认为“GOLT”理论反映了现实。

第十章　氧气限制

Andrew Bakun

Daniel Pauly 博士是我的朋友，也是科学研究的同事，与他相交多年，获益良多，也很愉快。所以，当他问我能不能为他的新作写一篇跋时，我欣然答应。

Daniel 与我都已经意识到，作为陆地上的哺乳动物，我们人类在试图理解海洋生态系统背后的种种过程和机制时，自然而然会依赖陆地经验形成的直觉和常识，也会依赖陆地哺乳动物进化出的与生俱来的能力和偏好。结果，许多在海洋环境中进化和生活的生物所特有的生命特征，往往会让我们无法理解，甚至没能引起我们的注意。

20 世纪 80 年代初，我有机会与 Daniel 和其他几位具有创新思维的同仁，共同发起了一个名为“海洋科学和生物资源”的国际合作项目。这段经历让我强烈感受到 Daniel 对氧气在海洋环境中的独特作用有着不断深化的深刻理解。他的早期兴趣在于个体层面的生物学研究，如生长率和成熟时机。而我与其说是生物学家，不如说是一个专注于区域种群问题的海洋学家。我发现他的想法很吸引人，但一开始却并没有认识到这些想法对当时困扰我的若干具体问题的重要意义。

但是，我的脑海中已经播下了这些“种子”。之后几十年，不论是从我自己对海洋生态系统功能的理解来看，还是采用我的同行们有时迥然相异的观点，我始终问题不断、困难重重，在这种时候，这些种子偶尔就会突然间破土发芽，给我以美妙的回报，让我有醍醐灌顶、豁然开朗的感觉。这些感觉和不时一闪而过的认知，随着时间推移陆续确定下来，融入某种统一的框架，而在这个框架内，我或多或少都能对海洋生态系统的功能，甚至海洋生态系统本身的存在，做出合理的解释。兹把这个框架的一些关键要素叙述如下。

在海洋中，大多数生物基本呈中性悬浮状态，引力定律基本上不适用，替代它的是流体动力学。相应地，湍流摩擦阻力替代引力，成为活跃运动的主要限制。在湍流环境中，个体大小带来显著优势。因此，大鱼一般只需消耗相对少的能量，就能比小鱼游得更快。而且，由于光合作用发生在微小的细胞内，个体大小也随营养级递进，捕食者几乎总是比猎物大。此外，除了在特殊的浅水生境中，如珊瑚礁、红树林和海草床等，海洋中高生产力的上层水域几乎没有避难所。在大洋水域，则完全没有避难所可供游得慢的被捕食者躲避已经看到它们、也比它们游得快的捕食者。

因此，或许令人疑惑的是，既然与个体大小相关的流体动力优势可以让捕食者比猎物游得更快，也更有效率，那为什么它们不会简单地跟着猎物群体，始终保持近距离，饿了就随时扑上去饱餐一顿呢？相反，它们会舍弃猎物群体，而为了找到下一餐，又必须继续搜索大片水域，或者长时间埋伏，期待有猎物经过。

原因在于如果捕食者沿着相同路线尾随个体小的猎物，就会更快陷入氧气不足的境地。而鱼类一旦严重缺氧，并不能像呼吸空气的生物那样迅速、轻易地恢复。由于逃生和躲避需要大量氧气支撑，一条挥霍自身氧气储备的鱼，一旦遇到捕食者，就会有生命危险。因此，进化选择往往会在活跃的水下呼吸动物中植入一种对氧气耗竭特别强烈的厌恶感，即使对成年后成为顶级捕食者的生物也是如此（见尾注 163）。

因此，虽然流体动力学规定了一个“越大越好”的规则，但是鱼类所面临的无可逃避的氧气限制却施加了一个相反的“越小越好”的规则。正如 Daniel 在本书中所阐述的，虽然食物和氧气是水生生物必需的两种物质需求，二者都必须得到满足，但氧气是始终都要有的，而且作为最难存储的元素，会被毫不迟疑地予以区别对待。此外，氧气对于另一种直接的需求（避免被捕食）也至关重要。这里重申，表面-体积比问题往往不可避免地让大型捕食者比小于它们的猎物更快陷入缺氧状态。因此，即使是为了获得让自己活下去的基本食物，鱼类中的捕食者也只负担得起所需氧气的最少量消耗。这弥补了被捕食者体型小的劣势，让捕食者无法肆意使用体型大、游泳速度快的优势始终猎物群体保持近距离，直至把它们捕食殆尽。

但是，还有一个重要的问题。个体小的中上层饵料水生动物素有资源量暴涨暴跌的恶名。在它们种群丰度高时，捕食者就有丰富食物来源可以消费，因此，种群数量也获得增长，这也解释了针对优势饵料源的摄食行为。捕食者几乎总比小于它们的被捕食者活得更久，因而它们的丰度往往不会变化太快。因此，可以预见，在饵料鱼类种群数量急剧下降时期，单位被捕食者生物量承受的捕食压力就会迅速加剧。事实上，普遍的模式是，饵料鱼类种群是区域生态系统的要素之一，一旦其资源量急剧下降形成趋势，那么在其种群近乎绝迹之前就不会停止。但是，即使在中上层水域中，捕食者享有上文所述的巨大流体动力优势，这种暴跌也不会持续到该种群彻底灭绝。其中显然一定存在某种低丰度避难所，使得捕食者最终停止捕杀濒临灭绝的残余猎物种群，不至于把猎物赶尽杀绝。

但是，这个避难所问题不能归因于任何类型的“精明的捕食者”。促使个体为了让不相干的同类受益而置自己于不利地位的利他主义倾向，会在自然选择中迅速淘汰。因此，无法停止捕食残余猎物种群的行为，必然让位于直接降临在捕食者身上的某些不利因素。

如上文所讨论，一旦捕食者受氧气限制而无法继续追踪潜在猎物并与之持续保持近距离，它就会被迫将能量和氧气用于搜寻大范围的水体，或者长时间埋伏。捕食者摄取的食物热量必须满足它在遭遇和捕杀猎物时消耗的能量（再加上用于维持生理机能、生长和繁殖的能量消耗），否则，它必然要么变更捕食对象，要么洄游到猎物更密集的地方，要么进入节约能耗的不活跃状态以等待更好的摄食条件，要么饿死。因此，到某个节点，捕食者必须以某种方式松弛自己。

事实上，海洋中的许多捕食者物种似乎很擅长利用合作围捕策略来抵消比它们小的猎物与生俱来的“氧气优势”。观察这种行为的人经常描述这样的场景：任何时候，捕食者群体的大部分似乎主要表现出一种相对懒散的合围威胁，因此，让捕食者个个都可以保持其氧气存量，与此同时，它们只需时不时地突然穿梭于被合围的猎物群。这样的突袭会越来越多，使得这群猎物始终陷于连续疯狂消耗氧气的逃命行为，因为它们每一个都疯狂地试图置身于一个始终有同伴挡在自己和捕食者中间的位置（又是一个个体受益而整体遭殃的例子）。到某个节点，这群猎物实在被折磨到既逃不脱，又很无助，因为氧气耗光了。这时，捕食者就可以在消耗自身氧气资源最少的条件下饱食猎物。利用这种捕猎方式，捕食者有效地消除了被捕食者物种享有的取决于个体大小的氧气优势。

但是，如果被捕食物种的丰度极低，低到捕食者无法有效合围狩猎时，被捕食物种就可以重新建立自己的氧气优势，使得捕食者无力承受持续集中施加捕食压力的氧气消耗。在这种情况下，双重必要条件为①从捕食活动中获取的营养能量回馈大于能量消耗，②解决体型大的捕食者相对于体型小的被捕食者的氧气劣势，就可能同时起作用，形成一种低丰度避难所，或者至少是避难所的一个组成部分，使其足以防止享有流体动力优势的捕食者将被捕食者种群彻底赶尽杀绝。这或许就是保证海洋生态系统既不会从内部崩溃，也不会让形态和功能变得与传统迥然相异的关键。

因此，氧气需求动态不仅保护底层的被捕食者，也保护依赖被捕食者的捕食者，同时也保护了浮游生物营养阶的特征结构，最终保护了整个海洋生态系统。的确，可以猜想，如果化学和物理定律让水下呼吸的生物远比现在这样更方便地获取氧气，或许海洋中的中上层生态系统就不会发展出如今特有的形态各异、构造优美的生物了。

这或许可以作为我与 Daniel 多年深交的一个最好注解。他乐于发现往往隐藏在天真的信心、信条和无意识的自我幻想中的永远新颖的秘密，而这些天真的信心、信条和幻想正是我们这些作为陆地动物且只有陆地上的直觉和经验的科学家，出于自负强加给海洋系统的。他发现这些秘密时的喜悦富有感染力。他早年对于海洋水生动物所面临与个体大小相关的氧气问题的深刻见解，多年来指引我形成了本文的观点，也例证了我如何在他的影响下不断丰富自己的“海洋探索”乐趣。我希望本书的读者也会受到类似的鼓舞。

尾 注

1 这句话的意思是“已经关照树木不要长到天空”或者已经修订为“规定树木不要在天空中生长”。

2 人们认为，既然这一类群的动物都在呼吸方面受到强大的限制，那应该有一个技术术语来概括这个类群，但这样的术语并不存在。即便是“水生变温动物”也不适用，因为它还包括一些呼吸空气的水生节肢动物，例如，蜘蛛从它们在水下拉出的气泡中呼吸（Heckman，1983）。鉴于人们普遍使用“鱼”这个词来描述同一物种的鱼的个体，同时用“鱼类”指代不同物种的鱼的个体，因此，在本书中我使用“鱼类”这个词来表示硬骨鱼、软骨鱼和无颌类，用“水生动物”表示所有水下呼吸生物，即鱼类加上水下呼吸的无脊椎动物（如贝类、海星等）。我希望读者能宽恕这种“大鱼帝国主义”和“文字障眼法”，因为我既不是语言学家也不是鱼类专家，此外，我也不希望语言学家或强硬派的鱼类学家阅读本书。

3 这一观点在威尔逊（A. O. Wilson）的《知识大融通》书中得到充分阐释（Wilson，1998），并被 Pauly（2002）应用于若干海洋学科。这一著作解释了为什么目前在人文学科（哲学、历史、文学等）研究中逐渐倾向于提出与我们的进化史相兼容的解释，例如，在心理学领域（Barkow et al，1992），历史语言学领域（Cavalli-Sforza，1997；Ruhlen，1994），历史学领域（Turchin，2008），即由于主要受神学的影响，长期以来与自然科学的关系饱受质疑甚至敌视的那些领域（Dawkins，2006）。

请注意，大融通并不一定意味着“较软”的学科必须屈服于“较硬”的学科。因此，在 19 世纪下半叶，开尔文勋爵基于当时完善的物理过程知识（黑色金属/岩石球的冷却速度），估计地球的年龄与达尔文的进化观点是不相容的结果，证实错误的一方是物理学家。

4 本书始终假定读者熟悉达尔文自然选择的适应性概念。此外，出于简化过程，我采用目的论论证法（例如，器官 X 为了目的 Y 而进化），虽然我很清楚从来没有这样的事情（实际上，器官 X 的发展是因为动物中具有器官 X 的前辈恰好比没有器官 X 的前辈留下更多的子代等）。

5 道金斯（Dawkins，2006）也在《上帝错觉》（*The God Delusion*）一书中详细说明，无论是否有宗教信仰，一场赏心乐事的阅读一定是书中解释的问题较为简单，而且要解释的问题业没有那么“神秘”。

6 “奥卡姆剃刀原理”是以神学家和哲学家奥卡姆（William of Ockham，1280 - 1349）命名的原理，其著名短语如下：“Frustra fit per plura，quod potest fieri per pauciora”（以

简御繁，即少投入能做成的事，多投入也无益），“Entia non sunt multiplicanda praeter necissitatem”（避虚就实，即若无必要，勿增实体）。奥卡姆以其在英格兰萨里的出生地为名，但通常以拉丁化名字行世（即拼写为“Occam”，而不拼写为“Ockham”），就读于牛津大学，成为一名方济会修士（当时属于改革派），然后在法国阿维尼翁传道，他为自己所信仰的教会的“贫苦理想”提出强有力的依据，最终得出结论认为教皇（当然不是穷人）是一个异教徒。结果，他被逐出教会，祸不单行，他被禁止教学，最终死于瘟疫。

几个世纪以来，奥卡姆的这两个短语，越来越脱离了它们最初的语境，逐渐被提炼成一种指令，要求科学家们尽可能对现象做出简单或简洁的解释（Pauly，1994）。然而，这个精辟的公式可能来自法国哲学家孔狄亚克（Etienne de Condillac），他在 1746 年提出了“rasoir des nominaux”（割断乱麻的剃刀）的观点。

因此，奥卡姆的剃刀的意思是要删除所有缺乏有力证据支持的论点，或与阐明自己的论点无关的论据。这一点现在看来显而易见——然而，这句格言对包括生物学在内的所有科学具有巨大影响，不管这种影响是隐性的（通常是这样），还是显性的。事实上，奥卡姆的格言在很大程度上界定了好的科学和它的对立面，即为同一现象的每一种新的表现而产生的特定假设，类似于每次制造香肠的机器的曲柄转动时生产的香肠（Pauly，2004）。

7 显然，并非所有人都这样做，至少不要被误解：我尊重实证研究，无论是实验室工作还是实地工作。我怎么能不呢？这是我所有数据的来源！但科学不仅仅是数据；科学也是理论上的“黏合剂”，将这些数据黏合在一起，并赋予它们形状，没有科学这些数据就没有意义。

8 因此，对于任何通用性的著名的响应，说“这不适用于我所研究的某科某属某种生物”这句话，并非具有确凿依据的反对，即便它非常有效，因为提出通用性的人太多而且总能说明，是的，这的确适用于这个类群。

9 这些术语存在偏颇，因为“低等脊椎动物”的含义是存在高等（更好）的脊椎动物（而人类就处于脊椎动物的顶端！），而无脊椎动物的意思是有所欠缺。事实上，这类似于章鱼类生物，分类学知识把动物界高等划分为具有触手的有触手纲动物（Tenticulates）和没有触手的低等的栉水母（参见 Dawkins，1996）。不过，意识到这种偏见所带来的问题并不妨碍我采用“无脊椎动物”这个词，因为这些词用起来太顺手了。

10 在我获得硕士学位后，在印度尼西亚签订了为期两年的合同（1975—1976 年）。期间，我意识到，一直以来采用的传统估算鱼类生长的方法并不适用于印度尼西亚和其他热带国家的渔业所依赖的数百种鱼类物种。然而，鱼类生长率变化，过去是，现在依然是决定渔业管理投入的鱼类评估重要方法。因此，我决定将我的博士研究方向

(1977—1978 年) 转向研究鱼类生长率的一些基本层面，我认为，通过这些基础层面，就可以直接推导出适合估算热带鱼类生长率的方法。

起初，我在德国基尔的第一年大部分时间里，在基尔海洋科学研究所（IfM；现在为德国海洋研究中心，GEOMAR）阅读了所有能找到的水生动物生长率的论文，将数百种鱼类按照其年龄个体大小的数据加以编码，然后运行了我的朋友 Götz Gaschütz 编写的非线性曲线拟合程序。由此汇集了 1 501 套生长参数，涵盖了 515 种，300 属和 107 种硬骨鱼类和软骨鱼类（Pauly，1978a），十多年后这些成果偶然成为 FishBase 的核心——见“FishBase 的制作”(Froese，2000)。

我读过许多作者关于鱼类生长率的研究论文，但他们对生长曲线所展示的各种特征(如季节性波动、两性异形、温度和生长率的相关性、野生和人工影响下的生长差异等) 并没有加以合理的解释，因此，我转而开展理论研究，其中最重要的是对 von Bertalanffy 著作（1951、1960、1964）的研究，同时用个人电脑开展当时极少人进行的建模研究。当我试图破译 Ursin (1967) 的不朽作品时，我突然明白：鱼类生长需要氧气，而且鱼类体内只能储存极少量的氧气。因此，通过鳃进入体内的氧气供应率将限制鱼类的生长率。我曾经在基尔海洋科学研究所水族馆里观察体型巨大的狗鱼 (白斑狗鱼 Esox lucius) 吞食一条小鱼的过程，但狗鱼没有成功，它仍然需要相当于一屋子那么多的水通过鱼鳃，这样才能获得足够的氧气以吸收猎物组织中的能量。我所关注各种鱼类分布的最大纬度梯度，特别是美国大西洋沿岸的鲱鱼 *Brevoortia tyrannus* 的分布（Henry，1971)，突然间变得有意义了，还有许多其他的观察也变得有意义了。我知道我已经解决了这个问题，但我的大多数同事都不这么认为，现在也不这么认为——因此我写了本书。

至于估量热带鱼类（以及世界各地的水生无脊椎动物）生长率的适用方法，我发现了一种合适的解决方案，名为 ELEFAN (电子长度频率分析法)，并成文率先在新雇主，国际水生资源管理中心的简报上发表 (ICLARM；Pauly and David，1980)。经过多次论证其通用性后，该方法克服了所有新方法面临的阻力，并成为一种标准的鱼类资源评估方法，现在广泛应用于世界各地 (Pauly，1998 综述)。Pauly 和 Greenberg (2013) 出版了 ELEFAN in R 的最新版本。

11　这是我第二次犯这样的错误。早些时候，我发表了一篇文章，其标题以“对……的批评”(Pauly，1978b) 开头，我不应该这么做，因为我所批评的分析人员在退休后写了份愤怒的回应（Stott，1984)。虽然很明显的他错了，但是我的重新分析却蒙上争议的阴影。这个阴影一直持续到同样的分析内容但换上中性标题发表时才结束（参见 Pauly，2004)，这时人们才可以看到论文实际的贡献。

12　虽然我已经在必要的范围内更新了原来的参考书目，但只要论点相同，我就没有用新参考文献替换旧参考文献，否则就是乏味，浅薄，也最终是不公正的：功劳就是功劳，就要给予认定。

13　我忍不住想起在某个地方听到的一个故事，一个大学生向德国物理学家沃尔夫冈·泡利（Wolfgang Pauli）解释他建立的一种奇妙的新理论。Pauli静静地听完，最终说道：你的理论是不正确的，事实上，你的理论甚至算不上错，只是完全预测不了什么。本书阐述的“GOLT”理论可能是错的，但是，它的确做出了预测。（注意Pauly和Pauli之间的区别；拼写不同，但发音相同）

14　我的意思是，尽管像西方的大多数科学家一样，我跟随科学哲学家卡尔·波普尔（Karl Popper）接受所有科学假设，但原则上必须是可以辩驳的，我也像我的同事一样在我偏爱的假设的外围安装上论据组成的“防御环”，类似于城堡周围的护城河（见Lakatos，1978）。

15　关于杰出生态学奖（ECI）的细节可在此链接查阅 www. int-rescom/ecology-institute/eci/prize。

16　本书没有太多强调统计测试：这里提出的关系要么一目了然，要么并非如此。若并非如此，那么无论多么复杂的统计测试，都无法说服质疑者。

17　亚里士多德（公元前384—322年）在其《动物志》（*Historia Animalium*）中揭示了这一点：古希腊的渔民知道如何区分3种个体大小（和年龄）组的金枪鱼，他们称之为“成长体（*auxids*）”，“肢状体（*pelamyds*）”和“完全长成的金枪鱼”“*full-grown tuna*”（Bell，1962；Thompson，1910）。

18　埃尔娜·莫尔（1894—1968年），德国生物学家，是系统研究鱼类年龄的先驱，她的研究包括热带鱼类，当时她的男同事认为这是不可能的研究（Mohr，1921）。就像许多女海洋生物学家一样，她转变了那个年代不让女性上科考船的歧视性做法，她专注于利用她的男同事在科考船上获得的大量未经整理的数据开展鱼类生长率和分类的研究（Brown，1994）。

19　这是可编程计算器和个人电脑广泛使用之前，比如20世纪70年代末到80年代初的重大问题。

20　见尾注2。

21　因此，我们不要涉及珊瑚，即使有证据说明耗氧量“取决于它们的大小和形态，珊瑚水螅虫和群体的耗氧量可能受到扩散限制，即便在充分搅拌、空气饱和的条件下也是如此”（Shick，1990）。顺便说一下，这就是为什么它们能从隐藏在珊瑚礁里的沉睡的鱼类的曝气中获益（Goldshmid et al，2004）。

22　同样，在自然环境中，水生动物的氧气供应被视为与鱼类的食物供应相似的资源（Kramer，1987），这个资源量与其“需求量”，只与它们努力获得的供应量有关。至于食物，只有鱼类能随意摄食时，供应量才会满足需求量，但这在自然界中是不存在的，事实上，觅食是一种危险的活动。Jones（1982）写道“相对安全地吃进嘴里的食物才是食物，而只有摄食者存在被吃掉危险时才能吃到食物”。Walters 和 Juanes（1993），同样地，将种群分为“易受伤害”的物种（必须暴露自己才能摄食）和“不受伤害”的物种（躲在庇护区或以其他方式防御），这就形成了“觅食竞技场理论（foraging arena theory）”，这是目前广泛使用的“Ecopath with Ecosim”生态系统建模方法的核心（Christensen and Walters，2004；也见尾注 66）。

23 原文称为孔雀花鳉 *Lebistes reticulatus*。

24 这个“渐近”生长（L_∞ 或 W_∞）的停止定义在鱼类和水生无脊椎动物是“未确定的”，也从来没有实现过（Sebens，1982）。然而，出于最实用的目标，可以从种群中观察到的最大个体大小（L_{max} 或 W_{max}）来估计渐近生长，举例来说，通过 $L_\infty \approx 0.95$ 或 $W_\infty \approx 0.86/W_{max}$（Taylor，1958；Pauly，1984b），至少在小鱼中是这样（参见正文）。另一种有用的关系是 Froese 和 Binohlan（2000）在其他事物中提出的一种经验关系，根据最大体长（cm）估计渐近体长（cm），例如，从 FishBase（www.fishbase.org）中提取的大数据集 $\log L_\infty = 0.044 + 0.9841 \cdot \log L_{max}$（$n = 551$，$r^2 = 0.959$）。

25 这样写我很难过，因为他们是定量渔业生物学的创始人，在我职业生涯的头 20 年里，他们都是我极力效仿的科学家。

26 Bardi（2017，29 页）描述了断裂现象，其中的变性是一个特殊情况，具体如下：“当固体破坏时，一些潜在的可能性减少，并且不难理解它是什么：它是储存在受压的化学键中的能量潜力。当这些键恢复到自然长度时，则以原子振动的形式散热。热力学定律得到满足：当条件合适时，断裂是一个自发过程。”

27 这显然导致熵的增加，只能通过新蛋白质的合成来抵消。在鱼类和其他动物中是通过利用摄入食物的化学键含有的能量来实现，当食物中的氨基酸和其他复杂分子被“燃烧”时，这种能量被释放出来，但燃烧需要氧气（Cox and Nelson，2008）。

28 这表明，Ursin 的可以重现观察结果的鱼类生长模型可能是由于错误的原因而产生的。这也是为什么 West 等（2003）在年龄数据上附加“他们的”生长模型（一个伪装的 von Bertalanffy 方程；见第九章）的重要性是不恰当的。充分拟合是模型被认真对待的必要条件。让它变得有趣的充分条件是应该做出可以验证的预测。

29 有趣的是，Taylor（1962）写道：“Pütter（1920）似乎对一些更有趣的特性（我们称之为 VBGF）表示赞赏，因为他注意到，温度越高，动物生长越快，但最终的个体大小较小，而在较低温度下则生长得更大。”因此，Pütter（1920）已经了解了这本书中的关键信息。

30 注意，K 不是“生长率”，尽管有许多文献说“是”。为了获得生长率（长度·时间$^{-1}$，或体质量·时间$^{-1}$），K 必须乘以长度或体质量。这就是为什么生长率指数的基础是 K 和 L_∞ 或者 K 和 W_∞（Pauly，1979；也参见 2.1 节）

31 研究过鳃或代谢率的大多数种类的鱼类的最大体质量范围为从 10^2 to 10^4 g，因此，d 值的普遍范围从 0.70~0.85，关于 d“正确”平均值的幼稚争论是种类混合函数值，具体取决于研究的物种。最大的鱼类，鲸鲨 *Rhincodon typus*，长达 14 m、重达 20 t（Pauly，2002），$d \approx 0.95$（见图 1.2 和尾注 44）。

32 “长度”（SL，FL，TL）在硬骨鱼和鲨鱼可以是任何个体大小的线性度量，或者是鳐类和蟹类的“宽度”（WD），甚至是那些线性个体大小难以确定的动物的体质量的立方根，例如，海兔的海兔科 Aplysiidae（参见 Pauly and Calumpong，1984）。

33 这些定义也意味着 $d=1-[(b-p)/b]$，而在等速生长时，$d=1-[(3-p)/3]$。

34 “等速生长（Isometrically）”是指表面积应该与长度的平方、体积与长度的立方成比例的生长；与之相反的是“异速生长（allometric）”，是指表面积与长度的生长比例超过 2 次方，或者体质量与长度的生长比例超过 3 次方。当生长高于预期比例时，异速生长是“正相关”的，反之，则是“负相关”。

35 图 1.2 给出了经验公式 $D \approx 3 \cdot [1-(0.674+0.0357 \cdot \log W_{max})]$，$W_{max}$ 用 g 表示［见公式（2.4）］。

36 根据 L_∞ 和 L_{max} 的定义，它们的值应该在给定种群中是接近的，当使用狭义 VBGF 时，它们适用于大多数的中小型水生动物（参见 Beverton，1963）。然而，在大型鱼类中（如蓝鳍金枪鱼，体长达 330 cm、体质量 600 kg；Tiews，1963），狭义 VBGF 高估了 L_∞（图 1.3A），因为 $d=2/3$（也就是 $D=1$）的值在这个方程中过低了（参见图 1.2）。在狭义 VBGF 中使用一个适当的 d 值 $d=0.9$（$D=0.3$），可以使 L_∞ 非常接近 L_{max}（参见图 1.3B）。（图 1.3A 中的参数是 $L_\infty=421$ cm；$K=0.057\ a^{-1}$ 和 $t_0=-1.8$ a；图 1.3B 中是 $D=0.3$，$L_\infty=319$ cm；$K=0.43\ a^{-1}$；$t_0=-6.5$ a。）

此外，这些研究说明，可以根据 L_{max}（任意一个高龄）估计 D 以及长度-年龄数据，但本文没有深入加以研究。总的来说，我认为狭义 VBGF 构建 L_∞ 和 L_{max} 之间紧密对应的关系可以作为证据。当获得正确的生长曲线时（参见图 1.3C），其他关键参数（特别是 K）可以从生物学角度解释。

37 事实上，广义 VBGF 几乎没有任何追随者，直到它被 West 等人（2001）无意中重新发现，他们认为 $d=3/4$ 的版本是人们一直在等待的普遍适用的生长曲线。我在第九章讨论了这个论断。

38 这里用“极限（limit）”和“限制（limiting）”这两个词来确定迫使动物去做一些本来不会做的事的因子。注意，它指的是一次一个因子，而不是几个因子协同作用。

当一个人不知道多因子系统是起功能作用和/或在某个时间起功能作用时，经常用到这两个词（Liebig，1840，说明应该怎么做）。因为同样的原因，我也拒绝采用‘对称形态构成（symmorphosis）’这个模糊不清的概念，这似乎意味着进化的生物应该仅是达到，而不是超越生存环境的供需矛盾（Weibel et al，1991；见尾注 127）。就这个问题，我们早已经有了一个概念，叫作“自然选择”（Darwin，1959）。

39 在这里，我忍不住要引用 Dawkins（2009，173 页）的观点，他提到了一些水生乌龟，它们“通过在其尾部的两个富含血管的腔室，从水中提取更多的氧气。事实上，一只澳大利亚河龟通过它的屁股呼吸（作为一个澳大利亚人会毫不犹豫地这样说），获得了所需的大部分氧气。”

40 虽然 Farrell 和 Steffensen（1987）估计，在“*Salmo Gairdneri*”，即虹鳟（*Oncorhynchus mykiss*）中，“鳃泵的相对耗氧量在静息和缓慢游动的鱼类中是显著的，占总耗氧量的 10%~15%”，Schumann 和 Piiper（1966）发现，例如，丁鲹（*Tinca tinca*）利用约三分之一的标准能量代谢进行呼吸活动（18%~44%），而人类的这一数值约为 2%（参见 Jones and Schwarzfeld，1974）。

41 一个例外是鲫鱼（*Carassius carassius*），鲫鱼可能是最适合于缺氧环境的鱼类，在不同水温环境中，可以在缺氧环境中度过几个月。Vornanen 等（2005）描述了一种形成此生理成就的主要厌氧机制，并不构成反驳需氧生物“GOLT”理论的论据。

42 Graham（2006）全面综述了鳃调控的呼吸作用，其中利用大量的例子来说明动物对特定栖息地的适应性，但是没有从积累的大量数据中提炼出通用的理论。他写道：“有些研究者认为，鳃面积的大小应该指示了最大生长能力或其他有氧代谢指标，如生长速度和最大体型（Fry，1957；Hughs，1984a，1984b；Pauly，1981）。然而，质量指数（d）的取值范围从 0.5 到 1.0（平均约 0.85；淡水鱼约 0.75），因此与水生动物的活动、自然历史或呼吸没有明确的关系（De Jager et al，1977；Gilmour，1998；Hughes，1984b；Palzenberger and Pohla，1992）”。

但事实并非如此。首先，你不能同时引用同一作者在同一年发表的两篇文章（Hughes，1984a，1984b），以此作为两个依据来支持反对意见（“鳃面积的大小应该指示了有氧新陈代谢”，因此鳃的大小与“鱼类的活动、自然历史或呼吸没有明确的关系”）而没有暗示被引的作者并不知道他（Georges Hughes）在研究什么。其次，在 Graham 的综述中，有许多关于鳃大小与“呼吸”的联系，后者则与“鱼类活动和自然历史”有关。例如，他写道“栖息的深度影响与鳃面积密切相关的代谢活动（Hughes，1984b；Marshall，1965）”，以及“鳃面积大小和生境效应对鳃面积的影响显示了对金枪鱼等群体的长期选择过程；这些过程导致了一系列的适应，包括大的鳃面积，氧气含量一般的大洋水体中的高需氧生长率，但不总是接近饱和状态（Brill，

1994; Brill and Bushnell, 2001; Graham and Dixon, 2004)。”

43 一些例外情况,主要涉及鱼类幼体和呼吸空气的鱼类,详见正文和尾注中的讨论。

44 鳃体大说明整个头部和身体前部都要改变,才能容纳得下大鳃。在极端情况下,比如两种最大的水生动物(Pauly, 2002),姥鲨(*Cetorhinus maximus*)和鲸鲨(*Rhincodon typus*),它们的体长分别达到 10 m 和 14 m,远高于最大的鱼类捕食者大白鲨(长度 6.4 m; Randall, 1973; 见尾注 131)。这样的体长是通过呼吸–摄食耦合实现的,与特定的摄食方式相适应,即滤食浮游动物。也就是说,非常大的鳃会降低物种占据的生态位的数量(见下面两个注释)。

45 鱼的大量能量用于克服这种阻力。在活动量大的大鱼中,这种阻力只能通过不断或多或少张开嘴(冲击式呼吸)游泳来克服。这种呼吸方式的典型动物是金枪鱼,因此它们只能生活在大洋水域。

46 事实上,有着巨大鳃的鲣(*Katsuwonus pelamis*)的鳃耙间距极小,甚至可以相当于一定量氧气分子的大小。例如,Stevens (1992) 估计一个单元的宽度相当于 1064 个氧分子。所以不奇怪,金枪鱼应该避开含有悬浮物的沿海水域(参见下面两个注释)。

47 Madan 和 Wells (1996) 因此对乌贼的鳃有如下论述:“对深海乌贼鳃的扩散能力的估计表明,这些动物可以保持活跃,即使在大洋中溶解氧最少的水体中也能快速游动。这是以它们脆弱的鳃为代价的。头足类动物可以忍受鱼类不能忍受的条件,因为它的鳃不构成频部器官;在摄食时,不存在尖锐的角质层、鳞片和骨头刺穿鳃的危险。深水乌贼生活在一个只有非常清澈的、无沙砾的水进入外套膜——甚至肛门也在鳃的下游方向——的环境中。我们怀疑,这些脆弱的鳃的高度扩散能力能否给乌贼[如深海乌贼属(*Bathyteuthis*)或臂乌贼属(*Brachioteuthis*)]在与水生动物的竞争中带来急需的优势……”

48 这些,特别是河口,含有大量的悬浮物和较低盐度的水体。这又一次限制了大鳃鱼类的潜在生态位的数量。

49 鉴于它们的自然死亡率(见 Pauly, 1980),这种最佳可能是初次性成熟时的个体大小,这通常与一群鱼的生物量达到峰值的年龄一致(参见 Yañez-Arancibia et al, 1994)。

50 Rombough 和 Moroz (1990) 顺手写道:“总体表面积的质量指数(b=0.85)和新陈代谢率(b=0.8–0.9)对较大型的鱼没有显著差异。对幼鱼和成年鱼的比例研究表明,鳃面积和有氧能力的扩张速度与鱼的生长速度大致相同(Muir and Hughes, 1969; Holeton, 1976; Hughes, 1979, 1984c; Schmidt-Nielsen, 1984)。这通常被解释为表示有氧能力实际上受到鳃表面积的限制。最近的模型简化测试(ablation studies)倾向于支持这一假说(Duthie and Hughes, 1987)”。

51 因此，在另一篇本来有用的综述中，Palzenberger 和 Pohla（1992）在总结部分中随意提及“鳃面积的比例指数从 0.36 到 1.13，”这似乎反驳了我的关键假设和图 1.2 中的图表。然而，d 的均值为 0.76（$n=28$）；它们的最低值（$d=0.36$）表现在沙鳅（*Cobitis taenia*）上。沙鳅通过肠子呼吸空气，奇怪的是，杂色杜父鱼（*Cottus poecilopus*）却栖息于湍急的河流中（参见 FishBase，www.fishbase.org）。

另一方面，Palzenberger 和 Pohla 的最高值［大眼狮鲈（*Stizostedion vitreum*）和一个种群的硬头鳟（*Oncorhynchus mykiss*）的 $d=1.13$，另一个种群的硬头鳟 $d=0.93$］与其他这两种鱼在类后变态期新陈代谢和鳃解剖学的研究结果 $d\approx 0.8$（Rombough and Moroz，1997；Post and Lee，1996）不一致。他们的第二个值 $d>1$，这是另一种呼吸空气的鱼类，薄氏大弹涂鱼（*Boleophthalmus boddarti*）（$d=1.05$），它的 d 值不能用来描述其呼吸效能。因此，总的来说，我不认为 Palzenberger 和 Pohla（1992）宽泛 d 值范围会使本书的论点失效，特别是考虑到 De Jager 和 Dekkers（1975）以及 Hughes（1984c）关于对 d 估值的大量误差来源的警告。

52 当我最初写本书的时候，我并没有意识到 Te Winkel（1935）的解剖学研究，特别关于吕宋神秘虾虎鱼（*Mistichthys luzonensis*），一种成鱼约 1.0 cm 的虾虎鱼（Miller，1979）的鳃的研究。这条鱼的 d 值（$d=0.60$；图 1.2 所示的黑色方块），由 Te Winkel（1935）所发表的这条鱼的鳃和体质量数据计算出来，d 值的图与最大个体（Pauly，1982）相匹配，从而为这个图所表达的一般模式提供了佐证。

53 因为它通常是抽样工作的函数，见 Formacion 等（1991）。

54 在 Palzenberger 和 Pohla（1992；见尾注 51）中呈现的一些其他低值。

55 这种一般情况也适用于水下呼吸的无脊椎动物。许多作者对此提出质疑，但没有比 O'Dor 和 Hoar（2000）更强烈的了，他们主张这适用于鱿鱼，主要是因为它们是管状的。很明显，管状结构的有效体表面积至多是相同长度的圆柱形动物的两倍。

他们的下一个论点是，鱿鱼的形状在个体发育过程中发生了剧烈变化，从幼体的近球形到成年的矛形。皮肤呼吸补充了从鳃获得的氧气，导致了强烈的异速生长。然而，O'Dor 和 Hoar（2000）并没有证明总呼吸面积（鳃+ 身体表面）以 $d>1$，或甚至 $d=1$ 的情况增加。其实，如果最后 $d=0.96$，例如，根据 O'Dor 和 Wells（1987）所报告的北方短翅乌贼（*Illex illecebrosus*）的新陈代谢研究，他们的观点就会变得毫无意义。此外，Pörtner 和 Zielinski（1998）强调“随着鱿鱼个体的生长，通过皮肤获得的氧气的比例必须减少，因为扩散所及的距离短”，此外，还注意到对相关证据的审查，包括北方短翅乌贼，“强烈建议是氧气的可获得性限制了效能”。的确，Seibel（2007）的综述是明确的：头足类动物的体质量特异性代谢率随体质量的下降而下降。这个下降的斜率（d）在物种之间的变化与我的论点不相关。另一方面，这是 West 和 Brown

(2004) 论点的倒退，我在第八章中讨论了这一点。

56 本书用“反向投射末端新陈代谢”（backward projected terminal metabolism）这个术语来取代“维持新陈代谢”一词是合适的，在定义上也是正确的。因此，所谓维持代谢，我的意思是（在野外或在圈养中）已经停止生长的鱼类维持其体质量的代谢率，因此才有了“末端”一说。这种代谢率是所研究（在野外或在圈养中）的鱼可以应对的最低代谢率，并且它向 P 图的 *Y* 轴的外推则定义了我称之为“维持箱”（maintenance box）的概念。

这个定义意味着鱼类一旦长到可能和/或适合其栖息地的最大个体大小，还可以继续存活许多年，甚至几十年，如珊瑚礁鱼类（例如，刺尾鱼和鹦嘴鱼；Choat and Axe, 1996；Choat et al, 2003）或加拿大北极地区湖泊中的鲑鱼（Power，1978）。这与“鱼类终生生长”这一概念相反，经常被人们提出（参见 Roff，1986），但由于有太多的例外并没有多大用处。

57 因此，K 的维度是时间（time）$^{-1}$，W_∞ 或在某个年龄的比重是“质量”，而不是按生长率规定的“质量 · 时间$^{-1}$”。然而，$K \cdot W_\infty$ 乘积，在后文建议作为生长率的指数，具有了正确的维度（也参见尾注 30）。

58 这些是 L_t *vs.* L_{t+1} 的图，在计算机广泛使用前，用于将 VBGF 的线性化形式拟合常规间隔采样（如周年采样）的长度-年龄数据，以使用线性回归估计参数 L_∞ 和 K（Gulland，1964；Pauly，1984b）。

59 “Auximetic”是用古希腊词根“αξω”（afxo），意思是“成长”，来源于古希腊人从“μτρον”衍生的表示度量的“μετρικς”，即“metron”，合成新造的词，含义是用于度量的东西。看来我很幸运，当我在 1979 年提出“auximetric”时，我不知道，“auxometric”已经被至少两组医学研究人员，意大利（Barghini et al，1964）和美国的（Charlson and Feinstein，1974）提出来了，但具有不同的含义。

60 虽然 K 和渐近大小之间的负相关关系早已知道（Beverton and Holt，1959），但在大量的鱼类种群中，将这两个变量的对数联系起来的斜率首先在 Pauly（1979，62 页）中得到了量化，得出 $\log K = a - 2/3\log W_\infty$，其中“a”后来改名为“$\varphi$”（Pauly and Munro, 1984）。将 L_∞ 替代 W_∞，也可以得到 $\log K = a - 2/3\log L_\infty^3$（Pauly，1980），这导致了 Munro 和 Pauly（1983）的 φ' 指数的广泛使用，也就是，$\varphi' = \log K + 2\log L_\infty$（见后面的注释）。

61 这样更好，因为对于特定物种的若干种群的 φ 值（或 φ'）比对应的 P 值更紧密地围绕着平均值，可以预期的是给出了图 2.2C 中物种-特定椭圆体的相似方向。总的来说，这些生长指数验证了这一节的标题，表明通过对比可以预测对生长率的恰当描述（也参见 Pauly，1991）。

62　证明利用鱼类中长度-频率分析的标准方法（Pauly，1998），可以分析水母类的伞径频率数据（文献资料丰富），一旦 W_∞ 含水量标准化（Palomares and Pauly，2009），由此获得的生长参数可以与鱼类的生长参数进行比较，为水母的种群动态和比较生活史研究开辟广阔的途径。

63　这一主题在 Pauly（1979）中有详细阐述。

64　这种策略经常用于处理不方便的关系，具体步骤如下：在回归中找出若干具有高杠杆作用的点（偏离较远的点）；通过一些特定的推理，解释为什么这些点应该被移除，并确保假定的关系消失，再然后就可以介绍自己的故事了（我曾经也用过这个把戏）。

65　事实上，当被告知这些结果时，P. U. Blier 承认了“在自然条件下，特别是当鱼在摄食或消化的同时还要运动时，很可能存在有氧作用过程，即通过鳃的氧气供应成为了一个限制因素。”（私人联系，1998 年 3 月 16 日，我译自法文）-这就是我始终表达的意思。

66　我的同事，德国魏格纳研究所（Alfred Wegener Institute，本书的大部分内容都是在那里写的）的 Tom Brey，曾经评论说，养殖的鱼类在圈养环境下是“很酷”的，这种说法很贴切，因为它们好似生长在低温、富含溶解氧的水里。

67　另一个事实是，好动的鱼类的生长速度不如安静的鱼类，这是由小丑鱼（海葵鱼亚科 Amphiprioninae）证实的，它们生活在由一尾大雌鱼、一尾雄鱼和许多尚未进入繁殖阶段的小鱼组成的群体中（Fricke and Fricke，1977；Kobayashi and Hattori，2006）。在这样的系统中，占主导地位的夫妇将较小的鱼从它们的躲避区的中心（一只海葵）赶走，让它们不断承受压力（例如，它们被更多地暴露给捕食者），也不让它们成长（因为所有的氧气都消耗在压力导致的紧张情绪中）。

只有当占主导地位的雄性或占主导地位的雌性死亡时，小鱼才会恢复成长，占优势的雄性取代了占主导地位的雌性，进入自己的角色（记住这类鱼都是先雄发育的雌雄同体）。在这里，氧气限制的假说并不能解释为什么小丑鱼中出现特定社会结构，但它提供了一种很好的如何维持这种结构的机制，即占主导地位的夫妇如何对下级施加个体大小限制。

这个解释，再一次不需要补充特别假说来与其他脊椎动物的行为研究相吻合，例如，狒狒（*Papio anubis*），在狒狒种群中，占主导地位的雄性没有明显的压力迹象，而从属的雄性则表现出随着地位下降而压力增加的症状（Virgin and Sapolsky，1999）。另一方面，假说不涉及海葵鱼群内个体大小的相对分布以及它与海葵个体大小的关系（Mitchell and Dill，2005）。

68　在池塘里，安静的水生动物比好动的动物生长得更好，但是，在自然界中，有捕食者的地方，鱼类很明显会被吓到，也就是要警惕潜在的危险。当我的同事 Carl Walters

被问及他的“觅食竞技场理论”的起源时，该理论解释了摄食风险（Walters and Juanes，1993），他喜欢讲述他的儿子曾经问他，为什么在他们钓鱼的开阔湖水里，尽管有合适的食物却没有小鱼（也参见 Walters and Martell，2004，124—126 页）。另一种观察最小化死亡率/生长率的方法建立在“安全食品”的概念上（Jones，1982；参见尾注 22）。

69 在水产养殖业中，与“高”生长率选择相反，它选择了“糟糕”的生长率，但这似乎是不可能的。这很容易在带有固定 G 线的 P 图看到（见图 2.1），但是同一物种的不同个体维持着不同的代谢率（其中要忽略与性别有关的生长差异；当这个被考虑的时候，情况会变得更糟）。这将导致不同的生长曲线，其中生长最好（生长最好的原因是维持较低的代谢率，把更多的氧气用于生长）的鱼是第一个长到足够大，就被捕捞渔具（拖网；流刺网等）所捕获。因此，若干世代之后，只有不长大的鱼会被保留下来，特别是那些能在个体小的时候就繁殖的鱼类（见 6.2 节，6.4 节）。

70 这些数据汇总在 Pauly（1979）的诸表中和 Pauly（1981）的表 5 中。

71 在溶解氧含量高的情况下，鱼类的生长通常会受到气泡病的影响（Bouck，1980）。

72 也许这是一个提醒，氧气不总都是好的，也是一种有毒气体，对此生物必须自我防备（Fridovich，1977；Lane，2002）。生物通过一系列的行为，解剖学和化学上的手段来完成自我防备，例如，Abele（2002）和 Lane（2002）所描述的。当这些手段失败时，生物就会受到游离氧自由基造成的“氧气压力”，这些自由基会破坏它们的细胞和组织。这样的氧气压力，或表达更清楚的“氧化应激”，是本书强调的低氧压力的对立面。这两种形式的压力可以共同缩小物种的生态位。

73 一项由 Burleson 等（2001）提出的关于大口黑鲈的研究结果表明“小鱼（23~500 g）比大鱼（1 000~3 000 g）更能利用低氧水平的水”，以及“大口黑鲈能感知和避免缺氧水”，而且“随着温度的升高，氧气的浓度不会升高”，所有这些都支持这里的观点。

74 另一个有充分记录的案例是加州美对虾（*Farfantepenaeus Californiansis*）幼虾，在 19℃、23℃和 29℃下进行的实验中，对比 6.4~6.2 mg · L^{-1}与 2.5~2.7 mg · L^{-1}，当溶解氧较高时生长较好（见 Ocampo et al，2000 的图 1）。

75 Liem（1981）记录了黄鳝（*Monopterus albus*）幼体皮肤下的逆流系统，黄鳝是缺氧环境中部分呼吸空气的鱼类。我还记得，一位泰国同事兼朋友 Prasit Buri（在显微镜下）给我看了虱目鱼（*Chanos chanos*）幼体的这种逆流系统。这是 20 世纪 70 年代末，在菲律宾伊洛伊洛港（Ilo-Ilo）的 SEAFDEC 实验室里，他正在研究这些幼鱼的形态学，以便更好地了解它们的生态学（参见 Buri，1980；Buri et al，1980）。遗憾的是，这些观察没有被写出来。尽管如此，我认为没有理由不认为，这两种鱼类是这方面的代表。

76　因此，不需要特定假设来解释为什么幼体会快速生长。Pedersen（1997）写道：“对于幼鱼来说，快速生长是至关重要的，因为随着幼体个体大小的增大，死亡率会迅速下降。此外，为了使尽可能多的能量进入生长，人们推测幼鱼的蛋白质降解率可能很低。低蛋白质降解率意味着合成蛋白质的高保留率，这将降低生长成本。在幼鱼中蛋白质降解的少量数据是相互矛盾的，但没有一个数据支持这一假说。”这一假说没有意义，特别是因为对幼体可用的生化手段对成鱼也有用，事实上，地球上所有的生物都是如此。的确，这就是为什么分子伴侣和泛素等无处不在的原因。（参见 Feder and Hofmann，1999，以及尾注 107~109）。

77　这一观点得到了 Post 和 Lee（1996）的充分支持，他们对不同种类不同阶段的鱼类的代谢数据进行了两阶段的回归，获得了与图 2.8A 相似的结果，他们补充道：“关于拐点发生和位置的功能解释尚不清楚，但它与呼吸表面积的大规模变化有关。在等速（或近等速）阶段（$d \approx 1$）一个高的、近乎恒定的呼吸速率，可以归结为皮肤表面有效的 O_2 转移和鳃片表面快速发展的共同作用。这意味着鳃在拐点时已完全形成并具功能性，在个体大小（体质量）快速增长的阶段，随着表面积与体积比降低（趋向 $d \approx 0.8$），效率呈指数下降。”

78　这一标准不允许 t_0 太低时错误值的识别。t_0 很低，也就是说，t_0 的高绝对值（连同向下偏倚的 K 估值）是通过拟合长度-年龄数据生成的，由于用了小鱼的数据而导致向上偏。然而，这些错误值可以通过对比下面的经验公式得出的估计值来确定，因为在渔业研究中有一些方法（例如，Gulland and Holt，1959 的方法），通过标记放流和类似数据估计 K 和渐近大小，但不要估值 t_0，即不要把绝对年龄归因于连续的长度。

这个公式是 $\log(-t_0) = -0.3922 - 0.2752 \cdot \log L_\infty - 1.038 \cdot \log K$，基于从 Pauly（1978a）的生长参数汇编中选取的 153 个 t_0（a），L_∞（TL; cm,）和 K（a^{-1}）的三联值，广泛涵盖了鱼类分类和个体大小的多样性。多重相关系数为 0.685，具有 150 度的自由度，极显著（临界值 = 0.244）。总数是［对 $\log(-t_0) = z$; $\log L_\infty = x$; $\log K = y$］：

$\sum x$ 242.619 59	$\sum x^2$ 418.643 74	$\sum xy$ −141.460 73
$\sum y$ −71.391 58	$\sum y^2$ 67.733 70	$\sum xz$ −63.532 39
$\sum z$ −52.671 10	$\sum z^2$ 68.292 93	$\sum yz$ −3.374 71

这些总和可用于估计置信区间、标准差等。对于上述方程的使用，可以给出一个例子。Draganik 和 Netzel（1966）从波罗的海西部鳕鱼的标记放流数据中估算出 L_∞

130 cm和 $K=0.13\ a^{-1}$。从该方程出发，导出了 $t_0=-0.9$ a，可用于绝对年龄的估计，并比较了由不同鳕鱼群体的长度-年龄数据所得到的 t_0 值（参见 FishBase，www. fishbase. org）。

79 Holden（1974）推导出了方程 $L_b/L_\infty=1-\exp\left[-K\cdot(t_0)\right]$，其中 L_b 是出生时的长度（当 $t=0$），他从已知的板鳃类妊娠期时的长度估计出 K 值，假设它等于 t_0 的绝对值。在我之前的生长参数汇编中包含了一些"K"值（Pauly，1978a，118 页），但是，由于它们与使用标准方法获得的估计相差很大，因此从 FishBase（www. fishbase. org）中剔除了。例如，在姥鲨（*Cetorhinus maximus*）中，Holden（1974）给出"K"$=0.118-0.143\ a^{-1}$（其中 $L_\infty=1\ 372$ cm；因此 $\varphi'=5.35-5.43$），然而 Pauly（1978b）使用标准方法分析个体大小-年龄数据，得到 $K=0.036\ a^{-1}$（其中 $L_\infty=1126$ cm；$\varphi'=4.66$）。按照妊娠期方法估算 t_0 值，对姥鲨 K 值的估计高出不止 350% 。这个评估没有被后续的 $K=0.062$ 的重评改变（Pauly，2002），因为这个新的估值，以及 $L_\infty=1000$ cm，$\varphi'=4.79$，相比 Holden 的，更接近我早些时候的估值。

80 鱿鱼的生长会以某种方式摆脱鳃的限制，因为据报道它们通过皮肤呼吸，这种观点更加复杂。对于这种争论（因为鳃提供的呼吸区域比身体的表面积大若干数量级，即使它们是管状的），Birk 等（2018）已经通过皮氏枪乌贼（*Doryteuthis pealeii*）、大西洋短鱿鱼（*Lolliguncula brevis*）和科斯雷飞鱿鱼（*Stenotheutis oualaniensis*）的精细实验奠定了基础。他们发现"与一般但未经检验的假设相反，其研究表明鱿鱼不会通过皮肤获得大量氧气供全身使用。"

81 这可能是不同作者研究巨乌贼（*Dosidicus gigas*）所获得的生长曲线和寿命估值之间巨大差异的原因（参见 Argüelles et al，2008；Erhardt et al，1983；Markaida et al，2004；Nevárez-Martínez et al，2006；Nigmatullin et al，2001；Yatsu，2000），其中不同的种群生活在氧气充足或缺氧的环境中（Keyl，2009）。增加的困难是低氧水应会导致耳石轮纹难以读取（见 7.1 节及图 7.1 和图 7.2 中有关耳石轮纹和氧气的关联），对商业渔获的长度-频率数据进行分析，但未纠正渔具选择和不完全的补充量/无补充量（不幸的是，这正是鱿鱼生长研究中的规律）容易产生错误的结果（Pauly，1998）。例如，图 2.11 显示 Erhardt 等（1983）在成长度量（auximetric）图上的巨乌贼（*Dosidicus gigas*）的极端生长参数，该参数在图上的奇怪位置提供了 K 值过高的直接证据。

图 2.10A 也可识别（浅灰色）强烈的新陈代谢（相对较高的 K）和大个体（因此有很大的热惯性）的结合，像发生在金枪鱼（Block et al，1993）和一些鼠鲨（Carey et al，1971）的那样的有利于保留新陈代谢的热量。这里不再展开，只是对成长度量（auximetric）图多功能性的进一步说明。

82 除了"柔道论证法"，其中一个奇妙的例子在 7.4 节中给出，还有另一类观点，克鲁格曼（Krugman，2018）称之为“蟑螂论证法”，即声称人们认为已被处置，但又不断变回来。鱼类停止生长的说法“因为它们将所有能量都投入产卵”就是一个很好的例子（参见6.1节和尾注150）。

83 我认为当我们在另一个星球上找到生命时（我想我们最终会找到），它将会在自然选择中进化。没有理由说，物理定律就适用于遥远的世界，而不是自然选择，这就像万有引力定律一样是独立的（Dennett，1995）。事实上，这也适用于“GOLT”理论，如Pauly和Cheung（2017）所述。

84 这也是一个科学的例子。关于Heincke定律的解释参见第八章，或者更前面的有关安第斯山脉的概况，Alexander von Humboldt以此说明海拔对气候和植被的影响（Jackson，2009）。

85 让我们在这里注意到，小人（《格列佛游记》中小人国的国民）失去热量的速度比他们产生热量的速度快，而巨人（同书的巨人国国民）会因为自己的体质量而难以站立（参见第九章，特别是图9.2）。

86 这是我对寒武纪生命“大爆炸”最喜欢的解释，即这一假说认为，眼睛进化到头部促进了潜在猎物防御性盔甲的发展，从而形成了更多的化石（坚硬的部分比柔软的身体更容易变成化石），从而导致观察到的生物多样性明显增加（Parker，2003）。

87 参见金枪鱼运动电子数据存储标签的活动记录（例如，Block et al，2001）。

88 这也可能是胡鲶属（*Clarias*）一些鲶鱼的例子，它也有一个呼吸空气的附属器官（Hughes，1974；Graham，2006）。

89 在不明显的情况下，想要将其所需的空气（即氧气）吸进发动机内来提高引擎的性能是非常困难的。因此，运动型汽车在引擎盖下，非常明显会将吸入大量的空气进行过滤；另一方面，如果需要的话，燃料供给并不需要增加太多。

90 高性能车辆与快速增长鱼类的比较，包括了其外部和内部环境的比较。因此，车辆外部和鱼类体外都有许多氧气。在这两种情况下，关键都是如何得到氧气。

91 水产养殖业通常使用K_1的倒数，即“食物转化率”（FCR）。这显然应该高于1［因为K_1总是小于一个单位，否则我们可以建立永动机（如果使用的能量比生产的少，则可以建立有能量输入永远运行的机器）］。然而，水产养殖业中往往用鱼类的湿重表示鱼类的增量、用饲料的干重表示食物的增量，来计算鱼类生长增量，但令人惊讶的是它们得到FCRs经常能小于1。

92 Pandian（1967）研究的两种鱼类，大眼海鲢（*Megalops cyprinidoides*）和线鳢［*Channa striata*，早先称为线蛇头鱼（*Ophicephalus striatus*）］有辅助呼吸器官。这不应该影响这里提出的论据，也不影响在文中进一步使用Pandian有关线鳢的例子。如果是这样的话，考虑一下纳氏锯脂鲤（*Serrasalmus nattereri*）K_1减少的例子（见Pauly，

1994b）。

93 Pauly（1979）介绍了这一再分析的细节。请注意如果 Paloheimo 和 Dickie 的分析是正确的，将导致另一个问题，即为什么转换率会因食物日摄入量增加而下降？我们仍然不知道下降的原因。

94 Chiba（1988）通过年轻斑纹鲈（*Morone saxatilis*）的良好实验数据证实了这一点。从图可以得出，快速增长的捕食速率、生长速率和食物转化效率随着溶解氧从空气饱和度约 25%增加到约 60%，之后增长变得更慢，随后达到 250%的高峰。

95 理论上，给定 W_∞，利用单独一对 K_1 和 W 的值（或者从大小相近的样本中采集的若干对这样的参数的平均值），求解方程 3.5，就可以估算 β 值。这大大提高了这种模型的效用（参见 Pauly，1986 的例子）。

96 Wang 等（2009）在"缺氧对生长，食欲和同化的一般作用"一节中得出的结论是，"缺氧不可避免地降低生长率，而这种缺氧相关的生长率下降主要是由于食物摄取量减少"。

97 以下是一些关于鱼类活动量和细胞大小的思考（Pauly et al，2000）：植物和动物细胞的 DNA（脱氧核糖核酸）含量变化极大，很少有相关研究来预测给定组生物体细胞中 DNA 的含量。现有最有力的概括是细胞 DNA 含量往往随细胞的大小而变化，这表明每个细胞的 DNA 数量和由 DNA 控制的各种合成过程中涉及的活体细胞的含量之间的比例大致相同。这一概括基本上说明细胞的 DNA 含量是其个体大小的量度（参见 Cavalier-Smith，1991）。

然而，细胞大小也与代谢率有关；具有大细胞的生物具有低代谢率，反之亦然（Bertalanffy，1951）。这可能是由于新陈代谢的限制，鱼类细胞大小（以及 DNA 含量）随着高代谢率的进化而下降，例如金枪鱼（Cavalier-Smith，1991）所显示的。然而，由于毛细血管（由单个细胞形成）的直径小于红细胞的直径，细胞的大小存在下限。

结合上述所有因素，可以假设在 DNA 含量与鱼类尾部长宽比的图的左侧应该具有与低长宽比相关的宽范围的 DNA 含量（包括设定为 0.5 的长宽比，代表不使用尾鳍作为主要推进器的鱼类，并往往具有低的代谢率），而在图的右侧，有与高长宽比相关的窄范围的低 DNA 含量。图 3.3 显示了这些特征，从而证实了细胞大小 DNA 含量与代谢率之间存在相关性的假设。

98 Soriano 等人（1992）提出了形式为 $L_t=L\cdot A_t$［1-exp（$-K$（$t-t_0$）］的狭义 VBGF 的双相变体，其中 $A_t=1-h/$［$(t-t_h)^2+1$］。其新参数是从一个生长曲线完全转变到另一个生长曲线的年龄，h 是表示狭义 VBGF 和变体之间差异的分数；这些参数没有生物学上的解释。这个变体在这里仅在可以用来严格地确定过渡时间的个体大小/年龄（参见图 3.4）。

99 乍得湖的北部和南部的渐近生长的估计值非常接近（参见 Soriano et al，1992 的表 2），从而获得了 $W_{\infty1}$ 和 $W_{\infty2}$。

Ribbink（1987）指出，较大的尼罗尖吻鲈更喜欢自然分布或被引入到非洲湖泊和水库中的深水区，它们氧气需求量很大，这使得它们对缺氧非常敏感，原因在于“较大个体的鳃面积与体质量之比较低（Hopson，1972）”。

100 值得注意的是，这种行为是由于受约束而形成的，而不是自发形成的。

101 这个方程的原始版本使用 C 作为 W'，k_D 作为 k_{den}；注意方程（4.1）与方程（1.1）的等价性，即 VBGF 的微分形式。

102 敏感蛋白质（部分）通过“分子伴侣”，即由暴露于压力下的生物体（特别是高温）合成的分子，免受压力诱导的变性。其主要功能是保护其他蛋白质不被展开（Groβ，1999；Feder and Hofmann，1999）。还要注意的是，虽然蛋白质的变性是一个随机过程（最终与温度相关的布朗运动引起），但是随后展开的蛋白质分子的蛋白质分解成氨基酸的过程是一个需要能量的靶向过程（Hawkins，1991）。

103 冷变性的存在为 Wohlschlag（1960）报道的“南极冰鱼”［即翡翠岩鳕（*Tremonomus bernachii*）］的新陈代谢的明显升高提供了一个简单有用的解释，他将这称为“冷适应”。这是我要进一步发展的主题（Pauly，1979）。这似乎得到了 Magum 和 Hochachka（1998）的证实，他们认为：南极变温动物的酶“（1）具有高周转率（部分在温度极低的时候进行补偿）；（2）底物和调节剂结合位点被适当调整用于低温，亲和力大的鼠或人类酶同源物，将不能很好地结合底物和调节剂，在南极水温下通常结合得太紧密；（3）具有相当不稳定或“软盘”结构（这被认为是实现高催化效率所必需的）”。然而，Dijk 等（1999）研究的绵科鱼类（Zoarcidae）以及 Peck 和 Conway（2000）研究的南极双壳类动物都无法重现 Wohlschlag 的结果，并得出结论认为是由于给鱼类施加压力的实验条件造成的。因此，这个概念并不正确或至少还需要进一步检验。

104 生物体可以在有限的范围内调节其组成蛋白质的结构变化量，即控制那些应该“降解”以满足某些代谢需要的蛋白质的量（例如，对于一些特定的氨基酸），并且新陈代谢的能量可能在该过程中被消耗掉。Goldberg 和 St. John（1976）指出：“细胞内蛋白质降解的一个重要但仍然无法解释的特征是其对代谢能的明显需求。在各种细胞中，蛋白质降解可以通过能量代谢抑制剂全面减少或阻断。这些发现很有趣，因为在热力学上它们是意想不到的。肽键的水解是一种放能反应，而哺乳动物或细菌来源的已知蛋白水解酶都不需要富含能量的辅因子。由于这些研究利用了完整的细胞，所以它们肯定不能证明代谢能直接参与到蛋白水解反应中”。

之后在他们的文章中，Goldberg 和 St. John（1976，p789-791）进一步提出证据，证明 ATP（或其他能量供应化合物）没有直接参与蛋白水解。虽然这与 Hawkins (1991) 的观点相矛盾，但他认为"蛋白质分解"确实需要能量投入，而成本是因为"非功能性或变性多肽"而产生的。没有提及自发变性及其对温度依赖的成本 (如果有的话)。

105 注释 103 中提到了由低温引起的蛋白质变性。

106 除了表达蛋白质的降解之外，VBGF 的参数 *K* 还表达了限制用于蛋白质合成的氧可获得性的非生物和生物因子。例如，利用了原本可用于蛋白质合成的代谢能的渗透压力提高了 *K* 的值，并降低渐近尺寸的值（Pauly，1979 中的图 9）。同样的还有性别特异的代谢率，由于雄性比雌性消耗更多的氧气，导致了特定的增长率，雌性显示了较低的 *K* 值，但是更高的增长率和渐近大小（记住 *K* 不是"增长率"）。最后，食物、空间和性别竞争也导致 *K* 值的升高和渐近大小的降低，原因是大量的氧气供应被转移到各种活动中，远离蛋白质合成（参见例子 Sebens，2002）。因此，将 *K* 称为"压力因素"，而不是分解代谢系数，可能是适当的。这里的"压力"一词是指提高 *K* 值的所有影响的总和，即过高或过低的温度或盐度、对于给定的食物供应来说过高的种群密度等。从这种 *K* 值和压力的重新定义可以推断，除此之外，鱼类从来没有轻松的生活，但是当 *K* 和相关压力最低时，它们的生长率和渐近生长率最高。

107 这个解决方法将广泛依赖于 Shul'man（1974）的研究，他对黑海等地区鱼类脂肪的季节性波动进行了多年的比较研究。我一般不同意他的解释，但他的化学与统计分析和数据无可挑剔，远远超过他所在的时代。还要注意的是，在本节中，不讨论性别之间的差异，这与 Shul'man（1974 年，第 34 页）相一致，他认为"在若干种鱼类中，肥胖动力学中的性别差异是完全不存在的，或者是轻微到可以忽略不计。"

108 Shul'man（1974，31 页）写道："水生动物体内的脂肪分布如下：在皮下结缔组织(金枪鱼、鳗鱼、鲤鱼、某些鲱鱼)、骨骼肌和肌肉纤维之间（鲭、马鲭鱼、沙丁鱼、某些鲱科 *Clupeidae*、鲑鱼、鲟鱼）、在腹腔内：肠系膜［鲤鱼、某些鲱科，如"棱鲱"（*Clupeonella cultriventris*）、鲈科–梭鲈、鲈、白鲑、梭子鱼］、在肝脏（鳕鱼、鲨鱼、魟）、骨间组织（鲑鱼）、在骨骼和鳍的底部［鲽科鱼类（Pleuronectidae）］"。

109 Shul'man（1974）常认为脂肪是为洄游而特别储存的燃料。因此，他很难解释为什么黑海鲱鱼（*Sprattus sprattus*）是非洄游性的，但脂肪含量高。然而，他给出的特别解释为我的另一种解释提供了证据：脂肪有助于降低由于温度波动较大导致的氧需求峰值。他写道："鲱鱼体内脂肪含量相对较高的原因还不是很清楚。鲱鱼经常在夏季进行昼夜洄游，白天停留在冷的深层，晚上上升至温度为 20℃ 的表层。在上层，鱼类以浮游动物为食，因此，在夏季，鲱鱼生活的水温波动非常大，在上层温度范围远远高于其最适宜值。脂肪组织的绝热性能是众所周知的。鱼类（和其他动物）在越冬期间，脂肪组织除了作为能量来源之外，还具有绝缘功能，保护身体不受过度寒冷的影响。很有可能的是，鲱鱼脂肪组织在防护这种喜寒的鱼类过度暴露在高温环境中起到极大的保护作用”。

我相信，脂肪确实能保护这种“喜寒的鱼不受高温影响”，但这并不是因为脂肪是绝佳的绝缘体——这种特性与变温动物无关，而 Shul’man 在这里表现出了典型的哺乳动物的偏见。相反，脂肪通过生物化学惰性保护喜寒的鱼类，因此脂肪能够在夜间鱼类进入温水时积聚起来，否则会导致缺氧，而白天则会在贫氧的地方生存，但是那些地方的水温更低。

聪明的读者会注意到，前面的句子也描述了灯笼鱼［灯笼鱼科（Myctophidae）］的行为，它们与其他生活在中层的水生动物一样，每天在所有海洋水域中从贫氧，但深度为 500~100 m 的水域洄游到富氧，但晚上温暖的表层水，在那里它们也“大量摄食浮游动物”（Gjøsaeter and Kawaguchi，1980）。有趣的是，这些鱼类含有高浓度的蜡酯，一种与脂肪相似的储存物质，因为它是惰性的。

110 有充分的证据表明，一年中身体的生长早于生殖腺的发育，生殖腺发育取决于早期积累的资源的转移。例如，Tocher（2003）得出结论：“在性腺发育和产卵过程中特别重要的是雌激素的激活，使得脂肪酸从脂肪组织转移到肝脏，在那里它们既作为能量来源也用于产卵专需的脂蛋白基质的生长……”

然而，一篇 Iles（1974）较早发表的综述给出了一些值得重申的细节：“Lea（1911）描述了年轻的大西洋——斯堪的纳维亚鲱鱼的季节性增长，发现大部分体细胞生长仅在每年 5 月到 7 月这 3 个月里完成。他还得出结论，加拿大海域的鲱鱼的季节性生长也遵循了类似的模式，尽管生长季节在今年晚些时候开始，而且可能要短一些（Lea，1919）。”他指出，幼鱼和高龄鱼都显示出类似的季节性生长模式。Huntsman（1919）追踪了芬迪湾鲱鱼的季节性增长，结果证实了 Lea 的结论。他也发现了不同年龄和不同的产卵群体之间相似的季节性生长模式。Hodgson（1925）关注的是北海的鲱鱼，并描述了 4 月到 7 月约 4 个月的相对较短的季节，在此期间内大部分年度增长都已经完成了，而最近的 Iles（1964）也在同一地区获得了鲱鱼类似的结果。

在北海季节性生长开始于水温非常低的时候，不高于季节性最低温度，随着温度达到最大值而下降，这是 Iles（1964）提出的一点。然而，在对季节性体细胞生长的季节性循环也加以研究时，发现了季节性体细胞生长的最重要的方面。发现北海的鲱鱼体细胞生长最快的时期（4 月至 6 月）先于性腺生长（7 月至 9 月）；生殖腺生长速率增加伴随着体细胞生长速度的下降（Iles，1964）。虽然这个解释受到质疑（Parrish and Saville，1965），但事实上这种性腺和体细胞生长的季节性分离在水生动物是常见现象。

这个建议早在1931年（Heape，1931，287）就已经提出了，而且始终有人提出（Woodhead，1960），大部分水生动物在成熟开始时都显示季节性生长率的下降，不同种类之间生长率不同，两性之间也有所不同。Hickling（1945）把一年分为3个部分，发现生殖腺的成熟优先于生长，于4月至7月发生；而生长发生在8月至10月。根据Milhailovskaya（1957）的研究，奥涅加湖鲱鱼的性腺成熟发生在4月份以前，但在产卵后体细胞生长才开始，发生在7月和8月。Elwertowski和Maciejczyk（1960）对夏季产卵的鲱鱼的观察获得了几乎完全相同的结果，而Liamin（1956）对冰岛夏季产卵的鲱鱼的观察也获得几乎一样的结果。Brook（1886，p48）在谈及法恩湖（Loch Fyne）的鲱鱼时指出："在其快速增长时期，生殖要素的发展仍然比较缓和"。而这些例子并不局限于鲱鱼。Hickling（1930）发现，鳕鱼性腺成熟发生在1月至6月。在这两年的研究中，在1931年4月至8月期间身体增长较缓慢，而在1932年2月至6月期间几乎没有增长，但从7月或8月开始至第二年年初的体细胞增长较快。Clark（1925）对加利福尼亚滑银汉鱼（*Leuresthes tenuis*）进行了研究，记录了5月至7月期间成熟和产卵发生后的生长停止期以及秋季的恢复期。Brown（1946）提出，褐鳟在春季时生长率达到最大，在夏季快速增长，秋季即开始性腺成熟。

根据Van Oosten（1923）的记录，"鲱形白鲑"（*Coregonus clupeaformis*）的性腺发育大约开始于夏季后期体细胞生长迟缓的时候。Le Cren（1951）研究的温德米尔湖鲈鱼（*Perca fluviatilis*）显示，成熟的个体到6月中旬产卵季节之后才开始生长，直到9月，在主要生长季节之后，性腺才开始生长。

所有这一切并不意味着生殖发育时期和体细胞生长时期是完全分离的，但是还没有明确的证据表明两种类型的生长可以同时高速发生。似乎在鸟类和哺乳动物中，由于存在着不确定的生长模式，繁殖和生长阶段或多或少地被分离成不同的生活史阶段，而在水生动物中，分离是在季节性的基础上的。

同样有趣的是，虽然水生动物的性腺成熟可能需要相对大量的营养物质，但通常会在快速发育的时期发生（Hoar，1957；Woodhead，1960）。大西洋鲑鱼中的这种现象已被发现一段时间了。Paton（1898）发现，它们在进入河口和上游时不会出现捕食行为，即使在没有性腺发育的个体中也不会出现。同样的情况被证明适用于太平洋鲑鱼（O. nerka）（Idler and Tsuyuki，1958）。在一些物种和种群中，成熟和产卵不会导致大部分或全部成鱼的死亡，这种情况也很常见。Homans和Vladykov（1954）完整记录了黑线鳕（*Melanogrammus aeglefinus*）的案例，他们发现即使食物充足，随着成熟的到来，它们的摄食量也逐渐下降。而Ritchie（1937）发现在苏格兰水域也有类似情况发生。

Van Oosten（1923）发现，即使在食物供应恒定的条件下，至少在成熟期阶段，白鲑的食物需求也较少。Brook 和 Calderwood（1886）对鲱鱼报道说明：6 月和 7 月，它们没有找到含有食物的鲱鱼，尽管它们的性腺还不成熟且环境中食物丰富。而 Milroy（1908）提出了有趣的观点，即鲱鱼卵巢的主要生长发生在最活跃的摄食期结束之后。Channon 和 El Saby（1932）认为，鲱鱼在 7 月份开始停止进食，在 8 月初后到完全性成熟之前，也不再摄食。Rice（1963）记录了马恩岛鲱鱼的摄食率在性成熟完成之前到 7 月底，即使食物充足，摄食率也显著下降。他认为在这种情况下，摄食强度与成熟期之间没有直接的关系。Blaxter 和 Holliday（1963）在综述各种鲱鱼的行为和生理研究时指出，冬季/春季产卵鲱鱼在晚春和初夏摄食，但随着晚秋性腺发育成熟，摄食停止。考虑到 Iles（1964）研究的北海鲱鱼的摄食和生长的“波”非常相似（Hardy，1924；Hodgson，1925），而且成熟的时间发生在生长季节之后，则可以得到性腺成熟与摄食减少的时期相吻合。

以上所有都表明，性腺成熟在很大程度上可以不依赖于食物的摄入和消化，而主要依赖于摄食和生长期间积累的营养“储存”。

大西洋和太平洋鲑鱼中这种现象是有据可查的。Paton（1898）从大西洋鲑鱼卵巢中提取了肌肉，绘制了其损益“资产负债表”，并测试证明储存的物质对于成熟和能量需求都是充足的。到 1926 年，Greene 能够对产卵洄游的生理学进行全面的综述。最近，Idler 和 Tsuyuki（1958）、Idler 和 Bitners（1960）以及 Robertson 和 Wexler（1960）对太平洋鲑鱼洄游和产卵时的组织和器官的变化进行了详细的生物化学和组织学研究。Russell（1914）得出结论，黑鳕中有一种从体细胞组织转移到性腺的物质。D'Arcy Thompson（1917）也对鲽鱼进行了同样的观察，就像 Graham（1924）为鳕鱼做的一样。Hoar（1957）指出，在水生动物中，摄食水平低下时蛋白质和脂肪从身体组织转移到性腺是非常常见的。而 Love 和 Robertson（1967）在讨论鳕鱼中肌肉蛋白质分数的变化的同时，也指出鳕鱼严重依赖其身体蛋白质来为性腺提供物质。他们补充说，与哺乳动物获取的情况不同，在鱼类中，每年蛋白质储备的大量消耗是很自然的，所以不要将“掉膘”视为异常状况。可以补充的是，身体条件的季节性变化，似乎与性腺组织成熟的方式密切相关，这可以在既不成熟也不产卵的鱼类中观察到。

111 在印度尼西亚工作（1975—1976）之前，我曾读过 Nikolsky（1957；1963）和其他俄罗斯作家的作品。但在印度尼西亚工作期间，我在解剖的南中国海和爪哇海的水生动物中并没有看到这些作者认为可以描述鱼类种群特征性的内脏脂肪。此外，从 20 世纪 60—80 年代在古巴、越南或其他热带水域工作的俄罗斯人和在俄罗斯受过科学训练的科学家也未能从其研究的鱼类低脂肪含量中获得任何见解（见 Claro and Lapin，1971 中的例子）。在发展氧气限制鱼类生长概念的最初阶段，我首先忽略了季节脂肪动力学，因为我不知道怎么研究。我现在意识到，脂肪动力学对于这个概念至关重要，实际上提供了很多证据。

112 Shul'man（1974，第 36 页）写道："大多数鱼类在肥胖方面显示了年龄差异。由于其能量和蛋白质代谢更旺盛，幼鱼的脂肪含量不可能达到与高龄组的鱼类一样多的程度。大多数研究鱼类化学动力学的调查人员报告说随着年龄（或个体大小）的增加，脂肪含量也在增加。"请注意，Shul'man 在任何情况下都认为肥胖是一件好事，因此不得不写"……幼鱼不可能达到……"。其实，它们不需要脂肪；因为它们体型小，没有呼吸压力（见正文）。

113 在曾经或正在养殖鲤鱼和鲤科鱼类的地区和/或年代，这种现象可以得到解释（Huet，1986）。鲤科鱼类的这种影响在德语中称为"verbuttert"（大意为："黄油泛滥"），形象地描述了这些小肥鱼。

114 这种概括是基于无脊椎动物类的，例如腔肠动物（是的，如我所知，这不是正确的分类学术语）、各种蠕虫（这也不是正确的分类学术语）、软体动物、棘皮动物和被囊类动物。这种概括不适用于节肢动物，即甲壳动物，特别是陆生昆虫（Shul'man，1974，26 页），其中一些昆虫可以进行漫长的迁徙飞行，（例如，黑脉金斑蝶；Brower et al，2006），也与候鸟一样在迁徙中利用脂肪（参见 Helms and Drury，1960）。但是，大多数固着或行动缓慢的无脊椎动物把糖原和蛋白质作为能量储存，也仍然是事实。运动并不缓慢的头足类动物要么不洄游（章鱼只在近岸水域进行季节性洄游；参见 Smale and Buchan，1981），要么就在洄游中同类相食（就像鱿鱼一样；Bakun and Csirke，1998；O' Dor and Dawe，1998）。有趣的是，蝗虫群在迁徙途中也发生同类相食的现象，其原因可能相同；参见有关 Bazazi 等（2008）及 Pörtner 和 Zienliski（1998）有关鱿鱼和昆虫的比较。

115 参见 Gjøsaeter 和 Kawaguchi（1980）并注意注释 108 和注释 109。

116 这里的意思是，这种同类相食行为在不以大量脂肪作为能量储备的动物中很有用，而对于（非同类相食的）洄游性硬骨鱼来说则是相反的。

117 然而，在之前 Randall（1956）已知道这种模式，他用早期发育阶段中的横带刺尾鱼（*Acanthurus triostegus*）证明了这一模式，即"这种鱼类在仔稚体或晚期以仔稚体形式进入潮汐池，再发育为幼体。在太平洋温暖地区的 56 个样本中，标准体长 19~25 mm，平均体长为 21.7 mm。从较冷区域测量了 42 个可用的幼体转化阶段的标本，其标准体长范围为 22.5~26.5 mm，平均体长为 24.5 mm。在较冷的水中幼鱼平均体长较高的原因可能是温度效应。"

118　在 1977 年，当我开始阅读并认真思考鱼类生长率时，这个“温度效应”确实是第一个清晰的模式。我还记得 Henry（1971）有一个关于美国东海岸的大西洋鲱鱼（*Brevoortia tyrannus*）捕捞量下降的报告，这份报告清楚地表明：在“北大西洋”地区，即纽约和新英格兰地区近海，大西洋鲱鱼的个体 10 多年间增长到 1 kg；在“中大西洋”地区八九年间增长了 800 g；在切萨皮克湾六七年间增长了 500 g；在“南大西洋”地区，即在佛罗里达州沿海在四五年间增长了 200 g。在佛罗里达州沿海，它“变成”另一种物种，即以最大个体更小，年龄也更小为特征的、支持墨西哥湾东北部大型渔业的墨西哥湾鲱鱼（*Brevoortia patronus*）。

我也还记得曾经对同事变得不耐烦起来，这些同事或者没有看到这种模式的重要性，或者通过不切实际的假设来解释，例如，说这是因为早期的大西洋鲱鱼渔业把佛罗里达州沿海的大型高龄鱼都捕捞走了，但没有把新英格兰地区近海的大型高龄鱼捕捞走。但我感到欣慰的是，在 Henry 的研究结果发表之后，人们开展了若干研究（Munch and Salinas，2009），这些研究结果表明，大西洋鲱鱼寿命和相关生活史特征之间的纬度差异是由环境温度的差异造成的。

另一个“好”（这可能是个笑话，说是“好”，实际上是错的）的假说，是我在写作本书时听极地生态学专家（Spring，2009）说的，那就是无脊椎动物在极地海域生长得越来越大的原因是“它们活得更长”，这似乎说明，在温暖的水域，水生无脊椎动物的自然死亡率，除了性早熟鱿鱼（见图 1.13）外，使得它们难以实现其生长潜力。的确，这么说让我困惑不解，因为我认为在其分布范围中较冷水域生长的水生植物，其植株较大，这个事实本身对于任何挑战“GOLT”理论的增长理论，都是一个良好的验证案例。

119　砗磲属的大砗磲，特别是库氏砗磲（*Tridacna gigas*），为最大个体和氧气之间的关系提供了另一条（间接）证据，因为它们能长到巨大的个体（壳长可达 80 cm；Munro，1988；Pearson and Munro，1991），却生活在热带温暖的浅海水域。（除了科学界最为关注的食物之外），这可能只是因为套膜内共生的虫黄藻的光合作用为砗磲提供了氧气。

然而，由于高温下碳酸钙沉淀形成的成本降低（Dietrich et al，1980；Clarke，1983），在双壳类中，温度（以及氧气的供应量与需求量）与最大个体大小之间的关系复杂，这种关系可能（部分原因）补偿了增大的呼吸成本（Vakily，1992）。这使得双壳类动物的纬度趋势和相关属性的解释相当困难，特别是因为在做这方面研究的不同作者坚持使用特别的，即物种或地域特定的假设，而不是 Lutz 和 Road（1974）的理论，这个理论源自第一原则，并避免了这种情况中常见的陷阱（即 Bergman 定律等对水生变温动物无效）。

120　除此之外，有趣的是对玻利维亚海拔（3 809 m）的提提卡卡湖中两栖动物的研究，这样可以将氧气浓度与温度的影响分开。因此，Peck 和 Chapelle（2003）写道："Spicer 和 Gaston（1999）已经认为水中溶解氧含量不应影响水生生物的个体大小。他们个体大小随纬度增大的趋势归因于温度，指出氧气的吸收取决于在海平面所有浅水域均保持恒定的气体分压差。然而，与海水中的氧浓度随纬度变化不同，氧分压和氧浓度均随海拔升高而降低。如果 Spicer 和 Gaston（1999）的观点是正确的，水温 12℃的提提卡卡湖应该分布有体长至少 40 mm 的两栖动物。事实上，已发现的最大两栖动物大约只有一半的体长，是水温为 6℃的贝卡尔湖中的两栖动物体长的 1/4。这清楚地表明，氧气可获得性，而不是温度，是最大个体大小的限制因素。"（另见 Peck and Chapelle，1999）。

121　后一个例子特别清楚，因为只有在考虑到深度的混杂影响之后，这些底栖腹足类动物的最大个体和环境氧之间的关系才会出现。然而，MacClain 和 Rex（2001）就他们关注的这种关系得出了这样的结论："这种机制是不确定的"。

122　奇怪的是，最近有一些论文的作者还在讨论变温动物中的 Bergmann 法则，然而越深入挖掘越发现是给自己挖了坑（参见 Spicer and Gaston，1999）。

123　图 4.2 依据的是一项小研究（Andersen and Pauly，2006），其中在 FishBase 中的澳大利亚海洋鱼类的生长参数由其他生长参数（特别是灰色文献）补充。然后对所得的 190 对 K（每年）和 L_∞（cm）值中的逐一赋予纬度（基于采样点）和平均年温度［T，以°C 为单位；来自澳大利亚海洋学数据中心（www.aodc.gov.au/）］。对其进行多元回归后得出：$\log K = 0.1652 + 0.0245 \cdot T - 0.681 \cdot \log L_\infty$，$R_2 = 0.544$，两个偏回归项显著（$p < 0.01$）。然后解出了图 4.2 所示的 3 个等温线。

124　Gutiérrez-Marco 等（2009）写道："同样 60 cm 的三叶虫种类也在伊比利亚中部地区的许多同时代的地质层中发现，但其代表标本是小到中等的植株（最大长度为25~40 cm）。在冈底瓦大陆南部边缘的高纬度地区、靠近奥陶纪南极（Fortey and Cocks 2003）的这些三叶虫的植株可能属于冷水适应种，就像在中奥陶纪一些伊比利亚-阿莫里克中的三叶虫一样（Henry，1989）"。这将是另一个"南极动物巨型症"的例子（见下面的注释），但是现在与伊比利亚半岛相对的南极洲，在历史上却并不在南极附近。我认为，应该建议把"GOLT"理论应用于古相生物组合的解释。

125　Arntz 等（2005）写道："动物组织的氧气供应可能会决定其耐热性和最大个体大小。因为 Chapelle 和 Peck（1999）发现了最大个体的两栖动物的纬度生态群具有更好的氧化作用和血管系统结构。最大个体大小与温度呈反比关系，这可能解释了许多南极两栖动物的个体大的原因。但应该指出的是，更多的南极两栖类个体相当小"。

最后一句中的"注释"必须谨慎解释，也就是说，南极水域的低温和高含氧量使得大个体生物可能，而不是必然存在。否则，这会误导读者，使其成为对生物学通用概念最常见的反对意见之一，也就是说，如果某些物种发现某种进化路径，那么它们必定全部遵循这一路径。这类误解导致普遍提出这样的问题："如果人类是类人猿的后代，那为什么周围还有类人猿呢?"

另一方面，Wood 等（2009）发表了一篇论文，意在批驳 Chapelle 和 Peck（1999）记载的"南极动物巨型症"（Antarctic gigantism）的代谢作用。Wood 等在缺氧水中将种类和大小均不同的南极海蜘蛛翻转让它们背朝下，再记录它们自我翻转过来的时间。Wood 等的观点是，如果体型大的海蜘蛛翻转过来时间并不长于体型小的海蜘蛛，那么这就反驳了南极动物巨型症假说。不出意料，他们得到了模棱两可的结果，这种结果被解释为对该假设的驳斥，并认为"这个实验结果反而与对称形态构成的预测是一致的，即小型和大型的物种在缺氧条件下应该表现出相似的性能衰减，这是它们在进化过程中氧气级联与局部温度和氧气含量匹配的结果"。

然而，要驳斥从既定定律衍生的假说，而且该假说具有很多经验证据（见正文）的支持，所需要就不仅仅是模糊证据了，例如，"大型个体的表现可能只比小型个体稍微差一点"，或者"……总体来说，个体体型大的物种总体翻转复原频率可能会低些"。那么上文的是"稍微差一点"和"会低些"到底是什么意思，有什么用呢?

Wood 等（2009）论文的不仅题目含糊其词，而且其结果真正说明，南极海蜘蛛的翻转复原频率对于测量新陈代谢与生长之间的相互关系来说属于极其间接的测量指标。

126 Atkinson 和 Sibly（1999）问道："为什么在寒冷的环境中生物个体普遍较大?"，并认为这是一个难题。以下是他们提出的解决难题的关键句子："生活史分析表明，如果饲养环境条件导致幼体生长率下降，那么在这样环境中生长的成体则会出于环境适应而缩小体型。但是，如果生长受到食物供应的限制就会出现较小的成体；反之，如果生长受到温度的限制，则普遍会出现相反的趋势。这个明显的悖论的解决可能在于成鱼的个体大小对温度的应对属于适应性策略，但其中受到利弊权衡的约束，这可以通过 von Bertalanffy 的经典生长理论加以理解。或者，这种应对可能是细胞大小和温度之间基本关系的不可避免的结果…"但这么说不是解释，而是对问题的重申。

这与 Angilletta 和 Dunham（2003）的论文观点相似，他们提出"最好的方法可能是提出和测试专门针对具有相似行为和生理特征的生物学理论"。然而，这种方法只有在进行任何测试之前定义"行为和生理特征"的相似性时才有用。否则，这将升级到标准操作程序。

127 回想一下，氧气的溶解度随温度的降低而增加（Debelius et al，2009）。

128 以下警告是必要的：所有的水生动物都可能会受到诱惑，纷纷游到最寒冷的水域去，这么一来，极地海洋就会变得拥挤不堪。

129 巨巴西骨舌鱼（*Arapaima gigas*）是一种必须呼吸空气的鱼，必须经常升到水面呼吸。Chapman 和 McKenzie（2009）及 Lefevre 等（2013）讨论了与升到水面相关的代谢和其他成本（包括被捕食的风险）。因为论文的第一作者显然无法想象鳃限制了大鱼/老鱼的新陈代谢（参见 Lefevre et al，2017a；2017b），曾经写道“尽管呼吸空气通常被认为是一种有益的行为，但是我们发现浮出水面确实会需要能量成本。虽然呼吸对于低氧条件下游泳很重要（McKenzie et al，2012），但仍然不清楚在氧气处于常态条件下时，是什么机制驱动了低眼无齿鱼芒（*Pangasianodon hypophthalmus*）呼吸空气的行为。”这种自我创造的困惑的解决方案是即使氧气处于常态条件下，大鱼/老鱼，特别是在高温时，也要忍受单位质量的低供氧量，再通过呼吸空气加以补偿。

130 热带淡水动物频频呼吸空气，其原因不仅是淡水水温往往比热带海洋高，而且因为热带淡水水体较浅，因此可以避热的深水层或冷水层很少，更不用说经常出现缺氧现象（Kramer and McClure，1982）。（尼罗河鲈鱼，最高可达 200 kg，可能是最大型的热带淡水鱼，完全经过鳃进行呼吸；这种鱼的最大个体出现在湖泊和水库的较深和温度较低的水域；参见第 3.3 节）。这就是为什么在 188 个热带淡水鱼科中，有 13 个科包含补充性或强制性呼吸空气的鱼类。反之，温带/极地淡水的 87 个鱼科中没有一个科包含呼吸空气的鱼类（来自 www. fishbase. org 的数据）。

由于类似的原因（Fusi et al，2016；Giomi et al，2014），生活在热带沿岸地区的螃蟹也经常呼吸空气，例如，红树蟹（*Ucides serratus*）（Nordhaus et al，2006）和椰子蟹（*Birgus latro*）（Drew et al，2010）。

131 关于鲸鱼和姥鲨的案例，Pauly（2002；也参见注释 29，43 和 131）进行了讨论。Skomal 等（2009）发现姥鲨“从新英格兰地区南部沿岸的温带摄食区洄游到巴哈马群岛、加勒比海地区，再经过南美洲沿岸，直至南半球水域。在上述水域，姥鲨下潜到中层水域，有时下潜一次会在中层水域持续逗留数周至数月”。这可能说明，Pauly（2002）曾经分析过其生长率的东北大西洋姥鲨也进行了同样的洄游（沿着西北非洲沿岸洄游?）。不过，这个发现并不会影响先前关于姥鲨生长率的估计。

132 是的，更高的估计值是存在的（如 www. fishbase. org），但却和这里的观点不大相关。

133 从现代最大型捕食性鱼类的相对个体大小所提炼出的有限的系列论据可能是正确的，例如，大白鲨（*Carcharodon carcharias*），个体可达到体长 8 m 和体质量 3.5 t，其生活方式绝对并不安静，但却只分布在温带水域，而不是热带水域（Compagno，1984）。但是，让我难以解释的是，现在已经灭绝的，生活在 1800 万年至 150 万年前（即在氧含量正常的年代，Ward，2006）的巨牙鲨［*Carcharodon*（或 *Carcharo-*

cles) *megalodon*]，体长却比大白鲨长两倍多，达到 18 m（体质量 10 倍于大白鲨），而且据报道生活在温暖的近岸水域（https：//en. wikipedia. org/wiki/Megalodon；访问日期为 2019/03/06）。

一个简单的解释是，根据牙齿大小推算巨齿鲨的最大体长的方法是错误的，Randall（1973）为此提出建议，他估计该巨齿鲨的最大体长为 13 m，这个估计值较为合理。但是，这种有选择地采用的证据的方式并不有效。

也许一个更好的方法是注意这篇维基百科上的文章还指出，巨牙鲨可能是一个“伏击型”捕食者，即除了短暂的野蛮行径外大部分时间是安静的捕食者。因此，我们可以继续深入探讨，并和我的朋友 K. Stergiou（雅典海伦海洋研究中心，私人通信）一起建议如下，巨牙鲨可能大部分时间都栖息在水温较低的深水层，只在摄食时才进入温暖的浅水层。这说明（只是本人的推测），巨牙鲨可能已经进化出了特殊的适应能力，使其在温暖的浅水层依然保持低体温（也许是其强大的厌氧能力为此作出补充）。很可能因为是巨齿鲨在进化过程中形成了类似于金枪鱼和一些鲨鱼在冷水中保持热量的适应性隔离机制。这种解剖学上的适应是很容易想象的，但至今为止（据我所知）没有一种已经确定或构想中的动物会利用自身的低温作为一种资源，进化出“低温区滞留”的适应机制。体质量 50 t 的巨齿鲨，如果历史上曾经存在过（参见 Randall，1973），可能真的需要这种适应能力。因此，它们也就肯定是真正的“冷血杀手”。

134 这也适用于分布在相对较浅海域的鲸鲨，例如，波斯湾（或阿拉伯湾）就分布着相对大量的鲸鲨种群。至少在夏季，波斯湾的表层水水温非常高的（> 30℃）。但是，在 30 m 以下的深水层，夏季温度降至 20~25℃（Al-Azhar et al，2016）。

135 Thums 等（2012）报道了鲸鲨的垂直洄游，表明它们在深处摄食再洄游到表层提高体温。我曾经问过这篇论文的作者之一，他们是否已经验证过其中显然存在的相反的假设，即鲸鲨在表层水域摄食，在身体过热时才下潜到低温的深水层呢？他是这么回答的：“我先介绍一下参与合作的背景，我只是给宁格鲁礁近海水域的鲸鲨安装上电子标记，这么合作已经好多年了，获得的数据用于各种论文等出版物中，其中有些论文我积极参与了，其他的论文我参与的少，这一篇就是参与少的。我最熟悉的是大眼金枪鱼，它们在冷水深水散射层摄食，经常短期快速地上浮到浅水层提高体温。不过就鲸鲨而言，我认为你关于鲸鲨在浅水层摄食，到低温深水层冷却的假设与潜水数据一致。而且，据我所知，所有在深水层摄食的水生动物的眼睛都相当大。鲸鲨的眼睛小，说明它们可能主要是浅海摄食动物。”（J. J. Polovina，NOAA，火奴鲁鲁，2018 年 7 月 27 日）。

对鲸鲨半定时俯冲下潜到深水层存在其他解释。例如，Bruunschweiler 等（2009）认为“鲸鲨（*R. typus*）和其他种鲨鱼的深潜功能仍然未知。垂直下潜到深水层的一种可能解释是获取导航线索。然而，更可能的解释是，潜水是寻找摄食机会的搜索行为。”

同样，Rowat 和 Gore（2007）认为“偶尔潜水到 450 m 的原因是非常有趣的。这些下潜不太可能出于繁殖目的，因为所有研究过的动物都未发育成熟。”关于姥鲨的研究说明，深潜可以让姥鲨对不同密度的水层进行采样，探测食物的化学气味痕迹（Sims et al，2003）。

鉴于有大量关于鲸鲨在（温暖）的表层或近表层水域摄食的报道（例如，参见 Motta et al，2010），它们不太可能下潜 1 000 多米寻找可替代的食物。实际上，这些解释具有特定假设的气味痕迹。

136 据此，我的意思是最多 14～16 m。杂志和报纸报道的估计值显然较大（见 Liston，2006），但此外，还有尼斯湖怪和来自外太空的外星人的故事。即使它只达到了“14～16 m”，利兹鱼（*Leedsichthys problematicus*）让弗里德曼和诺克斯（2002）关于为什么没有进化出非常大型的硬骨鱼的猜测变得没有实际意义。它们的确进化出非常大型的硬骨鱼类。

137 可悲的是，蝠鲼的鳃并没有作为研究对象，而是成为“传统”中药药材，因其所谓的治疗功效而被兜售。但是，巨型蝠鲼和其他大型鳐蒙受的生存威胁是非常真实的。

138 罗纳等人（2013）写道：“与礁栖蝠鲼形成对比，巨型蝠鲼和鲸鲨是分布更广泛的物种。虽然巨型蝠鲼的生态仍然鲜为人知，但它们季节性出现在亚热带和温带地区，如新西兰北部（Duffy and Abbott，2003）和巴西南部（Luiz et al，2009），以及它们聚集到孤立在大洋深水中的海山区进行清洁活动表明，与礁栖蝠鲼相比，它们洄游的距离更长，耐受的水温更低，在深层水域中逗留的时间更长、逗留的水层更深。这些作者将“低温的水域”称作是巨型蝠鲼要“忍受”水域，但有人可能会争辩说，它们需要这样的水域。

139 最近发现了广泛分布的物种翻车鱼（*Mola mola*）由 4 种密切相关的物种组成（见 www.fishbase.org），但这里不会考虑这一点，因为新物种的描述在解剖学上与翻车鱼非常相似。

140 我几乎每年访问一次蒙特利水族馆，其中有一次（1997 年 12 月 29 日），我看到在其巨大的中央展示馆中有一些未成年的翻车鱼；它们互相追逐，上下游动，好像在游玩。

141 根据 Watanabe 和 Sato（2008）报道，“凝胶组织质量与体质量的比值随体型［（$P<0.0001$，$n=21$）］显著增加，从 2 kg 重的个体（$n=4$）的平均值为 26=+/-6%，到 247 kg 重的个体的平均值为 44%。”渡边君（Watanabe-san）善意地向我提供了

他用于上述推断的原始质量和凝胶组织（*GT*）的百分比。由此得出，$GT\% = 23.8 \cdot W^{0.129}$。基于这种关系，一只 2 300 kg 重的翻车鱼要由约 64%的凝胶状组织，其中 90%是水分，出于各种实际目的，它们显得惰性十足。因此，2.3 t 的翻车鱼的代谢有效质量约为 830 kg。

142 大型无脊椎动物根本不会出现在温暖水域。因此，巨型鱿鱼（*Mesonychoteuthis hamiltoni*）可能是地球上已知最重的无脊椎动物，重达 500 kg。它也称为南极酸浆鱿鱼，这个名字说明其寒冷的栖息地。同样，巨乌贼（*Architeuthis dux*）也是最大型的无脊椎动物，也生活在非常寒冷的深水中（McClain et al，2015），并且在较温暖的表层水中会迅速窒息（Guerra et al，2011）。

143 一个网上资源列出最大体质量为 363 kg，佛罗里达州最大记录体质量为 309 kg，https://www.floridamuseum.ufl.edu/discover-fish/species-profiles/epinephelus-itajara/。

144 Zeller（2017）根据他在大堡礁水域 10 年的潜水经验，描述了石斑鱼［特别是东星斑（*Plectropomus leopardus*）］和其他大型水生动物的各种其他行为，所有这些都可以用“GOLT”理论加以解释。

145 随着石斑鱼的生长，体内供氧量的减少会引起鱼肉质地的变化。因此，澳大利亚垂钓者和消费者一般会避免大型石斑鱼，因为其肉质松散；事实上，它们似乎正以自己的方式变得凝胶化（D. Zeller，西澳大利亚大学，私人通信 2018 年 7 月）。这可以通过咨询（www.goodfishbadfish.com.au）证实，其中称为“珊瑚鳟鱼”（*Plectropomus leopardus*）的鱼类是“一种餐桌上备受好评的鱼类，鱼肉呈净白色，肉质坚实。风味和质地可能因个体大小而异，较大型的鱼肉质比较粗糙，缺少味道。”

另一方面，对于中国消费者而言，这可能不是一个问题。据报道，中国人喜欢凝胶质地的食品，而西方的美食家可能会认为这是像“黏液似的东西”。这就是为什么海参，鸡爪和鱼头这样的食品在中国美食中很受欢迎的原因。”（http://ieatishootipost.sg/grouper-king-how-to-eat-a-giant-grouper/）。

146 大眼金枪鱼（*Thunnus obesus*）白天主要到大约 500 m 深的声散射层（SSL）摄食中层水域的鱼类和鱿鱼（参见例如 Dagorn et al，2000），该水层不仅低温而且黑暗，因此箭鱼和旗鱼也有大眼睛，但鲸鲨没有大眼睛。

147 体长频率分析通常只适用于短寿命、快速增长的物种，需要明确考虑季节性因素，因为它对生长曲线的形状有很大的影响（Pauly，1998c）。

148 不一定是夏季和冬季高低温的交替导致季节性生长波动。例如，在亚马逊水生动物中，这种波动是由于洪水和干旱季节的交替而引起的（Goulding，1980；Ruffino and Isaac，1995）。

149 Pörtner 和 Farrell（2008）的“有氧热窗”对于产卵者、卵和幼体来说范围较窄，但这个说法与成鱼相关。

150 这里给出的参考文献仅仅是大量文献中的一些例子。我见过数以百计的此类主张，每一次，我都奇怪这些作者是否对此做过思考，还是仅仅重申一个显而易见的事实，类似太阳绕着地球转这么明显的事实。

151 关于这个问题，Iles (1974) 在一篇杰出的论文中写道：“已经认识到，决定水生动物生长潜力的一个重要因素是在生长时的个体大小（或体长）(Larkin, Terpenning and Parker, 1957; Parker and Larkin, 1959)，演示这些数据的最好方式就是对照初始平均体长绘制一段时期内每一年龄组的年平均生长曲线，如图 6.1B 所示。这是 Gulland (1964) 描述的绘制曲线的方式，从中可以估算人们熟悉的 von Bertalanffy 生长方程的参数。图 6.1B 中呈现的模式可以分为两个阶段：一个是短期阶段，只包括第一年生长的增量；一个是长期阶段，包括从第二年到第五年的所有年龄段，到这一阶段末，90%以上的预期线性生长都已经完成。

我们关心的主要是从第二年到第五年这段长期的生活。这段时期的生长非常接近线性，说明生长模式存在明显的规律性。实际上，它说明了在这段生活史中，线性生长始终在减速，且没有任何明显的中断。当然，长久以来的认识是，随着年龄和个体大小的增加，体长年增量的下降是水生动物生长最显著的特征之一，最近 Gerking (1966) 重新确认了这一点。这里要说明的是，在最有可能揭示出特征模式的条件下，并且已知所用数据也具备很高的精度（Iles, 1967; 1968; 1971)，则规律性是显而易见的。它的重要性在于如下事实：这种规律性所指的年龄段，既包括生活史中成年以前的阶段，也包括个体初次成熟和产卵时的所有年龄段（Cushing and Burd, 1957; Burd and Cushing, 1962; Iles, 1968)。换句话说，在水生动物生活史的这个阶段，到了某个年龄，种群中的所有个体，除了身体生长所增加的躯体组织外，都将生成性腺物质。大西洋鲱生成的成熟性腺物质的量相对更多，平均占成鱼体质量的20%以上（Hickling, 1940; Iles, 1971)，除此之外，它们的蛋白质含量也很高 (Milroy, 1908; Bruce, 1924)，至少与躯体组织的蛋白质含量一样高。大西洋鲱的性腺很大，这似乎是北大西洋鲱鱼的特征（Wynne-Edwards, 1929; Cushing, 1967)，其性腺之大在真骨类中也名列前茅（Peters, 1963)。

虽然在生活史的这个阶段，到某个时间点，一个新出现的情况是大量蛋白质（其最终来源同样是支撑身体生长所需的食物）要用于性腺发育，但没有迹象表明生长模式出现中断或扰乱。实际上，在‘正常’条件下，生长模式似乎显然不受鱼类努力满足的新的生理和代谢需求的影响。大多数鱼类与哺乳动物和鸟类不同，它们的生长在到达成体阶段后仍在继续，这个事实是水生动物生长的最显著特征之一。”

152 这也是为什么认定生长参数 K 与繁殖努力密切相关（Charnov, 2008）是说不通的——此外，有的鱼类虽然不繁殖，但仍然表现出渐近生长，例如水族馆中孤独的金鱼，而 *K* 也可以通过这种鱼的生长曲线来严格定义。这么简单的事实怎么能忽略呢？

153　Parker 和 Larkin（1959）提出的“生长段”解释也是这种情况，好比大脚怪（一种想象的生物，类似西藏雪人，但据称生活在美国西北部），自从第一次被看到后，就再也没人见过。

154　或者，仍在水生生物学范围内举例，这类似人们在平家蟹（*Heikea japonica*）背上看到的“武士面孔”。

155　例子见 Koch 和 Weiser（1983）中的图 2，其中显示了雌性和雄性拟鲤（*Rutilus rutilus*）在一年中的性腺相对质量。鱿鱼也是这种情况（Forsythe and Van Heukelem, 1987），而且，我推测，大多数水生无脊椎动物也是如此。但是，这并不奇怪，在两性异形生物中（意即绝大多数动物），繁殖投入量的高低是决定雌性（投入较多）和雄性（投入较少）个体大小差异的主要因素。

156　这看起来很像单个“丑陋的事实”，按赫胥黎（Huxley，1894）的说法，这会扼杀一个美妙的理论。但是，正如我们将看到的，美妙的理论——和针对相同问题的丑陋的理论——都有多种途径来回避而质疑其事实（另见 Lakatos；1978 和尾注 14）。

157　O'Dor 和 Dawe（1998）很可能是不经意间在他们关于短翼鱿鱼（*Illex illecebrosus*）生物学的综述中写进了一句话，而这句话与雄鱼和雌鱼最大个体大小的比较结果一样，推翻了对这种鱿鱼（推测也对其他种鱿鱼）的繁殖消耗假说：“雄性更早开始将能量投入到配子的生产，它们的个体小于同龄的雌性。”或者，换一种说法：易于惊扰的雄性只长成较小的尺寸，因此在个体更小时就成熟；而更安静（或者说不那么易于惊扰）的雌性会长成较大的个体（即使它们对性腺的投入更多；见 Forsy the and Van Heukelem，1977 和尾注 140），因此在大于雄性的个体时成熟。恰如本章所述。

158　巴西渔民用自己的方式解决了这个问题：它们往往给体型大的鱼类起一个雄性的名称，给体型小的鱼类起一个雌性的名称：这是可判断的，因为葡萄牙语像大多数印欧语系的语言一样，很讲究词的性别属性。

159　这类“小生物”的例子有个头很小且不洄游的雄性鲑鱼，它们总是努力为雌性鲑鱼产的卵授精；另外，用归谬法来举例，还有寄生在雌性身上的多种雄性鮟鱇鱼（Pietsch,1976）或雄性藤壶（Darwin，1851）。

160　证据来自对尼罗口孵非鲫（*Oreochromis niloticus*）的研究，因生长快速而被选中的一个品系（国际水生资源管理中心的 GIFT 品系）大大减少了攻击性求偶（Bozynski，1998；Bozynski and Pauly，2017）。Neat 等（1989）也发现，在雄性齐氏非鲫（*Tilapia zillii*）之间的争斗中，“更激烈的争斗造成肌肉和肝中糖的总储量显著耗竭。似乎肌肉的能量储备被无氧呼吸消耗掉了，同样显著的是肌肉中累积的乳酸。败者肌肉中的乳酸水平显著高于胜者。同时，负伤数据和新陈代谢数据显示更激烈的争斗对输赢双方的代价都是巨大的，但败者更甚。”类似地，Henderson 等（2003）写道：“在成熟前，两性的生长效率相差无几，但是，成熟雄性的生长效率，不论是与未成熟的雄性还是与成熟的雌性比，都低得多。我们认为，雄性的生长效率劣势是它们活动量更大的结果，特别是在产卵季节，为繁殖后代，雄性更加努力地寻找和争夺受精配偶，结果有可能大大加强它们的适应力。”

161 例如，普通黄道蟹（*Cancer pagurus*），“野生雌蟹在产卵时一般活动量很少”（Naylor et al，1997）。甚至在哺乳动物中，在孕期和/或哺乳期降低 0.5℃ 左右的体温，同时减少自发活动，也可以消除与繁殖相关的额外营养需求。因此，Costa 和 Gentry（1986）在论及北方海狗（*Callorhinus ursinus*）时宣称：“哺乳并没有加快雌性的新陈代谢。”这并不太符合直觉，同样也不符合直觉的另一个事实是，我们靠吃来维持体内一团火的化学当量（Carpenter，1847）。

162 本文提出的时间尺度，以及在寿命非常短的鱼类中，其 3 个阶段都被缩短，但区分 3 个阶段的原因仍然适用。

163 回想一下渐近生长是一个特定种群的鱼类在假设无限期生长的情况下所能达到的平均体长（L_∞）或体质量（W_∞）（另见尾注 24）。

164 快长到成熟体长（L_m）的鱼类不会“知道”它们到老会长到什么体长，不论这个体长是被定义为 L_{max} 还是 L_∞。那么，它们怎么“知道”要在体长达到多少时成熟，才能使 L_m/L_∞ 的比值可以预测？说“基因决定的”或其他类似的话，不算一种解释——至少根据这里的定义，不算一种解释。

165 假设了一种“生长程序”又不说明它如何运行，也不算一种解释。渔业科学充斥着新创的奇怪术语，用以代替因果关系和对相互融通的根本现象的归约。

166 一些读者可能感觉，虽然本书所定义的“水生动物”包括所有水生无脊椎动物，但是我用了太多有鳍鱼类的例子，或许鱿鱼类的例子也太多了。例证这么安排，基于两个事实，一是我更了解有鳍鱼类，二是作为非渔业捕捞对象，无脊椎动物往往比被捕捞的有鳍鱼类和鱿鱼类研究得少。但是，范围更广的生物也可以用来例证这里提出的原理，为了证明这一点，我在这里各用一段话来总结四项研究，它们都是关于相对少有人研究的无脊椎动物受到氧气限制的影响。

Whitney（1942）研究了涡虫，提到有一种涡虫（*Crenabia albina*）在 12~13℃ 时长到 6 mg，在 7~8℃ 时长到了 17 mg。作者还发现在 4 个种的涡虫中，其中 3 个种的新陈代谢率随体质量等称下降（即 $d \approx 2/3$），这符合对缺乏具有专门呼吸器官的动物的预期。

Davies 等（1992）研究了淡水水蛭（*Nephelopsis obscura*），报道了水蛭长到关键体长所需的时间随着水中含氧量的增加而减少，并且这个效应在个体大的水蛭身上更明显，即个体大的样本受缺氧的影响更严重。

Forbes 和 Lopez（1990）研究了穴居小头虫属多毛类（这些生物会摄食，也会呼吸，但显然不能同时进行），论文报道了缺氧导致生长减缓，并预测“在近底缺氧条件下，小头虫属种群的生长将取决于它们的个体大小，较大的个体生长率下降幅度最大。”

Harris 等（1999）发表了一篇论文，其标题总结了其结果：低溶解氧降低了绿唇鲍 Haliotis laevigata *Donovan* 幼体的生长速度。

Bouchard 和 Winkler（2018）在研究糠虾（*Neomysis americana*）的论文中写道，在圣劳伦斯河口过渡区，“越冬时孵化的虾群个体在长时间（9～10 个月）处于较低温度（<10℃）时生长缓慢（G=0.029 mm·d^{-1}），结果成体的个体大。与之相反，春季和夏季孵化的虾群生长较快（分别达到 G=0.046 mm·d^{-1}和 G=0.05 mm·d^{-1}），结果成体的个体要小得多，这也符合环境温度高的结果。”这些作者还引用了大量关于若干种糠虾对温度（氧气供需）做出响应（正如“GOLT”理论所预测）的其他文献。

Suzuki 等（2008）研究了美洲鲎（*Limulus polynemus*）的鳃，发现它们的总呼吸表面以 d=0.776 的异速生长。论文还将其与另外两种蟹（数据来自 Hugues，1983）的生长做了比较，即长喙蜘蛛蟹（*Libinia dubia*）（d=0.67）和蓝蟹（*Callinectes sapidus*）（d=0.935），其中后者是远洋蟹类，而 d 值高似乎是远洋生物的典型特征（见 Glazier，2006，另见尾注 54）。

167 这种物质至今难以解释，特别是因为“至今尚未确定一种所有的氧气-化学感应细胞共有的‘通用的’氧气传感器。此外，作为脊椎动物感应氧气的主要模型，颈动脉体中的一种传感器的分子身份仍然存在争议。虽然离子通道对氧气在细胞膜的化学传导中具有重要作用，这一点几乎没有疑问，但是对于缺氧到底是如何被感应的，目前存在多种解释”（Perry et al，2009）。

虽然关于缺氧如何被感知，目前尚未有共识，但有一点必须清楚：“外部”缺氧（即鱼的周围水体缺乏氧气）的影响必然等同于“内部”缺氧（即鱼的身体和组织内缺乏氧气）的影响。因此，既然外部缺氧已经表现出与控制繁殖的多个方面的下丘脑-脑下垂体-生殖腺（HPG）轴深度相关（Wu，2009），那么内部缺氧也应该对 HPG 轴有着相同的影响（另见 6.2 节）。

最后，上面这段话给出了一个大胆猜测的机会。我的猜测是，瘦蛋白（leptin）充当了鱼类体内的氧气（或缺氧）监控系统和促性腺轴二者间的桥梁，后者是一种激素系统，如果鱼类感知到成熟和产卵的环境信号，则它必须激活（Peyron et al，2001；Okuzawa，2002）。与此相关的还有瘦蛋白似乎在其他脊椎动物中也发挥了类似的作用，这符合对一种非常“基本的”物质的期望（Urbansky，2001），在无脊椎动物中也可能有与之功能相当的物质。

168 因此，产卵导致的体质量减轻（通过呼吸面积/体质量的增加）成为恢复生长的原因。这意味着，对鱼类来说，产卵后再重新生产许多性腺，更像是一种解脱，而不是一种努力。

169 食物密度低可以是相对的（就个体平均而言），例如有的年份，同一年龄级的幼鱼数量庞大，而食物来源却不变。在这种情况下，丰度更高年份的鱼不如丰度较低年份的鱼长得好，即使它们每一天都最终摄取了与其他年份的鱼等量的食物，因为它们都要消耗更多的氧气用于摄食，因此，用于生长的氧气就少了。

170 “GOLT”理论的另一个推论是：鱼或无脊椎动物在达到适应某一特定环境的初次性成熟个体大小并开始生成生殖腺组织之后，如果突然被转移到一个更适宜的新环境中（即更有利于生长的环境，如一座更大、更透气的水族馆），那么它们将不仅有一条双阶段的生长曲线（如3.3节），还将跳过产卵并回收生殖腺组织（直至它们达到与双阶段生长曲线的第二阶段相匹配的性成熟体长）。这方面的一个实例（很遗憾尚未发表）是“正在性成熟的小个鲍鱼，在转移到更大的养殖场后重新开始快速生长，并且又回到了未成熟状态”（Jeremy Prince，可持续渔业顾问，西澳大利亚弗里曼特尔市，私人通信）。

171 关于这一点，Thorpe（1990）写道：“在摄食机会更多的环境中，鱼类发育更快，成熟也更早。这表明，正是鱼类在启动成熟过程的关键季节中的生理表现，才决定了它们是否在当年成熟。鱼类究竟是如何监控自己的生理表现，仍是未解之谜。但是，我已经在另一篇论文中（Thorpe，1986）提出，从生理上讲，它们能通过多余能量的积累速率以及与这些能量的储存相关的激素动态，察觉自己的生长率。如果这个生长率高于遗传决定的临界点，则触发性腺成熟过程，并开始为成熟重新配置能量。Pauly（1984）提出了基本相同的观点，但重点是将氧气消耗率作为鱼类生理状态的关键指标”

172 还有一篇题目令人鼓舞的论文：“大菱鲆（*Scophthalmus maximus*）的性成熟与基因型氧亲和力相关：实验支持Pauly的幼体—成体转变假设”（Imsland，1999）。但是，我不是遗传学家，无法真正评估这篇论文所给出的证据的效力。

173 这里与其他生物的繁殖有着极大相似性，特别是高等植物，有些会在压力下开花（如Sakai et al，2006）。这种现象背后的具体原因可能各不相同，包括生活史（比如，大旱过后可能增加了补充种群的机会，因为大量植物死亡，也为幼苗腾出了空间)、植物在临死前试图最后来一次繁殖“大爆炸”，或者限制（因温度上升而产生的）自由基破坏配子中的DNA的机制，至少对于低等植物（如团藻）来说，这一机制是性别形成的原因（Nedelcu et al，2004）。

174 这个假设最初提出时就以本段话结尾（Pauly 1984a)。这篇论文本身当时极其难以发表；《自然》不愿碰它，而《科学》的审稿人，一个对它兴趣浓厚，另一个对鳃面积起限制作用的观点持反对意见，而且这个反对意见读起来就像第一章中“误解一”的引文。但是，我并不指责任何人。因此，我将它投给了国际海洋考察理事会（IC-ES）的会刊，也就是现在的《ICES 海洋科学杂志》，当时的主编是 F. H. Harden Jones。在那里，这篇论文收到了6份（6份!）责骂式匿名否定评审意见，和唯一一份礼貌的肯定意见，签字的审稿人是 David Cushing 博士。当时忙得连轴转的 Harden Jones 博士采纳了这份礼貌的审稿意见，然后就动身去了澳大利亚。我感谢他的勇气和现在已经去世的 David Cushing 博士建设性的审稿意见。

175 因子1（此处为个体大小）起到“分离因素”的作用，因为平滑变化和不连续变化之间的转变就发生在这条轴线上。有关尖点的更多信息，特别是它与多元回归的相似性以及用它拟合数据的一种程序，见 www. aetheling. com/models/cusp/Intro. htm。

176 每年也可能有两个产卵季节，若干种鱼类和无脊椎动物就有这种现象，特别是在热带（Longhurst and Pauly，1987；Navaluna and Pauly，1988)，但是这里不对此展开讨论。还要注意的是，严格来说，在突变理论中，时间不能像这里这样作为一个因素，因为它是不可逆的，因此也不会产生“迟滞现象”（见正文及图 6. 8D 和图 6. 9A)。考虑时间的相互关联（如产卵季节的峰度）可能是个解决途径，但如正文所述，尖点在这里是作为一种启发式（和图形化）的解释，而不是严格定义的数学对象。

177 在这种食物受限条件下体质量下降的鱼，它们的鳃面积/体质量比会上升，因此，触发成熟和产卵的因素会在一段时间内不起作用。这个解释不是为这种现象特设的，而是遵循我们的理论逻辑直接得到的。

178 我试图在此阐明的观点是，鱼类做出的决定（是否产卵）必须基于某种决策规则，并且这种规则让每一条鱼在做决定的时候都能以此为依据。虽然整个种群的鱼所做出的所有决定必须具有进化意义（即必须符合某种稳定进化的策略；Maynard-Smith，1974)，而这可以通过某种基于种群的模型来证明（例如，Jørgensen et al，2006 中的模型)，但这一事实并不影响此处的观点。事实上，这是可以广义化的：不少已发表的关于动物行为的“解释”在这方面都做得不够，因为它们都只是指出为什么个体表现出某种行为的种群会生存得好，即从长远看不会灭绝。但这只是一个必要条件，它确实解释了为什么个体表现出这种行为，从而得出该物种如何能因此进化（充分条件)。与此类似的是“不利条件理论”，即动物个体发出代价高昂的信号（如关于捕食者在场的信号），是因为这对它们（或者它们的基因）有利，而不是因为这可能有利于它们所属的种群——虽然种群往往也会受益（Zahavi and Zahavi，1997）。

179 Hutchings 和 Myers（1993）对大鱼/高龄鱼较长产卵季节的现象做出了机械论的解释，他们的解释与“GOLT”理论不谋而合：“由于雌性是多批次产卵，且时间间隔大体固定（Kjesbu，1989），因此个体更大的雌性的产卵期会更长，原因不过是它们已经达到更强的繁殖力。此外，还可有一个非适应性的解释：雌性身体内的空间有限，这使得它待产的全部卵不能一次性发生水合作用。因此，与个体小的雌性相比，个体大的雌性将被迫花费更多时间水合它的卵。”

180 BOFF（Big Old Fecund Females，又大又老又高产的雌性）既对种群弹性贡献巨大且具有很高价值，同时又是被争相捕捉的“战利品”，因此，只要休闲渔业以某种鱼类为对象，它们的数量就会急剧减少（见 Roberts et al，2001），更不用说在商业捕捞的鱼类种群中已经看不到它们了（见尾注 67 和尾注 197）。

181 Michalsen 等（2008）报道了鳕鱼在产卵场的摄食行为，从而挑战了鳕鱼不在产卵季摄食的旧假说。

182 这里概述的季节性循环完全符合北温带蝶科和硬鳞鱼的有据可查的生活史，它们在冬末春初产卵，此时它们的幼鱼可以利用春季大量繁殖的浮游植物和浮游动物。

另外，一次快速升温往往就足以导致双壳类产卵（Nelson，1928；Fujiwara et al，1998；Philippart et al，2003），显然与此处论述的情形相吻合。

183 至少，这是我对 Conover 和 Munch（2002）实验结果以及全世界渔获量减少（lmax 和 lm）（Andersen et al，2007；Dieckmann and Heino，2004；Dieckmann et al，2005；Trippel et al，1997）的解释。这也是我对加纳萨库莫潟湖黑颊罗非鱼（*Sarotherdon melanotheron*）惊人的体型缩小的解释。

这个故事始于 1971 年，当时我在野外工作，研究这个小潟湖（1 km^2）中的鱼类和渔业（Pauly，1975；1976）。在 1971 年，成鱼的全长约为 14~15 cm（只有千分之一的样本达到 19 cm），在 8~10 cm 时产卵。当时已经有一个针对这些鱼的高强度的手工渔业，据推测已经经历了一次体型小型化（这个物种全长曾达 30 cm 以上；Olaosebikan and Raji，1998）。

1998 年，我回到萨库莫潟湖，那里面积已经缩小了一些，但仍然支持渔业——只是所讨论的罗非鱼的长度不超过 5~6 cm，但正如我在几个标本中所证实的那样，完全性成熟。

184 这就是为什么“全球变暖可能对捕食性珊瑚礁鱼类的较大成鱼造成不成比例的影响。”（Messmer et al，2017）。尽管这些作者还声称“对鱼类个体大小下降的基本机制仍缺乏了解”，但这本书却表明，相反，个体大小选择性死亡率可以由“GOLT”理论直接解释。

185 Bakun（2011）将“GOLT”理论拓展到生态系统层面（如第十章所总结），他指出：“陷入氧气不足状态，与此同时，在所处介质中，氧气补充又是一个受到限制的缓慢过程，这会带来一系列独特的问题，甚至有可能构成危及鱼类生命的严重危险。因此，对进化适应力而言，持续并极力避免陷入氧气不足的状态就显得很重要。相应地，与所有动物一样，预计鱼类的神经系统也会产生一种紧急感应信号，而这种信号在长久的进化中将一种自觉的厌恶转变为非常强烈的不自觉的反应，以避免剧烈的痛苦。因此，在实验室中研究鱼类生理学的科学家可能采用较低限度来衡量可接受的溶解氧水平（例如，鱼类在氧浓度为多少时开始表现出显著的痛苦症状或行为），因此未必是激发明显反应的相关限度。相反，进化赋予了鱼类对氧气存量剧减报以痛苦式的厌恶，它们对激烈的身体运动，可能会相当迟疑。即使水中氧气充足，完全能够满足呼吸和补充氧气存量，它们也更喜欢保持静止或游弋状态。”

186 虽然有人断言鲨鱼和鳐鱼“缺少痛觉神经器”（Snow et al，1993，这可以解释被取出内脏后发狂的鲨鱼吃掉自身内脏的传闻），但真骨鱼类已经进化出伤害感受器，类似于人类用来感知所谓疼痛并将这种感觉传送到中枢神经系统的感觉神经元（Chernova，1997；Erdmann，1999；Safina，2018）。

187 这也是为什么即使上钩的鱼被放生，垂钓运动也非常像西班牙斗牛，后者的“运动”在于反复刺伤公牛，迫使其不停跑动，直到筋疲力尽，好让“杀手”（西语中“斗牛士”原意即为杀手）可以安全地刺死它，整个过程要重复五六趟，直至观众不忍再看公牛血流满身。在垂钓运动中，鱼一直被“捉弄”（因为这项运动的要点就在于用尽可能细的渔线钓到鱼），往往在上钩后将氧气耗尽，而且需要几个小时才能恢复，个体大的鱼尤其如此（Goolish，1991）。因此，放生也无济于事：它不会活下去，更不会继续生长，然后繁殖，因为捕食者会精确锁定筋疲力尽的鱼（见第十章）。或者，筋疲力尽的鱼会沉下去，然后在氧气匮乏的水层“溺亡”，如 Prince 和 Goodyear（2006）所述。

188 奇怪的是，Lutz 和 Rhoads（1974）并没有努力将他们的理论广义化到双壳类以外的水中呼吸生物，也没有与 von Bertalanffy 的生长理论联系起来。这项工作后来由 Vakily（1982）完成了，他在自己的野外试验和广泛收集各种类别、大小和纬度的双壳类生长参数的基础上，证实了 Lutz 和 Rhoads（1974）理论中的所有关键元素，并将其与 von Bertalanffy 的生长理论和“GOLT”理论的一个早期版本同时联系起来了。（另见尾注 118）

189 显然，这是极简版的解释，生理学家或能（也希望必能）针对每一大类的水中呼吸生物，将这种解释分解为大量相关的生物化学步骤。Morales-Nin（2000）关于真骨鱼类的综述引用了一些在这一分解过程中必须阅读、消化和吸收的文献。

190　见 Jackson 等（2000）中一个很糟糕的例子，更糟糕的是他们没有理解用于分析体长-频率数据的 ELEFAN 方法的关键特征，而当他们的论文莫名其妙发表时，从南美沿海的阿根廷到非洲内陆的津巴布韦，世界各国都在应用和理解这个方法（Pauly 1998）。因此，Jackson 等（2000）在他们的例子中，本可用 ELEFAN 软件拟合出一条形似他们所主张的"线性"或"指数"生长曲线，其中只需将渐近体长固定在一个很高的值（见图 2.9 和图 2.10）。

191　Beamish 和 MacFarlane（1983）坚持认为在研究生长时，有必要验证体长所对应的"鱼龄"。另一方面，体长-频率分析虽然受到很多其他问题的影响，但它并没有特别受到个体生长可变性的影响。事实上，这个方法显然是被设计用于处理对许多个体生长轨迹进行取样时产生的近似高斯分布（Pauly，1998c）。

192　因此，在一个能说明问题的例子中，Jackson（1989）写道："在用到高放大率或聚焦非常清晰时，可以看到大量非足日产生的轮纹，而这些轮纹往往使日轮的清点变得很困难。平衡石的情况尤其如此，它们的轮纹都很厚（宽）。降低放大率或者更改聚焦平面有助于界定覆盖在大量非足日轮纹上的真正的日轮。"这里要与 Beamish 和 McFarlane（1983）一起问的问题是：这些轮纹都被证实了吗？

193　这与死后的嗜喱化不同。死后的胶化显然是由细菌在不利条件下造成的（Cramer et al，1981）；更确切地说，在功能上，这类似于发生在翻车鱼（*Mola mola*）中的凝胶化（见 4.4 节）。

194　记住，相关性不等于因果关系！或者，更准确地说，相关性是必要条件，但不是充分条件。

195　可与此类比的（以人类为例）是 Warburg（1930）提出的大面积肿瘤的热疗法。这种疗法的设想是加快肿瘤细胞的新陈代谢（同时减少它们的氧气供应），到一定程度它们将不得不转为发酵代谢，而这会降低它们的 pH 值，最终引起细胞溶解。

196　见 Hunter 等（1990）中太平洋油鲽（*Microstomus pacificus*）的例子。这种鱼年龄越大越往深海去（另见第八章），"性成熟时抵达含氧量最低的区域"，而且，它们"在性成熟后仍然一边发育一边往深海去，同时身体含水量显著上升，并因此造成每克湿重的热量密度下降。"

197　这种情况经常发生，或许是因为"模型"比"未解之谜"更动听。对于那些仍然执迷于 Kuhn 的模型及其相关的"变换"和"不可通约性"（Kuhn，1962）大杂烩的人，我推荐 Kuhn 曾经的一个学生写的《烟灰缸（或否认现实的人）》一书（Morris，2018），也就是被 Kuhn 扔过烟灰缸的那个学生。

198 Paxton（1989）在他关于奇鳍鱼科的深海鱼类综述中，用一幅图说明“在奇鳍鱼科的所有种中，栖息深度最大的帕氏裂鲸口鱼（*Cetichthys parini*）的鳃丝数量极度减少”，并且，“裂鲸口鱼的鳃小瓣大量减少，可能与更深、更冷的水体含氧量更高有关”，对此，还应补充一点：低温也减少了鱼和其他生物的需氧量（见4.1节）。

199 顺便提一下，自然死亡伴随着温度升高而增加，但这也难以再跟踪研究。

200 我不会就此开始，但我建议去回顾Pauly等（2002）所著的这些悲伤事件。Pauly和Zeller（2016）探讨了近年的趋势。我还应该提到，Frank等（2018）注意到“几乎所有报道水生动物越往深海则尺寸也随年龄增大的研究都涉及商业捕捞物种，”他们基于一个模拟的模型得出以下结论：它们的下潜很大程度上是遭受捕捞的结果。然而，多项针对未捕捞种群的底拖网调查也报道了下潜现象，如图8.4中的黑边鲾（*Eubleekeria splendens*）或图8.5A中的日本金线鱼（*Nemipterus japonicus*）。因此，这些证据并不支持Frank等（2018）在结论中所认为的“大鱼中与年龄/尺寸相关并表达为海因克定律的下潜现象，可能在很大程度上是根据体长进行选择性捕捞的结果。”

201 这个和其他行为适应是水生动物生长时期频繁出现“不确定”（Sebens，1987）的原因，尽管它也受环境因素的影响。

202 幼鱼不会有呼吸系统的压力是它们能够进入和利用极具挑战性栖息地的关键原因。例如，北海鲽鱼所生活的泥滩，或许多热带沿海鱼类栖息的红树林区和小潟湖。

203 不仅摄食自己的后代，而且也摄食邻居的后代。

204 正如Pauly（1980c）所说，体长和体质量之间的关系和生长参数是都是必需的。

205 死亡率的估值$Z=1.84\ a^{-1}$（在不考虑渔业捕捞导致的死亡率前提下，和自然死亡率M相等），$L_{\infty}=14.3cm$，$K=1.04\ a^{-1}$，在水温为28℃下的数值与根据Pauly（1980a）经验公式和这些参数值所得到的估值M极为相似，且有效。

206 相反，鱼群洄游受到季节性水温温差愈加均匀的限制，因此，与大范围纬度洄游形成巨大反差。例如，金色沙丁鱼（*Sardinella aurita*）沿着塞内加尔和毛里塔尼亚海岸洄游（图8.6并参见Samb and Pauly，2000）。Vakily和Pauly（1995）在毛里塔尼亚近海发现，短体小沙丁鱼（*Sardinella maderensis*）仅在近海和外海之间作短途洄游，这与干湿季节交替，始终保持高水温有关。

207 Nøttestad等（1999）的研究充分说明了这个问题。他提出一项“基于体长的大洋鱼类洄游摄食假设”（包括鲭鱼），而温度并不在其设置的小于30项的参数中，尽管这个模型是建立在生物能量的基础上，而生物能量又对温度非常敏感。这导致了复杂的特定假设，例如，鲭鱼的4个种的最大个体之间的正相关是由于高纬度海域夏季更长，让它们的摄食时间也更长（见Nøttestad et al，1999中的图6）。相反，一项明显的假设——高纬度的低温导致那里的鱼类个体更大——却没有得到检验。

忽略温度的后果就是 Nøttestad 等（1999）的模型无法解释北大西洋鲭鱼的分布与洄游的变化，因而 Hannesson（2012）为其贴上了“随意”和“随机”的标签。这是换个说法指出前者并不知道是什么在驱动这些变化。然而，这些变化是重要的，因为它们还导致了挪威、法罗群岛和冰岛之间的严重渔业冲突（Hannesson，2012）。

事实上，关于鲭鱼的运动和分布，已经有人做过正确的分析（Nikolioudakis et al，2018），其结论不仅发现“鲭鱼在北欧海域夏季摄食区的出现与温度相关”，还发现温度“对鲭鱼的出现和密度都有重要影响。”确实，这些作者在陈述以下观点时是支持“GOLT”理论的——“温度高时摄食量迅速下降，这可能与需氧量非常高时鱼类向组织输送的氧气量受限有关（Jobling，1997）。”类似的，Welch 等（1998）报道了夏季时红鲑（*Oncorhynchus nerka*）在北太平洋的分布与表层水温之间有密切关联。

推而广之，可以认为温度——它甚至不是经典的“鱼类洄游”模型（Harden-Jones，1968）的一项指标——能够解释鱼类生物学（特别是它们的洄游）中的更多问题，比公认的多得多。事实上，在解释鱼类分布和洄游时，它应该是最先检验的驱动因素。

208 原因在于鱼类分布范围的描述（至少）应该包括这 3 个变量，例如，Block 的著作（1997）。

209 一个很好的例子，秘鲁上升流生态系统中生存的南太平洋杰克鲭鱼（*Trachurus murphy*）的行为（摄食、群居），通过这些行为可以测定到系统中氧跃层的深度（Bertrand et al，2006）。

210 OBIS 是由海洋生物普查项目建立的海洋生物地理信息系统，并且其本质上是由一个显示系统、在一张地图上显示的博物馆物种记录和其他点的数据组成（见 www. iobis. org）。

211 我们周围的海洋项目把这些定义为鱼类或无脊椎动物，世界各国至少要把这些物种的捕捞量报送并纳入联合国粮农组织。

212 例如，Levitus Atlas（www. nodc. noaa. gov）。海洋表层温度适合大洋鱼类和乌贼的生存，底层温度适合底栖鱼类和底栖无脊椎动物的生存。

213 记录物种洄游，至少要记录两种分布区。对于以洄游为研究的鱼类，必须记录其暖季的洄游和寒季的洄游，真实的原因是因为它们的适宜温度剖面（Temperature Preference Profile，TTP）狭窄，需要两幅图，而不是一幅图就可以看出来（见 Lam et al，2008）。

214 适宜温度剖面图（TPP）也可以根据物种分布范围图推测其质量。例如，双峰 TPP 是可疑的，因为分类地位非常明确的鱼类和无脊椎动物物种不具有多种水温偏好。

215　W. Cheung 制作的这张表的鱼类物种代表包括：黄鳍棘鲷（*Acanthopagrus latus*）、大西洋鲱鱼（*Clupea harengus*）、太平洋鲱鱼（*Clupea pallasi*）、美洲真鰶（*Dorosoma cepedianum*）、美洲鳀（*Engraulis mordax*）、鲈滑石斑鱼（*Epinephelus tauvina*）、大西洋鳕（*Gadus morhua*）、黑鮀（*Girella nigricans*）、鲈鱼（*Lateolabrax japonica*）、摩拉吧笛鲷（*Lutjanus malabaricus*）、鲣（*Katsuwonus pelamis*）、银汉鱼（*Menidia menida*）、大麻哈鱼（*Oncorhynchus keta*）、红大麻哈鱼（*O. nerka*）、大鳞大麻哈鱼（*O. tshawytscha*）、细鳞大马哈鱼（*O. gorbusha*）、银大麻哈鱼（*O. kisutch*）、黄带拟鲹（*Pseudocaranx dentex*）、沙丁鱼（*Sardinops sagax*）、褐菖鲉（*Sebastiscus marmoratus*）、多鳞鱚（*Sillago sihama*）、卵鳎（*Solea orate*）、竹荚鱼（*Trachurus japonicus*）和汉氏拟肩孔南极鱼（*Trematomus hansoni*）。无脊椎物种包括普通黄道蟹（*Cancer pagurus*）、普通滨蟹（*Carcinus maenas*）、鲎（*Limulus polyphemus*）和紫贻贝（*Mytilus edulis*）。这些物种都有 TPP（see www. seaaroundus. org）并且发布了体外致死温度值，并可以从以下参考文献求证：Barkley 等（1978），Brett（1956），Brewer（1976），Cuculescu 等（1998），Fraenkel（1960），Hoff 和 Westmann（1966），Jian 等（2003），Jobling（1988），Kimball 等（2004），Kita 等（1996），Menasveta（1981），Somero 和 DeVries（1967），Tsuchida（1995），Wallis（1975），Woo 和 Fung（1980）。

216　到目前为止，这个问题我还没有找到很好的例子，但这可能是因为我没有充分地研究过这些文献。

217　如果认为这个数值预估过高，其中一部分会被当成方程式中预测的潜在捕获量；无论如何，这并不影响最终结果，这些结果是相对的（见图 8. 10）。需要注意的是，在我们周围的海洋项目中最大的捕获数据来源于联合国粮农组织成员国所提交的国家捕获量（FAO），一般来说，各国报告的捕捞量会比方程式估算得出的捕捞量低（见 Zeller and Pauly，2007；Zeller et al，2007；Pauly and Zeller，2016）。

218　鱼类数据库（www. fishbase. org）中巨大数量的鱼类物种（包括不同种群数量、不同季节、不同体型和不同地理位置）的营养级估值是可用的。尽管通过海洋生命数据库（www. sealifebase. org）可以查到其他海洋后生动物一些参差不齐的报道。

219　捕获报道可以在一定程度上说明提交给联合国粮农组织的过分集中的国家捕获量数据，例如，来自一个国家不同省份的黄缘金线鱼（*Nemipterus thosaporni*），和来自不同国家的不同金线鱼属（*Nemipterus*）或金线鱼科的捕捞量数据。

220　入侵率和灭绝率（局部灭绝）定义为以 0. 5×0. 5（纬度×经度）为单位单元，与原始物种总数（1980—2000）相比先出现的物种数和消失的物种数。物种更替率是各个单元中物种入侵率和灭绝率之和。物种丰富度是分布在任一单元中物种的数量，这里以 1066 种鱼类和无脊椎动物为代表。

221 然而，这并没有考虑到渔业管理成功（管理失败）的可能趋势，FAO（2009）的预测是要加剧下降，如果这个趋势继续下去，那么再过几十年海洋渔业则要大面积崩溃（Pauly et al，2003；Worm et al，2006）。

222 Lefevre 等（2017a）指责 Cheung 等（2013b）故意选择 $d=0.7$ 这种低值作为生长指数的平均值，他们认为这么做的原因在于选择较高的值“会显著降低未来温度的影响。”这种假设不仅毫无理由地怀疑后者的学术道德，其本身也有严重错误。为了说明这点，我们再次进行了一次 Cheung 等（2013b）中的分析，但是根据不同水生动物的最大个体采用不同的 d 值：小个体水生动物（最大体长<30 cm）$d=0.7$，中个体水生动物（最大体长 30~60 cm）$d=0.8$，大个体水生动物（最大体长>60 cm）$d=0.9$，大体对应上文的方程（2.4）和图 1.2，最大体长值根据 www.fishbase.org 的数据估算。由此预测出的水生动物的个体大小都相对于当时的（1971—2000）平均水温下降了，且降幅几乎是 d 取恒定值 0.7 时的两倍（Pauly and Cheung，2017）。换句话说，Cheung 等（2013b）取 $d=0.7$，得到的是保守的结果，即大大低估了全球变暖对水生动物个体大小的影响。此外，这个模型还预测大型水生动物的个体大小降幅更大，与 Forster 等（2012）所做的元分析也一致。

223 如果我们不这样做，我们将面临比捕捞渔获量和海洋生物多样性下降更糟糕的问题。

224 图 9.1 中的这条线，斜率是 0.26，接近 1-3/4，这足以让人注意到以斜率 1/4 和 3/4 为关键的预测理论（见 West et al，1997；1998；2001，或 Ginzburg and Damuth，2008），前者也可能适用于非生物系统，如城市（Isalgue et al，2007；Strogatz，2009）。这也是此处提及该理论的主要原因。与本书驳回的各种特定假设相比，它值得严肃对待（另见尾注 13）。

图 9.1 这样的图并不仅仅是用回归线来拟合随机的数据点。稍加思索就会发现，没有理由认为生物的生长率或代谢率应当形成任何可识别的模式，如对于不同的分类单位（图 2.2）形成斜率可预测的各种椭圆体（见尾注 60），或者对 Y 轴和 X 轴（体质量）的标度取对数，使得 24 个数量级的数据能够对齐（图 9.1）。反思一下，就会意识到物种不是完全靠自身进化到现在的，而是作为生态系统的一部分（作为食物、猎物或捕食者）在进化，并且都受共同的物理-化学因子的限制。这说明它们必然都有一些共同的属性，或者说，都有允许它们共存的特征。

一个简单的例子：如果某种非洲羚羊能够突然提高其奔跑速度，并且速度快到总能逃脱食肉动物的捕杀，那么这种羚羊不久就会在与所有其他食草动物的竞争中胜出，它们的生物量会增加，同时也成为不计其数的寄生者和疾病的“目标”。同样，每一头羚羊能够吃到的食物将减少，于是它们将无法获取足够的能量来支撑它们跑那么快。以此类推，相反的情形以狮子为例，如果它们突然提高了捕杀速度，这会带来狮子生物量的短暂增加，但随后猎物的数量会暴跌等。

理论生态学始终都在研究这样的情形。重点是：一些羚羊总会从狮子的捕杀中逃脱，同时狮子总会抓住一些羚羊，这个事实表明，对于同一个生态系统，推而广之，对于整个地球（因为生态系统是“里通外界”的），不同物种的新陈代谢率和生长率是可共存也可比较的（如果将它们的寿命和/或个体大小，以及温度和其他影响所有生物的物理-化学限制因子都考虑在内的话），因为它们一直在共同进化（这也是为什么入侵物种危害如此大，因为它们没有与它们的捕食者和/或寄生者一起入侵）。

因此，虽然图 9.1 这样的图上的数据点只是点，但是连接成线却表示进化正在进行。这就是为什么我更喜欢“线”而不是“点”，为什么即使 West 等（1997，2001，2003）显然不尊重点数据（我不会这样，虽然我喜欢做广义化），我仍然被他们的理论所吸引，同时也对 Ginsburg 和 Damuth（2008）的思考感兴趣的原因所在。

225 实际上，这并非真的正确。Lefevre 等（2017a）试图提出一个用于解释新陈代谢研究的通用框架，但这个框架显然出错了，以至于他们的论文能够发表，只能用同行评议体系的局部失效来解释：他们提出，鳃小瓣具有同一本书中的字母相同的几何性质，不论这本书的哪个维度加大，还是 3 个维度同时加大，书中字母的数量都与书的体积（长度×宽度×厚度）成比例。因此，Lefevre 等（2017a）认为，如果有需要，鱼类可以维持鳃面积与体质量的比值。但是 Lefevre 等人断言它们不需要这么做，因为鱼的新陈代谢率随着它们的生长而降低——虽然他们没有对这个现象给出解释（另见 7.4 节）。

从这篇论文以及他们的其他论文可知，Lefevre 等（2017a）显然与其他许多生理学家（例如，Jutfelt et al，2018 的 28 位作者）一样，仍然分不清鱼通过鳃得到的氧气供应量与它们的细胞对氧气的需求量。这就是为什么他们与另外 25 位生理学家一道攻击一位同行——Hans-Otto Pörtner 博士，后者敢于报道暴露于过高温度中的鱼会缺氧，显然这是氧气供应量不能满足需求量的结果（Pörtner et al，2001；Pörtner and Knust，2007；Pörtner，2010）。

但是，所有这 28 位作者都“难以想象动物在有能力大幅增加向组织供氧的情况下，为什么会允许组织缺氧程度严重到中等强度的活动就使身体机能下降。”这是典型的源于无知的论点：仿佛一群人无法想象一个特定的过程，就可以此为证据否定这一过程的存在！有趣的是，其实很容易就能想象为什么鱼不能始终维持呼吸运动的峰值：这种行为要付出高昂的健康代价（Priede，1985；Pauly and Cheung，2017）。是的，博尔特可以跑得飞快，但是他在跑时不能吃东西，不能社交，不能繁殖后代等等。换句话说，生理学家迫使实验室中的鱼表现出来的呼吸运动的峰值，并不能转化为鱼在自然条件下的惯常表现。峰值运动的代价是高昂的，只有在极端情况下（如逃避捕食者）才会使用。

最后，上述 28 位作者的论文题目——受限于氧气和能力的热耐受性：难以相互区分的生态学和生理学——说明应该避免从一门专业学科推导到另一门专业学科。事实上，学科之间往往是相通的，即不同学科之间是交叉关联的，而这些交叉关联一直是科学进步得以“实现”的证据，不论是自然选择的进化论还是板块运动学都是如此（另见第一版的序和尾注 3）。认为生理学应当是通往鱼类学说真知的唯一道路，这种看法与宣称神学是唯一道路同样荒谬。

226 一些关系的指数是 3/4，这说明互补维度上的关系的指数是 1/4。

227 我提到虾类，是因为我曾经花时间研究过虾类的生长（见 Pauly et al，1984；Dwippongo et al，1986），并且，当时研究的种类有其重要意义。

228 将 West 等（2001）的方程式（3）或 West 等（2002）的方程（1）与本书的方程（1.1）做一个比较。它们是同一个方程式，区别在于 West 等（1997）所坚持的 d 要始终等于 3/4。West 等（2001）认为“哺乳动物、鸟类、鱼类、贝类和植物的数据都很好地支持了 3/4 指数”，他引用来支持这一观点的水生动物研究是 Xie 和 Sun（1990）和 Brett（1989）。Xie 和 Sun（1990）没有估计 d 值，即使有，也不可靠，因为他们只研究了一种成体体质量最多在几千克的鱼，并且研究的是体质量范围在 8~150 g 左右的稚鱼（见 www.fishbase.org）。另一方面，Brett（1989）在摘要中写道：“发现红鲑尺寸（体质量取对数，以 g 为单位）和新陈代谢率［吸氧速率取对数，以 mg/h（以 O_2 计）为单位］之间的关系随着活动量增加，斜率持续发生变化（0.78~0.97）”，而这并不支持 West 等（2001）所主张的 d 始终等于 0.75。

最后，他们忽略了重要的根据孔雀鱼估算出的 $d=0.67$，这一估值巩固了 von Bertalanffy 所做的大部分推论。在与上述有别的其他研究中，他们也引用了 von Bertalanffy。我没有检查过他们关于哺乳动物、鸟类、贝类和植物的支撑证据，但是，如果与水生动物的情形类似，那么这些证据也是不可靠的。

这是个遗憾，因为这个理论很有吸引力，一旦它所适用的领域（现在甚至已经用于研究城市的发展，见尾注 199）得到更好的定义，同时处理好它与其他理论的关系（见正文和 Ginzburg and Damuth，2008），那这个理论也可能成功。

229 公平地说，必须强调这不算是一个好的论点：水母的深层（含水）组织中的“分支分布网络”（*branching distribution networks*）可能太微弱了，以至于至今一直没有获得重视。

230 West 等（2002）也是这么评论 Banavar 等（2002）的。

231 Whitfield（2004）希望对 West 等（1997；2001）的思想做一次全面的评价，但是，

他没能指出（或意识到），拒绝某人所声称的发现的一种统一的规律，并不意味着反对一般的广义化。

232 在鱼类种群动力学中，“渔获曲线”是代表整个种群的渔获样本中鱼类数量的自然对数与年龄的函数关系曲线（Ricker，1975）。如果可以假设这里的样本（样本也可以取自大型数据集）代表一个均衡状态下的种群，那么，这种渔获曲线向下倾斜的斜率就是瞬时总死亡率（Z）的估计值。对于无法逐个定龄的水生动物（如虾），或者利用耳石日轮定龄过于繁琐（见 7.2 节）但又有可用的生长参数（如从体长–频率分析得出的参数；Longhurst and Pauly，1987；Pauly，1998a）的鱼类，Z 可以通过“变换体长渔获曲线”来估算。在这种曲线中，X 轴代表（通过 VBFG 函数）计算出的与平均体长相对应的鱼龄（代替耳石鱼龄），Y 轴代表 ln（数量/Δt），Z 仍然用向下倾斜的斜率估算。这里，Δt 代表鱼长满一个体长级别所需的时间（由个体大小决定的时间）。如果不除以对应着 Ginzburg 和 Damuth（2008）中的第 4 维度的 Δt，那么变换体长渔获曲线就会高估在大个体级别中任一时间的个体数量，从而低估了 Z 值（见 Pauly et al，1984a；1998a）。

233 个体大小频谱代表生物在一个生态系统中的粒径分布，原则上它可以通过同时对一个生态系统中的所有生物进行取样来建构，但是，这实际上是不可行的，除非限制样本的个体大小（或其对数）。例如，可以定量地对病毒、微生物、浮游植物和小型浮游动物进行取样（取一份水样即可），但是对大型浮游动物（水母）和鱼类就做不到。同样的，一张拖网可以捕获种类繁多的鱼类，但是不会捕获共生的浮游生物和大型海洋哺乳动物等等。实际上，直接囊括所有领域内生物的唯一直接的办法是造一个包含生态系统中所有大小生物组代表的生态系统模型，接着平衡每一组的生物量使整个系统达到均衡（Christensen and Pauly，1992），然后用生长到超出每个“箱子”（图 9.2B 中的 Δt；Pauly and Christensen，2002）所需的时间除以这个生物量，再利用生长参数计算出每一组生物为每个“箱子”贡献的生物量（或质量级的对数）。如果不除以代表 Ginzburg 和 Damuth（2008）中的第 4 维度的 Δt，那么生态系统个体大小频谱就会高估在任一时间观测到的大个体级别中的生物量（Pauly and Christensen，2002）。

234 即表面无需与 L^2（和 $W^{2/3}$）成比例增长。它可以是正异速生长，即与 L^p（其中 $p>2$）成比例增长，并且 p 可以接近 3，甚至在一段时间内等于 3（见 1.3.1）。

235 古埃及的一项公共工程（代赫舒尔的“弯曲金字塔”）底层与地面成 55°夹角（这表明大块的石头只能由相对小的表面来支撑），而顶层与地面成 43°夹角，从而确保不会倒塌，这显示了古埃及人在几千年前就意识到了“表面积/质量”问题。对表面积与质量关系的更深刻认识，让中世纪的建筑师可以设计出直插云霄的大教堂和清真寺。伽利略和其他文艺复兴时代的学者用数学语言对这些知识做了规范表达。

236 生物学家 D'Arcy Wenworth Thompson 所属的生物学流派坚守前达尔文时代的观点，同时也为生物学做出了有意义的贡献。这一流派现已不复存在，但他作为其中的一员，曾写过一篇名为“论生长与形态”的杰作（Thompson，1917），其中不但对生物中的几何学，还对生物对此的反应，以及它们如何与几何学“互动”，做了优美的量化表述。

237 不少作者已经从经验上和理论上对这些个体大小限制做了探讨，特别是 Kaiser 等（2007），他发现体型紧凑的昆虫可长到 17 cm。这刚好相当于巴西和圭亚那的一种长角甲虫——泰坦大天牛 *Titanus giganteu* 的尺寸（www. public. asu. edu/~icjfh/edu/trachea/TS_Index. html.）。显然，竹节虫可以长到更长，已有报道发现长达 38 cm 的 *Phobaeticus kirbyi* 个例（雌性）（见 www. scienceinafrica. co. za/2004/september/stickinsect. htm）。

这些个体大小限制显然取决于大气中的氧气含量，因此，石炭纪晚期的巨脉蜻蜓 *Meganeura monyi* 翼展可长达 66 cm（Atkinson，2005），而现在最大的蜻蜓翼展也只有 20 cm（另见 Ward，2006）。足以令人惊讶的是，昆虫也有限制氧气过量的机制（Hetz and Bradley，2005）。不妨回想一下，其实氧气也是一种有毒气体（Fridovich，1977；Lane，2002）。

238 因此，新陈代谢的增长指数与限制生物个体大小的指数可以不相同。研究这种差异（这里无法展开），或许能为统一“GOLT”理论与 West 等（1997；2001；2003）和 Ginzburg 和 Damuth（2008）的理论打下基础。

239 关于这一点，West 和 Brown（2004）再一次给出了一个显然自相矛盾且大到令人烦恼的宏论：“新陈代谢在多个层次上有序进行，每一层次都会出现新的结构，于是形成一个网络层次体系，并且每一层次的网络都有与众不同的物理特性和有效的自由度。即便如此，新陈代谢率仍继续遵守指数为 3/4 的尺度变化。这种不变性与物理学中可类比的情况相反。例如，从夸克到强子，再到原子，最终到物质，表现在结构功能或相变中的尺度变化始终存在。但是，并没有出现连续的、统一的行为。每一层次都表现出不同的尺度变化规律。”因此，如果它确实是统一的，那么指数为 3/4 的尺度变化将意味 G. B. West 和他的同事在物理学领域做得比物理学家还要好。但是，纵览全书，我们看到 $d=0.75$ 只符合部分情况，物理学家才是正确的一方，因为“每一层次都表现出不同的尺度变化规律”。（另见 Ginzburg and Damuth，2008）。另一方面，本书无意提出一个统一的理论，相反，它代表的是一种尝试：提出原理，使得氧气可以纳入针对特定层次或特定领域的理论，并使这样的理论可以预测鱼类在食物和氧气都受限制条件下的风险最小化行为。但是，我尚未尝试研究鱼类为了平衡捕食风险、摄取食物和呼吸氧气所必须采取的复杂、实时的最优化过程（Kramer,1987；Bakun，2011，另见第十章）。摄食场理论（Walter and Juanes，1993，另见尾注22和尾注66）对上述前两项做了细致的研究，因此超越了最优摄食理论和相关的单要素理论。或许，这个理论可以加以扩展，在综合了Andrew Bakun在第十章中总结的思想后，既可以解释危险的食物，也可以解释危险的氧气。

240　一些读者将会注意到，普遍出现在大多数建筑物（见尾注234）和生物（图9.2）中的表面与质量的维数“不匹配”问题，也发生在社会领域。因此，比如乡下穷人中的无土地者（他们最初分布于内陆的表面，即长度的平方），当他们迁移到沿海地区（本质上是沿着海岸的一段“长度”），他们这种无土地状态就被放大，而在大多数国家，对沿海地区的利用都已经达到甚至超过极限（Kay and Alder，1999；Pauly，1997a）。然而，最紧迫的例子是社会领域的这种维度效应，还有一个仍在争论不休的问题是，因为耕地数量不断减少，如何满足我们日益增长的粮食需求（Brown，2009；Montgomery，2012），指数增长人口和“线性”增长作物产量之间的维度不匹配的当前问题（Malthus，1798）。

然而，随着捕捞渔业的发展，争论已经结束：野生鱼类数量的减少（Watson et al，2013）导致全球捕获量自20世纪90年代中期以来一直在下降（Pauly and Zeller，2016）。因此，总体而言，虽然鱼类将会遇面临越来越多的呼吸问题，我们却肯定会遇到怎么吃上饭的问题。这两种情形都可以用同一种思路来设想，即维数的不匹配。

参考文献

Abbott EA. 1884. Flatland: a romance in many dimensions. Reprint (1952) of the 7th revised edition. Dover Publications, New York, NY

Abdul Amir A. 1988. Aeration proves its worth with carp. Fish Farmer International File 2:4-5

Abele D. 2002. Toxic oxygen: the radical life-giver. Nature 420:27

Al-Azhar M, Temimi M, Zhao J, Ghedira H. 2016. Modeling of circulation in the Arabian Gulf and the Sea of Oman: skill assessment and seasonal thermohaline structure. J Geophys Res Oceans 121:1700-1720

Amarasinghe U S, Pauly D. 2021. The Relationship Between Size at Maturity and Maximum Size in Cichlid Populations Corroborates the Gill-Oxygen Limitation Theory (GOLT). Asian Fisheries Science, 34 :14-22

Andersen C, Pauly D. 2006. A comparison of growth parameters of Australian marine fishes north and south of 28° South. In: Palomares MLD, Stergiou KL, Pauly D (eds) Fishes in databases and ecosystems. Fisheries Centre Research Reports 14(4). University of British Columbia, Vancouver, p 65-68

Andersen KP, Ursin E. 1977. A multispecies extension to the Beverton and Holt theory of fishing, with accounts of phosphorus circulation and primary production. Medd Dan Fisk- Havunders 7:319-435

Andersen KH, Farnsworth KD, Thygesen UH, Beyer JE. 2007. The evolutionary pressure from fishing on size at maturation of Baltic cod. Ecol Modell 204:246-252

Andersson M, Iwasa Y. 1996. Sexual selection. Trends Ecol Evol 11:53-58

Angilletta MJ Jr, Dunham AE. 2003. The temperature-size rule in ectotherms: simple evolutionary explanations may not be general. Am Nat 162:332-342

Anon. 1988a. The miracle of Taiwan's eel culture. Aqua-O2 News 1(1): 4

Anon. 1988b. Veteran nets greater tilapia yields. Aqua-O2 News 1(2): 6

Appeldoorn RS. 1987. Modifications of a seasonal growth function for use with mark-recapture data. J Cons Cons Int Explor Mer 43:194-198

Arguelles J, Tafur R, Taipe A, Villegas P, Kyel F, Dominguez N, Salazar M. 2008. Size increment of jumbo flying squid *Dosidicus gigas* mature females in Peruvian waters 1989-2004. Prog Oceanogr 79:308-312

Arntz W, Tatje S, Gerges D, Gili JM and others. 2005. The Antarctic-Magellan connection: macrobenthos ecology on the shelf and upper slope, a progress report. Sci Mar 69 (Suppl 2):237-269

Asimov I. 1977. The planet that wasn't: a mind-dazzling excursion into the realm of myth, science and speculation. Discus Books, New York, NY

Atkinson TP. 2005. Arthropod body fossils from the Union Chapel Mine, In: Buta RJ, Rindsberg AK, Kopaska-Merkel DC (eds) Pennsylvanian footprints in the Black Warrior basin of Alabama. Alabama Paleontological Society Monographs No. 1, p 169-176

Atkinson D, Sibly RM. 1997. Why are organisms usually bigger in colder environments? Making sense of a life history puzzle. Trends Ecol Evol 12:235-239

Bakun A. 1990. Coastal ocean upwelling. Science 247:198–201

Bakun A 2011. The oxygen constraint. In: Christensen V, Maclean J (eds) Ecosystem approaches to fisheries: a global perspective. Cambridge University Press, Cambridge, p 11–23

Bakun A, Csirke J. 1998. Environmental processes and recruitment variability. In: Rodhouse PG, Dawe EG, O' Dor RK (eds) Squid recruitment dynamics: the genus *Illex* as a model, the commercial *Illex* species and influences on variability. FAO Fish Tech Pap 376, p 105–124

Balgos M, Pauly D. 1998. Age and growth of *Sepioteuthis lessoniana* in NW Luzon, Philippines, based on Alizarin–validated statolith readings. S Afr J Mar Sci 20:449–452

Banavar JR, Damuth J, Maritant A, Rinaldo A. 2002. Modelling universality and scaling. Nature 420:626

Banerji SK, Krishnan TS. 1973. Acceleration of assessment of fish populations and comparative studies of similar taxonomic groups. In: Proceedings of the Symposium on Living Resources of the Seas Around India, Special Publication, Central Marine Fisheries Research Institute, Kochi, p 158–175

Banse K. 1968. Hydrography of the Arabian Sea Shelf of India and Pakistan and effects on demersal fishes. Deep–Sea Res 15:45–79

Bardi U. 2017. The Seneca effect: why growth is slow but collapse is rapid. Springer, Cham

Barghini G, Vizzoni L, Lattanzi G, Milanta PF. 1964. Auxometric findings in some lower secondary schools of the commune of Carrara. G Ig Med Prev 5:261–266 (in Italian)

Barkley RA, Neill WH, Gooding RM. 1978. Skipjack tuna, *Katsuwonus pelamis*, habitat based on temperature and oxygen requirements. Fish Bull 76:653–662

Barkow JH, Cosmides L, Tobby J. 1992. The adapted mind: evolutionary psychology and the evolution of culture. Oxford University Press, New York, NY

Barneche DR, Robertson DR, White CR, Marshall DJ. 2018. Fish reproductive–energy output increase disproportionately with body size. Science 360:642–645

Barry–Gerard M. 1994. Migration des poissons le long du littoral senegalaisIn: Barry–Gerard M, Diouf T, Fonteneau A (eds) L' evaluation des ressources exploitables par la peche senegalaise. Edition ORSTOM, Paris, p 215–234

Baudron AR, Needle CL, Rijnsdorp AD, Tara Marshall C. 2014. Warming temperatures and smaller body sizes: synchronous changes in growth of North Sea fishes. Glob Change Biol 20:1023–1031

Bazazi S, Buhl J, Hale JJ, Anstey M, Sword GA, Simpson S, Couzin I. 2008. Collective motion and cannibalism in locust migratory bands. Curr Biol 18:735–739

Beamish RJ, McFarlane GA. 1983. The forgotten requirement for age validation in fisheries biology. Trans Am Fish Soc 112:735–743

Bejda AJ, Phelan BA, Studholme AL. 1992. The effect of dissolved oxygen on the growth of young–of–the–year winter flounder, *Pseudopleuronectes americanus*. Environ Biol Fishes 34:321–327

Bell RR. 1962. A history of tuna age determinations. In: Symposium on Scombroid Fishes, Part 2. Marine Biological Association of India, Mandapam Camp p 693–706

Berg LS, Bogdanov LS, Kozhin NI, Rass TS (eds). 1949. Commercial fishes of the USSR. Description of the fishes. Pishchepromizdat (in Russian)

Bergmann C. 1847. Uber die Verhaltnisse der Warmeokonomie der Thiere zu ihrer Grosse. Gottinger Studien 3: 595-708

Bertrand A, Angeli MA, Gerlotto F, Leiva F, Cordova J. 2006. Determinism of fish schooling behaviour as exemplified by the South Pacific jack mackerel *Trachurus murphyi*. Mar Ecol Prog Ser 311:145-156

Beverton RJH. 1963. Maturation, growth, and mortality of clupeid and engraulid stocks in relation to fishing. Rapp P-V Reun Cons Int Explor Mer 154:44-67

Beverton RJH, Holt SJ. 1957. On the dynamics of exploited fish populations. Fisheries Investigations 19, Series 2, HM Stationary Office, London

Beverton RJH, Holt SJ. 1959. A review of the life span and mortality rate of fish in nature and the relation to growth and other physiological characteristics. In: Wolstenholme GEW, O'Connor M. eds) The lifespan of animals. Ciba Foundation Colloquia on Ageing, Vol 5, Churchill, London, p 142-177

Bigelow KA. 1993. Age and growth of the oceanic squid *Onychoteuthis borealijaponica* in the North Pacific. Fish Bull 92:13-25

Bigman JS, Pardo SA, Prinzing TS, Dando M, Wegner NC, Dulvy NK. 2018. Ecological lifestyles and the scaling of shark gill surface area. J Morphol 279:1716-1724

Birk MA, Dymowka AK, Seibel BA. 2018. Do squid breathe though their skin? J Exp Biol 221: jeb185553

Bizikov VA. 1991. A new method of squid age determination using the gladius. In: Jereb P, Ragonese S, Boletzky SV (eds) Squid age determination using statoliths - Proceedings of an International Workshop, 9-14 October 1989, Mazara del Vallo, Italy. NTR-ITPP Spec Publ No 1, p 39-51

Blaxter JHS, Hempel G. 1966. Utilization of yolk by herring larvae. J Mar Biol Assoc UK 46:219-234

Blaxter JHS, Holliday FGT. 1963. The behavior and physiology of the herring and other clupeids. Adv Mar Biol 1: 261-393

Blier PU, Pelletier D, Dutil JD. 1997. Does aerobic capacity sets a limit on fish growth rate? Rev Fish Sci 5:323-340

Block BA, Booth DT, Carey FG. 1992. Depth and temperature of the blue marlin, *Makaira nigricans*, observed by acoustic telemetry. Mar Biol 114:175-183

Block BA, Finnerty J, Stewart AFR, Kidd JA. 1993. Evolution of endothermy in fish: mapping physiological traits on a molecular phylogeny. Science 260:210-214

Block BA, Keen JE, Castillo B, Dewar H and others. 1997. Environmental preferences of yellowfin tuna (*Thunnus albacares*) at the northern extent of its range. Mar Biol 130:119-132

Block BA, Dewar H, Blackwell SB, Williams TD and others. 2001. Migratory movements, depth preferences, and thermal biology of Atlantic bluefin tuna. Science 293:1310-1314

Blueweiss L, Fox H, Kudzma V, Nakashima D, Peters R, Sams S. 1978. Relationships between body size and some life history parameters. Oecologia 37:257-272

Bobrovskiy I, Hope JM, Ivantsov A, Nettersheim BJ, Hallmann C, Bocks JJ. 2018. Ancient steroid establish the Ediacarian fossil *Dickinsonia* as one of the earliest animals. Science 361:1246-1249

Bochdansky AB, Leggett WC. 2001. Winberg revisited: convergence of routine metabolism in larval and juvenile fish. Can J Fish Aquat Sci 58:220-230

Boely T. 1979. Biologie de deux especes de Sardinelles (*Sardinella aurita* Valenciennes 1887 et *Sardinella maderensis* Lowe 1841. des cotes senegalaise. La Peche Maritime. Editions maritimes, Paris, Juillet 1979:426-430

Boely T, Chabanne J, Freon P. 1978. Schema migratoire de poissons pelagiques cotiers dans la zone senegalo-mauritanienne. In: Rapport du groupe de travail ad hoc sur les poissons pelagiques cotiers ouest africains de la Mauritanie au Liberia (26° N a 5° N). FAO/Comite des peches pour l' Atlantique. Centre-Est — COPACE/RACE Ser 78/10, p 63-70

Boeuf G, Payan P. 2001. How should salinity influence fish growth? Comp Biochem Physiol C Toxicol Pharmacol 130:411-423

Boltzmann L. 1884. Ableitung des Stefan' schen Gesetzes, betreffend die Abhangigkeit der Warmestrahlung von der Temperatur aus der elektomagnetischen Lichttheorie. Ann Phys Chem 258:291-294

Bone Q. 1978. Locomotor muscle. In: Hoar WS, Randall DJ (eds) Fish Physiology, Vol 7, Academic Press, New York, NY, p 361-424

Bouchard L, Winkler G. 2018. Life cycle, growth and reproduction of *Neomysis americana* in the St Lawrence estuarine transition zone. J Plankt Res 40: 693-707

Bouck GR. 1980. Etiology of gas bubble disease. Trans Am Fish Soc 109:703-707

Bougis P. 1952. La croissance des poissons mediterraneens. In: Laboratoire Arago (ed) Oceanographie mediterraneenne: journees d'etudes du laboratoire Arago mai 1951. Actualites scientifiques et industrielles 1187. Supplement No 2 a Vie et Milieu. Hermann & Cie, Paris, p 118-146

Boyce DG, Tittensor DP, Worm B. 2008. Effects of temperature on global patterns of tuna and billfish richness. Mar Ecol Prog Ser 355:267-276

Boyd CE, Ahmad T, Zhang LF. 1988. Evaluation of plastic pipes, paddle wheel aerations. Aquacult Eng 7:63-72

Bozynski CC. 1998. Nest-building, and the relationship between growth, behavioural activity, and sexual maturation in control and fast-growing strains of female and male Nile tilapia (*Oreochromis niloticus*). Master's thesis, University of British Columbia, Vancouver

Bozynski CC, Pauly D. 2017. Interactions between growth, sex, reproduction and activity levels in control and fast-growing strains of Nile tilapia, *Oreochromis niloticus*. In: Pauly D, Hood L, Stergiou KI (eds.) Belated contributions on the biology of fish, fisheries and features of their ecosystems. Fisheries Centre Research Reports 25(1). University of British Columbia, Vancouver, p 12-30

Brandts TF. 1967. Heat effects on proteins and enzymes. In: Rose AE (ed) Thermobiology. Academic Press, London, p 25-72

Brett JR. 1956. Some principles in the thermal requirements of fishes. Q Rev Biol 31:75-87

Brett JR. 1965. The relation of size to the rate of oxygen consumption and sustained swimming speed of sockeye salmon (*Oncorhynchus nerka*). J Fish Res Board Can 22:1491-1501

Brewer GD. 1976. Thermal tolerance and resistance of the northern anchovy, *Engraulis mordax*. Fish Bull 74:433-445

Brey T, Soriano M, Pauly D. 1988. Electronic length frequency analysis: a revised and expanded user's guide to ELEFAN 0 1 and 2 (2nd edn). No. 177, Berichte des Institut fur Meereskunde an der Universitat Kiel

Brill RW. 1994. A review of temperature and oxygen tolerance studies on tunas pertaining to fisheries oceanography, movement models and stock assessment. Fish Oceanogr 3:204-216

Brill RW, Bushnell PG. 2001. The cardiovascular system of tunas. In: Block BA, Stevens ED (eds) Tuna: physiology, ecology and evolution. Academic Press, San Diego, CA p 79-120

Britz R, Sykes D, Gower DJ, Kamei R. 2018. *Monopterus rongsaw*, a new species of hypogean swamp eel from the Khasi Hills in Northeast India (Teleostei: Synbranchiformes: Synbranchidae. Ichthyological Exploration of Freshwaters/IEF-1086, Verlag Dr. Friedrich Pfeil, Munich

Brook G. 1886. Report on the herring fishery of Loch Fyne and the adjacent districts during 1885. Ann Rep Fish Bd Scot 4:47-60

Brook G, Calderwood WL. 1886. Report on the food of the herring. Ann Rep Fish Bd Scot 4:102-128

Brower LP, Fink LS, Walford P. 2006. Fueling the fall migration of the monarch butterfly. Integr Comp Biol 46:1123-1142

Brown ME. 1946. The growth of brown trout (*Salmo trutta* L.) I. Factors influencing the growth of trout fry. J Exp Biol 22:118-129

Brown LR. 2009. Could food shortages bring down civilization? Sci Am 300:50-57

Bruce JR. 1924. Changes in chemical composition of the tissues of herring in relation to age and maturity. Biochem J 18:469-485

Brummett ER. 1995. Environmental regulation of sexual maturation and reproduction in tilapias. Fish Res 3:231-246

Brunnschweiler JM, Baensch H, Pierce SJ, Sims DW. 2009. Deep-diving behavior of a whale shark *Rhincodon typus* during long-distance movement in the western Indian Ocean. J Fish Biol 74:706-714

Burd AC, Cushing DH. 1962. Growth and recruitment in the herring of the southern North Sea. II. Recruitment to the North Sea herring stocks. Fisheries Investigations, Series 2, HM Stationary Office, London, (5)

Buri P. 1980. Ecology of the feeding of milkfish fry and juveniles, *Chanos chanos* (Forsskal) in the Philippines. Memoirs of the Kagoshima University Research Center for the Pacific Islands 1:25-42

Buri P, Kumagai S, Banada V. 1980. Developmental and ecological stages in the life history of milkfish, *Chanos chanos* (F.). SEAFDEC Quarterly Research Report (Philippines) 41:5-10

Burleson ML, Wilhelm DR, Smatresk NJ. 2001. The influence of fish size on the avoidance of hypoxia and oxygen selection by largemouth bass. J Fish Biol 59:1336-1349

Burness GP, Leary SC, Hochachka PW, Moyes CD. 1999. Allometric scaling of RDA, DNA, and enzyme levels in fish muscles. Am J Physiol 277: R1164-R1170

Bushnell PG, Brill RW. 1992. Oxygen transport and cardiovascular responses in skipjack tuna (*Katsuwonus pelamis*) and yellowfin tuna (*Thunnus albacares*) exposed to acute hypoxia. J Comp Physiol B 162:131–143

Caddy JF. 1991. Daily rings on squid statoliths: an opportunity to test standard population models? In: Jereb P, Ragonese S, Boletzky SV (eds) Squid age determination using statoliths — Proceedings of an International Workshop, 9–14 October 1989, Mazara del Vallo, Italy. NTR–ITPP Spec Publ No 1, p 53–66

Canfield DE, Poulton SW, Narbonne GM. 2007. Late–neoproterozoic deep–ocean oxygenation and the rise of animal life. Science 315:92–95

Carey FG. 1982. A brain heater in the swordfish. Science 216:1327–1329

Carey FG, Teal JM, Kanwisher JW, Lawson KD, Beckett JS. 1971. Warm–bodied fish. Am Zool 11:137–143

Carlander KD. 1950. Handbook of freshwater fishery biology. WC Brown, Dubuque, IA

Carlander KD. 1953. Handbook of freshwater fishery biology with the first supplement. WC Brown, Dubuque, IA

Carlander KD. 1969. Handbook of freshwater fishery biology. Vol I. Iowa State University Press, Ames, IA

Carlander KD. 1977. Handbook of freshwater fishery biology. Vol II. Iowa State University Press, Ames, IA

Carpenter WB. 1847. Physiology for the people II. Dependence of life on heat. In: Howitt W, Howitt M (eds), Howitt's journal of literature and popular progress, Vol 1. W. Lovett, London, p 132–134

Casti JL. 1989. Paradigm lost: images of man in the mirror of science. William Morrow & Co, New York, NY.

Cavalier–Smith T. 1991. Coevolution of vertebrate genome, cell and nuclear sizes. In: Symposium on the evolution of terrestrial vertebrates. Selected Symposia and Monographs. UZI 4, Modena, p 51–86

Cavalli–Sforza LL. 1997. Genes, people and languages. Proc Natl Acad Sci USA 94:7719–7724

Chabot D, Dutil JT. 1999. Reduced growth of Atlantic cod in non–lethal hypoxic conditions. J Fish Biol 55:472–491

Champagnat C, Domain F. 1978. Migrations des poissons demersaux le long des cotes ouest–africaines de 10 a 24° de latitude nord. Cahier ORSTOM, Serie Oceanographie, 16(3–4):239–261

Channon HJ, El Saby EK. 1932. Fat metabolism of the herring. 1. A preliminary survey. Biochem J 26:2021–2034

Chapelle G, Peck LS. 1999. Polar gigantism dictated by oxygen availability. Nature 399:114–115

Chapelle G, Peck LS. 2004. Amphipod crustacean size spectra: new insights in the relationship between size and oxygen. Oikos 106:167–175

Chapman LJ, McKenzie DJ. 2009. Behavorial and ecological consequences. In: Richard JG, Farrell AT, Brunner CJ (eds) Hypoxia. Fish Physiology 27. Academic Press, London, p 25–77

Charlson ME, Feinstein AR. 1974. The auxometric dimension — A new method for using rate of growth in prognostic staging of breast cancer. JAMA 228:180–185

Charnov E. 2008. Fish growth: Bertalanffy k is proportional to reproductive effort. Environ Biol Fishes 83:185–187

Chernova LS. 1997. Pain sensitivity and behaviour of fishes. J Ichthyol 37:98–102

Cheung WWL, Lam VWY, Pauly D. 2008a. Dynamic bioclimate envelope model to predict climate–induced changes in distributions of marine fishes and invertebrates, In: Cheung WWL, Lam VWY, Pauly D (eds) Modelling present and climate–shifted distribution of marine fishes and invertebrates. Fisheries Centre Research Reports 16(3), University of British Columbia, Vancouver, 5-50

Cheung WWL, Close C, Lam VWY, Watson R, Pauly D. 2008b. Application of macroecological theory to predict effects of climate change on global fisheries potential. Mar Ecol Prog Ser 365:187-193

Cheung WWL, Lam VWY, Sarmiento JL, Kearney K, Watson R, Pauly D. 2009. Projecting global marine biodiversity impacts under climate change scenarios. Fish Fish 10:235-251

Cheung WWL, Lam VWY, Sarmiento JL, Kearney K, Watson R, Zeller D, Pauly D. 2010. Large-scale redistribution of maximum fisheries catch potential in the global ocean under climate change. Glob Change Biol 16: 24-35

Cheung WWL, Dunne J, Sarmiento JL, Pauly D. 2011. Integrating ecophysiology and plankton dynamics into projected maximum fisheries catch potential under climate change in the Northeast Atlantic. ICES J Mar Sci 68: 1008-1018

Cheung WWL, Watson R, Pauly D. 2013a. Signature of ocean warming in global fisheries catch. Nature 497:365-368

Cheung WWL, Sarmiento JL, Dunne J, Frolicher TL and others. 2013b. Shrinking of fishes exacerbates impacts of global ocean changes on marine ecosystems. Nat Clim Chang 3:254-258

Cheung WWL, Pauly D, Sarmiento JL. 2013c. How to make progress in projecting climate change impacts. ICES J Mar Sci 70:1069-1074

Chiang WC, Musyl MK, Sun CL, DiNardo HMG and others. 2015. Seasonal movements and diving behaviour of black marlin (*Istiompax indica*) in the northwestern Pacific Ocean. Fish Res 166:92-102

Chiba K. 1988. The effect of dissolved oxygen on the growth of young striped bass. Bull Jpn Soc Sci Fish 54: 599-606

Choat JH, Axe LM. 1996. Growth and longevity in acanthurid fishes: an analysis of growth increments. Mar Ecol Prog Ser 134:15-26

Choat JH, Robertson DR, Ackerman JL, Posada JM. 2003. An age-based demographic analysis of the Caribbean stoplight parrotfish *Sparisoma viridis*. Mar Ecol Prog Ser 246:265-277

Christensen V, Pauly D. 1992. The ECOPATH II — a software for balancing steady-state ecosystem models and calculating network characteristics. Ecol Model 61:169-185

Christensen V, Walters CJ. 2004. Ecopath with Ecosim: methods, capabilities and limitations. Ecol Modell 172: 109-139

Clark FN. 1925. The life history of *Leuresthes tenuis*, an atherine fish with tide controlled spawning habits. California Department of Fish and Game Fisheries Bulletin 10

Clarke A, Johnson NM. 1999. Scaling of metabolic rate with body mass and temperature in teleost fish. J Anim Ecol 68:893-905

Clarke MR. 1980. Cephalopods in the diet of sperm whales of the southern hemisphere and their bearing on sperm whale biology. Discovery Reports 37, Cambridge Universtiy Press, London

Clarke A. 1983. Life in cold water: the physiological ecology of polar marine ectotherms. Oceanogr Mar Biol Annu

Rev 21:341-453

Clarke A, Johnson NM. 1999. Scaling of metabolic rate with body mass and temperature in teleost fish. J Anim Ecol 68:893-905

Claro R, Lapin VI. 1971. Algunos datos sobre la alimentacion y la dinamica de las grasas en la biajaiba, *Lutjanus synagris* (Linnaeus) en el Golfo de Batabano, plataforma de Cuba. AcademCienc Cuba Ser Oceanol10:1-16

Cloern JE, Nichols FH. 1978. A von Bertalanffy growth model with a seasonally varying coefficient. J Fish Res Board Can 35:1479-1482

Close C, Cheung WWL, Hodgson S, Lam VWY, Watson R, Pauly D. 2006. Distribution ranges of commercial fishes and invertebrates. In: Palomares MLD, Stergiou KI, Pauly D (eds), Fishes in databases and Ecosystems. Fisheries Centre Research Reports 14(4), University of British eColumbia, Vancouver, p 27-37

Cochran JK, Landman NH. 1984. Radiometric determination of the growth rate of *Nautilus* in nature. Nature 308: 725-727

Cohen AC. 1976. The systematics and distribution of *Loligo* in the western North Atlantic, with description of two new species. Malacologia 15:299-367

Collins S. 1685. A systeme of anatomy treating of the body of man, beast, birds, fish, insects, and plants, Vol. 1. Thomas Newcomb, London

Collins AB, Motta PJ. 2017. A kinematic investigation into the feeding behavior of the Goliath grouper *Epinephelus itajara*. Environ Biol Fishes 100:309-323

Compagno LJV. 1984. Sharks of the world. An annotated and illustrated catalogue of shark species known to date. Vol 4. Part 1: Hexanchiformes to Lamniformes. FAO Fisheries Synopsis 125, FAO, Rome

Conover DO, Munch SB. 2002. Sustaining fisheries yields over evolutionary time scales. Science 297:94-96

Cooley SR, Doney SC. 2009. Anticipating ocean acidification's economic consequences for commercial fisheries. Environ Res Lett 4:024007

Costa DP, Gentry RL. 1986. Free-ranging energetics of northern fur seal. In: Gentry RL, Kooyman GL (eds) Fur seals: maternal strategies on land and at sea. Princeton University Press, Princeton, NJ, p 79-101

Costa-Pierce BA, Pullin RSV. 1989. Stirring ponds as a possible mean of increasing aquaculture production. Aquabyte 2:5-7

Cottingham A, Hesp SA, Hall NG, Hipsey MR, Potter IC. 2014. Marked deleterious changes in the condition, growth and maturity schedules of *Acanthopagrus butcheri* (Sparidae) in an estuary reflect environmental degradation. Estuar Coast Shelf Sci 149:109-119

Coutant CC. 1985. Striped bass, temperature, and dissolved oxygen: a speculative hypothesis for environmental risk. Trans Am Fish Soc 114:31-61

Coutant CC. 1987. Thermal preference: When does an asset become a liability? Environ Biol Fishes 18:161-172

Coutant CC. 1990. Temperature-oxygen habitat for freshwater and coastal striped bass in a changing climate. Trans Am Fish Soc 119:240-253

Cox MM, Nelson DL. 2008. Lehninger principles of biochemistry. WH Freeman, New York, NY

Craig MT, Sadovy de Mitcheson YJ, Heemstra PC. 2011. Groupers of the world: a field and market guide. NISC, Grahamstown

Cramer JL, Nakamura RM, Dizon AE, Ikehara WN. 1981. Burnt tuna: conditions leading to rapid deterioration in the quality of raw tuna. Mar Fish Rev 43:12-16

Cuculescu M, Hyde D, Bowler K. 1998. Thermal tolerance of two species of marine crab, *Cancer pagurus* and *Carcinus maenas*. J Therm Biol 23:107-110

Cury P, Pauly D. 2000. Patterns and propensities in reproduction and growth of fishes. Ecol Res 15:101-106

Cushing DH. 1967. The grouping of herring populations. J Mar Biol Assoc UK 47:193-208

Cushing DH. 1975. Marine ecology and fisheries. Cambridge University Press, Cambridge

Cushing DH, Burd AC. 1957. On the herring of the southern North Sea. Fisheries Investigations, Series 2, HM Stationary Office, London, 20(11)

D'Ancona U. 1937. La croissance chez les animaux mediterraneens. Rapp P-V Reun Comm Int Expl Sci Mer Mediterr 10:162-224

Daget J, Ecoutin JM. 1976. Modeles mathematiques de production applicable aux poissons tropicaux subissant un arret annuel prolonge de croissance. Cah ORSTOM Ser Hydrobiol 10:59-69

Dagorn L, Bach P, Josse E. 2000. Movement patterns of large bigeye tuna (*Thunnus obesus*) in the open ocean, determined using ultrasonic telemetry. Mar Biol 136:361-371

Darwin CR. 1851. A monograph of the sub-class Cirripedia, with figures of all the species. The Lepadid.; or, pedunculated cirripedes, Vol 1. The Ray Society, London

Darwin CR. 1859. On the origin of species by means of natural selection, or on the preservation of favoured races in the struggle for life. John Murray, London

Daufresne M, Lengfellner K, Sommer U. 2009. Global warming benefits the small in aquatic ecosystems. Proc Natl Acad Sci USA 106:12788-12793

Davenport J, Phillips ND, Cotter E, Eagling LE, Houghton JD. 2018. The locomotor system of the ocean sunfish *Mola mola* (L.): role of gelatinous exoskeleton, horizontal septum, muscles and tendons. J Anat

Davies R, Moyes CD. 2007. Allometric scaling in centrarchid fish: origin of intraand interspecific variation in oxidative and glycolytic enzyme levels in muscle. J Exp Biol 210:3798-3804

Davies RW, Monita MA, Dratnal E, Linton LR. 1992. The effect of different dissolved oxygen regime on the growth of a freshwater leech. Ecography 15:190-194

Dawkins R. 1996. Climbing Mount Improbable. Viking, London

Dawkins R. 2006. The God delusion. Houghton Mifflin, Boston

Dawkins R. 2009. The greatest show on earth: the evidence for evolution. Free Press, New York, NY

Day T, Taylor PD. 1997. Von Bertalanffy's growth equation should not be used to model age and size at maturity. Am Nat 149:381-393

De Jager S, Dekkers WJ. 1974. Relations between gill structure and activity in fish. Neth J Zool 25:276-308

De Jager S, Smit-Onel ME, Videler JJ, Van Gils BJM, Uffink EM. 1977. The respiratory area of the gills of some teleost fishes in relation to their mode of life. Bijdr Dierkd 46:199-205

De Ricqles A. 1999. Les animaux a la conquete du ciel. Recherche 317:118-123

De Sylva DP. 1974. Development of the respiratory system in herring and plaice larvae. In: Blaxter JHS (ed) The early life history of fishes. Springer, Berlin, 465-485

Dean B, Gudger EW, Henn AW. 1962. A bibliography of fishes. Vol III. Russell & Russell, New York, NY

Debelius B, Gomez-Parra A, Forja JM. 2009. Oxygen solubility in evaporated seawater as a function of temperature and salinity. Hydrobiologia 632:157-165

Dennett D. 1995. Darwin's dangerous idea: evolution and the meanings of life. Simon & Schuster, New York, NY

Dewdney AK. 1984. The planiverse: computer contacts with a two-dimensional World. Picador/Pan Books, London

Diaz RJ, Breitburg DL. 2009. The hypoxic environment. In: Richard JG, Farrell AT, Brunner CJ (eds) Hypoxia. Fish Physiology 27, Academic Press, London, 1-23

Diaz RJ, Rosenberg R. 2008. Spreading dead zones and consequences for marine ecosystems. Science 321:926-929

Diaz Pauli B, Kolding J, Jeyakanth G, Heino M. 2017. Effects of ambient oxygen and size-selective mortality on growth and maturation in guppies. Conserv Physiol 5: cox010

Dieckmann U, Heino M. 2004. Fishing drives rapid evolution. Sustainability 3-4:18-19

Dieckmann U, Heino M, Jin X. 2005. Shrinking fish: fisheries-induced evolution in the Yellow Sea. Options, Autumn 2005:8

Dietrich G, Kalle K, Krauss W, Siedler G. 1980. General oceanography. Second edn. John Wiley, New York, NY

Dodson JJ, Aubin-Horth N, Theriault V, Paez DJ. 2013. The evolutionary ecology of alternative migratory tactics in salmonid fishes. Biol Rev Camb Philos Soc 88:602-625

Draganik B, Netzel J. 1966. An attempt to estimate the rate of growth of cod in the Southern Baltic on the basis of tagging experiments. ICES CM/D:12

Drew MM, Harzsch S, Stensmyr M, Erland S, Hansson BS. 2010. À review of the biology and ecology of the robber crab, *Birgus latro* (Linnaeus, 1767. (Anomura: Coenobitidae). Zool Anz 249:45-67

Duffy CAJ, Abbott D. 2003. Sightings of mobulid rays from northern New Zealand, with confirmation of the occurrence of *Manta birostris* in New Zealand waters. N Z J Mar Freshw Res 37:715-721

Dulcic J, Soldo A, Jardas I. 2005. Review of Croatian selected scientific literature on species mostly exploited by the national small-scale fisheries. In: Report of the AdriaMed Technical Consultation on Adriatic Sea Small-Scale. FAO-MiPAF Scientific Cooperation to Support Responsible Fisheries in the Adriatic Sea. GCP/RER/010/ITA/TD15/AdriaMed Technical Documents 15, p 134-179

Dulvy NK, Rogers S, Jennings S, Stelzenmuller V, Dye SR, Skjoldal HR. 2008. Climate change and deepening of the North Sea fish assemblage: a biotic indicator of warming seas. J Appl Ecol 45:1029-1039

Duthie GG, Hughes GH. 1987. The effects of reduced gill area and hyperoxia on the oxygen consumption and swimming speed of rainbow trout. J Exp Biol 127:349-354

Dwiponggo A, Hariati T, Banon S, Palomares MLD, Pauly D. 1986. Growth, mortality and recruitment of commercially important fishes and penaeid shrimps in Indonesian waters. ICLARM Tech Rep 17

Edwards RRC, Finlayson DM, Steele JH. 1972. An experimental study of the oxygen consumption, growth and metabolism of the cod. J Exp Mar Biol Ecol 8:299-309

Ege R, Krogh A. 1914. On the relation between the temperature and the respiratory exchange in fishes. Int Rev Gesamten Hydrobiol Hydrograph 7:48-55

Ehrhardt NM, Jacquemin PS, Garcia BF, Gonzalez DG, Lopez BJM, Ortiz BJM, Solis NAI. 1983. On the fishery and biology of the giant squid *Dosidicus gigas* in the Gulf of California, Mexico. In: Caddy JF (ed) Advances in assessment of world cephalopod resources. FAO Fish Tech Pap 231, p 306-340

Einstein A. 1905. Ist die Tragheit eines Korpers von seinem Energiegehalt abhangig? Ann Phys 323:639-641

Ekman S. 1967. Zoogeography of the sea. Sidgwick & Jackson, London Elwertowski J, Maciejczyk J. 1960. Growth and fat accumulation in the adult sprat in the Gdansk Bay. ICES CM Sardine Committee Paper 67

Enquist BJ, Brown JH, West GB. 1998. Allometric scaling of plant energetics and population density. Nature 395: 163-165

Erdmann C. 1999. Schmerzempfinden und Leidensfahigkeit bei Fischen: eine Literaturubersicht. Fachgebiet Fischkrankeiten und Fischhaltung, Tierartzliche Hochschule, Hannover ['The ability of fishes to feel pain and to suffer: a review of the literature'; in German]

Eschmeyer PH, Phillips AM Jr. 1965. Fat content of the flesh of siscowets and lake trout from Lake Superior. Trans Am Fish Soc 94:62-74

Essington TE, Kitchell JF, Walters CJ. 2001. The von Bertalanffy growth function, bioenergetics, and the consumption rates of fish. Can J Fish Aquat Sci 58:2129-2138

FAO. 2009. The state of world fisheries and aquaculture 2008. FAO, Rome

Farley JH, Williams AJ, Hoyle SD, Davies CR, Nicol SJ. 2013. Reproductive dynamics and potential annual fecundity of South Pacific albacore tuna (*Thunnus alalunga*). PLOS ONE 8: e60577

Farley JH, Davis TL, Bravington MV, Andamari R, Davies CR. 2015. Spawning dynamics and size related trends in reproductive parameters of southern bluefin tuna *Thunnus maccoyii*. PLOS One 10: e0125744

Farmer GJ, Beamish RJ. 1969. Oxygen consumption of *Tilapia nilotica* in relation to swimming speed and salinity. J Fish Res Board Can 26:2807-2821

Farrell AP, Steffensen JF. 1987. An analysis of the energetic cost of the branchial and cardiac pumps during sustained swimming in trout. Fish Physiol Biochem 4:73-79

Fast A. 1994. Winterkill prevention in lakes and ponds using artificial respiration. Rev Fish Sci 2:23-77

Fast AW, Hulquist RG. 1989. Oxygen and temperature relationship in nine artificially aerated California reservoirs. Calif Fish Game 75:213-217

Feder ME, Hofmann GE. 1999. Heat-shock proteins, molecular chaperones, and the stress response: evolutionary and ecological physiology. Annu Rev Physiol 61:243-282

Feely RA, Sabine CL, Lee K, Berelson W, Kleypas J, Fabry V, Millero FJ. 2004. Impact of anthropogenic CO_2

on the $CaCO_3$ system in the oceans. Science 305:362-366

Fernandes MN, Rantin FT. 1986. Gill morphometry of cichlid fish. *Oreochromis* (*Sarotherodon*) *niloticus* (Pisces, Teleostei). Cienc Cult 18:192-198

Feynman RP. 1985. QED: the strange theory of light and matter. Princeton University Press, Princeton, NJ

Fiedler PC. 2002. The annual cycle and biological effects of the Costa Rica Dome. Deep Sea Res I 49:321-338

Fields WG. 1965. The structure, development, food relations, reproduction and life history of the squid. *Loligo opalescens* Berry. Calif Fish Game 131:1-108

Fitzhugh GR, Shertzer KW, Kellison GT, Wyanski DM. 2012. Review of size and age dependence in batch spawning: Implications for stock assessment of species exhibiting indeterminate fecundity. Fish Bull 10:413-425

FMI. 2009. Witch flounder. Fisheries and Marine Institute, Memorial University of Newfoundland. www.mi.mun.ca/mi-net/fishdeve/witch.htm

Forbes TL, Lopez GR. 1990. The effect of food concentration, body size, and environmental oxygen tension on the growth of the deposit-feeding polychaete, *Capitella* species 1. Limnol Oceanogr 35:1535-1544

Formacion SP, Rongo JM, Sambilay V. 1991. Extreme value theory applied to the statistical distribution of the largest length of fish. Asian Fish Sci 4:123-135

Forster RP, Goldstein L. 1969. Formation of excretory products. In: Hoar WS, Randall DJ (eds) Fish physiology, Vol 1. Academic Press, New York, NY, p 313-350

Forster J, Hirst AG, Atkinson D. 2012. Warming-induced reductions in body size are greater in aquatic than terrestrial species. Proc Natl Acad Sci USA 109:19310-19314

Forsythe JW, Van Heukelem WF. 1987. Growth. In: Boyle PR (ed.) Cephalopod life cycles, Vol. 2. Academic Press, Orlando, p 135-156

Fortey RA, Cocks LRM. 2003. Palaeontological evidence bearing on global Ordovician-Silurian continental reconstructions. Earth Sci Rev 61:245-307

Fraenkel G. 1960. Lethal high temperatures for three marine invertebrates: *Limulus polyphemus*, *Littorina littorea* and *Pagurus longicarpus*. Oikos 11:171-182

Francis RICC. 1996. Do herring grow faster than orange roughy? Fish Bull 94:783-786

Frank KT, Petrie D, Legget WC, Boyce DG. 2018. Exploitation drives an ontogenic-like deepening in marine fish. Proc Natl Acad Sci USA 115:6422-6427

Freedman JA, Noakes DLG. 2002. Why are there no really big bony fishes? A pointof-view on maximum body size in teleosts and elasmobranchs. Rev Fish Biol Fish 12:403-416

Freire KMF, Pauly D. 2003. What's in there: common names of Brazilian marine fishes. In: Haggan N, Brignall C, Wood L (eds) Putting fishers' knowledge to work. Fisheries Centre Research Report 11(1), 439-444

Fricke H, Fricke S. 1977. Monogamy and sex change by aggressive dominance in coral reef fish. Nature 266:830-832

Fridovich I. 1977. Oxygen is toxic! Bioscience 27:462-466

Friedman M, Shimada K, Martin LK, Everhart MJ, Liston J, Maltese A, Triebold M. 2010. 100-million-year dynasty of giant planktivorous bony fishes in the Mesozoic seas. Science 327:990–993

Froese R. 2000. The making of FishBase, In: Froese R, Pauly D (eds) FishBase 2000: concepts, design data sources. WorldFish Center, Los Banos, p 7–23

Froese R. 2006. Cube law, condition factors and weight–length relationships: history, meta–analysis and recommendations. J Appl Ichthyology 22:241–253

Froese R, Binohlan C. 2000. Empirical relationships to estimates asymptotic length, length at first maturity and maximum yield per recruit in fishes, with a simple method to analyze length–frequency data. J Fish Biol 56: 758–773

Fry FEJ. 1957. The aquatic respiration of fish. In: Brown ME (ed) The Physiology of Fishes, Volume 1. Academic Press, New York, NY, p 1–63

Fujiwara Y, Tsukahara J, Hashimoto J, Fujikura K. 1998. *In situ* spawning of a deep–sea vesicomid clam: evidence for an environmental cue. Deep Sea Res I 45:1881–1889

Fulton TW. 1901. The rate of growth of the cod, haddock, whiting and Norway pout. Ann Rep Fish Bd Scot Part III 19:154–228

Fulton TW. 1904. The rate of growth of fishes. Ann Rep Fish Bd Scot Part III 22:141–240

Fusi M, Cannicci S, Daffonchio D, Mostert B, Portner HO, Giomi F. 2016. The tradeoff between heat tolerance and metabolic cost drives the bimodal life strategy at the air–water interface. Sci Rep 6:19158

Galison P. 2002. The 'Sextant Equation' E = mc2. In: Farmelo G (ed) It must be beautiful: great equations in modern science. Granta Books, London, p 28–46

Garstang W. 1909. The distribution of the plaice in the North Sea, Skagerrak and Kattegat, according to size, age and frequency. Rapp P–V Reun Cons Perm Int Explor Mer 1:136–138

Gaschütz G, Pauly D, David N. 1980. A versatile BASIC program for fitting weight and seasonally oscillating length growth data. ICES Council Meeting, G24

Gascuel D, Fonteneau A, Capisona C. 1992. Modelisation d' une croissance en deux stances chez l' albacore (*Thunnus alalunga*). Aquat Living Resour 5:155–172

Gauldie RW, Nelson DAG. 1990. Otolith growth in fishes. Comp Biochem Physiol 97:119–135

Gerking SD. 1952. The protein metabolism of sunfishes of different ages. Physiol Zool 25:358–372

Gerking SD. 1966. Annual growth cycle, growth potential, and growth compensation in the bluegill sunfish in Northern Indiana lakes. J Fish Res Board Can 23:1923–1956

Gerking SD. 1971. Influence of rate of feeding and body weight on protein metabolism of bluegill sunfish. Physiol Zool 44:9–19

Giguère LA, Cote B, St Pierre JF. 1988. Metabolic rates scale isometrically in larval fish. Mar Ecol Prog Ser 50: 13–19

Gilmour KM. 1998. Gas exchange. In: Evans DH (ed) The physiology of fishes, 2nd edn. CRC Press, Boca Raton, FL, p 101–127

Gingras M, Hagadorn JW, Seilacher A, Lalonde SV, Pecoits E, Petrash D, Konhauser KO. 2011. Possible evolution of mobile animals in association with microbial mats. Nat Geosci 4(6):372

Ginzburg L, Damuth J. 2008. The space-lifetime hypothesis: viewing organisms in four dimensions, literally. Am Nat 171:125-131

Giomi F, Fusi M, Barausse A, Mostert Bm Portner HO, Cannicci S. 2014. Improved heat tolerance in air drives the recurrent evolution of air-breathing. Proc R Soc B 281:20132927

Gjosaeter J, Kawaguchi K. 1980. A review of the world resources of mesopelagic fish. FAO Fish Tech Pap193, FAO, Rome

Glazier D. 2006. The 3/4-power law is not universal: evolution of isometric, ontogenic metabolic scaling in pelagic animals. Bioscience 56:325-332

Goethe JW von. 1814. Aus meinem Leben: Dichtung und Wahrheit. Dritter Theil, J. G. Cottaichen Buchhandlung, Tubingen

Goethe JW von. 1908. Poetry and truth: from my own life. Part 3. Translated by Minna Steele Smith. G Bell & Sons, London

Goldberg AL, Dice JF. 1974. Intracellular protein degradation in mammalian and bacterial cells: Part 1. Annu Rev Biochem 43:835-869

Goldberg AL, St. John AC. 1976. Intracellular protein degradation in mammalian and bacterial cells: Part 2. Annu Rev Biochem 45:747-803

Golden CD, Allison EH, Cheung WW, Dey MM, Halpern BS, McCauley DJ, Smith M, Vaitla B, Zeller D, Myers SS. 2016. Nutrition: Fall in fish catch threatens human health. Nature 534(7607):317

Goldshmid R, Holzman R, Weihs D, Genin A. 2004. Aeration of corals by sleep-swimming fish. Limnol Oceanogr 49:1832-1839

Gompertz B. 1825. On the nature of the function expressive of human mortality, and on a new mode of determining the value of life contingencies. Philos Trans R Soc B 115:513-585

Goolish EM. 1991. Aerobic and anaerobic scaling in fish. Biol Rev Camb Philos Soc 66:33-56

Gould SJ. 1977. Ontogeny and phylogeny. Harvard University Press, Cambridge, MA

Gould SJ 1985. The flamingo's smile: reflections in natural history. WW Norton, New York, NYGoulding M. 1980. The fishes and the forest: exploration in Amazonian natural history. University of California Press, Berkeley, CA

Graham JB. 2006. Aquatic and aerial respiration. In: Evans DH, Clairborne JB (eds) The physiology of fishes. Taylor & Francis, Boca Raton, FL p 85-117

Graham M. 1924. The annual cycle in the life of the mature cod in the North Sea. Fisheries Investigations, Series 2, HM Stationary Office, London, 6(6)

Graham M. 1943. The fish gate. Faber & Faber, London

Graham JB, Dixon KA. 2004. Tuna comparative physiology. J Exp Biol 207:4015-4024

Graham RT, Roberts CM, Smart JC. 2006. Diving behaviour of whale sharks in relation to a predictable food pulse. J R Soc Interface 3:109-116

Gremillet D, Ponchon A, Paleczny M, Palomares MLD, Karpouzi V, Pauly D. 2018. Persisting worldwide seabird-fishery competition despite seabird community decline. Curr Biol 28:4009-4013

Gro. M. 1999. La parade cellulaire aux variations thermiques. Recherche 317:82-86

Gudger EW. 1946. Oral breathing valves in fishes. J Morphol 79:263-285

Guerra A, Pasquel S, Dawe EG. 2011. The giant squid *Architeuthis*: an emblematic invertebrate that can represent concern for the conservation of marine biodiversity. Biol Conserv 144:1989-1997

Gulland JA. 1964. Manual of methods of fish population analysis. FAO Fish Tech Pap 40, FAO, Rome

Gulland JA, Holt SJ. 1959. Estimation of growth parameters for data at unequal time intervals. J Cons Cons Int Explor Mer 25:47-49

Gunter G. 1950. Correlation between temperature of water and size of marine fish on the Atlantic and Gulf Coast of the United States. Copeia 298-304

Gutierrez-Marco JC, Sa AA, Garcia-Bellido DC, Rabano I, Valerio M. 2009. Giant trilobites and trilobite clusters from the Ordovician of Portugal. Geology 37:443-446

Haecker V. 1904. Bericht uber die Triplyleen-Ausbeute der deutschen Tiefsee-Expedition. Verh Dtsch Zool Ges 14:122-157

Hannesson R. 2012. Sharing the Northeast Atlantic mackerel. ICES J Mar Sci 70:259-269

Harden-Jones FR. 1968. Fish migrations. Edward Arnold, London

Harder W. 1964. Anatomie der Fische. Handbuch der Binnenfischerei Mitteleuropas, Vol. IIA. Schweizerbart' sche Verlagsbuchhandlung, Stuttgart

Hardy AC. 1924. The herring in relation to its animate environment. Part 1. The food and feeding habits of the herring with special reference to the east coast of England. Fisheries Investigations, Series 2, HM Stationary Office, London, 7(3)

Harris JO, Maguire GB, Edwards SJ, Johns DR. 1999. Low dissolved oxygen reduces growth rate of juvenile greenlip abalone, *Haliotis laevigata* Donovan. Aquaculture 174:265-278

Harvey BJ, Hoar WS. 1979. The theory and practice of induced breeding in fish. International Development Research Centre, Ottawa

Hawking S. 1998. A brief history of time: the updated and expanded tenth anniversary edition. Bantam Books, New York, NY

Hawkins AJS. 1991. Protein turnover: a functional appraisal. Funct Ecol 5:222-233

Heape W. 1931. Emigration, migration and nomadism. Heffer, Cambridge Heckman CW. 1983. Comparative morphology of arthropod exterior surfaces with the capability of binding a film of air underwater. Int Rev Gesamten Hydrobiol 68:715-736

Hederstrom H. 1759. [reprinted 1959]. Observations on the age of fishes. Drottningholm Statens Undersoknings och Forsaksanstalt for Sotvattensfisket 40:161-164

Heincke F. 1905. The occurrence and distribution of the eggs, larvae and various age groups of the food-fishes in the North Sea. Rapp P-V Reun Cons Perm Int Explor Mer 3 (App E):3-39

Heincke F. 1913. Investigations on the plaice. General Rapport I. Plaice fishery and protective regulations. Part I.

Rapp P-V Reun Cons Perm Int Explor Mer 17A:1-153

Helms CW, Drury WH. 1960. Winter and migratory weight and fat field studies of some North American buntings. Bird-Banding 31:1-40

Henderson BA, Collins N, Morgan GE, Vaillancourt A. 2003. Sexual size dimorphism of walleye (*Stizostedion vitreum vitreum*). Can J Fish Aquat Sci 60:1345-1352

Henry KA. 1971. Atlantic menhaden (*Brevoortia tyrannus*). Resource and fishery-analysis of decline. National Oceanic and Atmospheric Administration Technical Report, National Marine Fisheries Service, SSRF-642

Henry JL. 1989. Paleoenvironnements et dynamique de faunes de Trilobites dans l' Ordovicien (Llanvirn Superieur-Caradoc basal) du Massif Armoricain (France). Palaeogeogr Palaeoclimatol Palaeoecol 73:139-153

Hesthagen T, Hegge O, Skurdal J, Dervo BK. 2004. Age and growth of Siberian sculpin (*Cottus poecilopus*) and young brown trout (*Salmo trutta*) in a subalpine Norwegian river. In: Sandlund OT, and K. Aagaard K (eds) The Atna River: studies in an alpine-boreal watershed. Springer, Dordrecht, p 107-115

Hetz SK, Bradley TJ. 2005. Insect breathe discontinuously to avoid oxygen toxicity. Nature 433:516-519

Hickling CF. 1933. The natural history of the hake. Part 3. Seasonal changes in the condition of hake. Fisheries Investigations, Series 2, HM Stationary Office, London, 12(1)

Hickling CF. 1940. The fecundity of the herring of the southern North Sea. J Mar Biol Assoc UK 24:619-632

Hickling CF. 1945. The seasonal cycle in the Cornish pilchard, *Sardina pilchardus* Walbaum. J Mar Biol Assoc UK 26:115-138

Hiddink JG, Ter Hofstede R. 2008. Climate induced increases in species richness of marine fishes. Global Change Biology 14:453-460

Hislop JR, Harris MP, Smith JG. 1991. Variation in the calorific value and total energy content of the lesser sandeel (*Ammodytes marinus*) and other fish preyed on by seabirds. J Zool 224:501-517

Hixon RF. 1980. Growth, reproductive biology, distribution and abundance of three species of loliginid squids (Myopsida, Cephalopoda) in the northwestern Gulf of Mexico. PhD Thesis, University of Miami, FL

Hoar WS. 1957. The gonads and reproduction. In: Brown ME (ed) The physiology of fishes. Academic Press, New York, NY, p 287-321

Hoar WS. 1970. Reproduction. In: Hoar WJ, Randall DJ (eds) Fish physiology, Vol III. Academic Press, New York, NY, p 1-72

Hodgson WC. 1925. Investigations into the age, length and maturity of the herring of the southern North Sea. Part 1. Some observations on the scales and growth of the English herring. Fisheries Investigations, Series 2, HM Stationary Office, London 1(8)

Hoff JG, Westman JR. 1966. The temperature tolerances of three species of marine fishes. J Mar Res 24:131-140

Hoffbauer C. 1898. Die Altersbestimmung des Karpfens an seiner Schuppe. Allgemeine Fischerei-Zeitung 23:341-343

Hohendorf K. 1966. Eine Diskussion der von Bertalanffy Funktion und ihre Anwendung zur Charakterisierung des Wachstums von Fischen. Kieler Meeresforschung 22:70-97

Holden MJ. 1974. Problems in the national exploitation of elasmobranch populations and some suggested solutionsIn: Harden-Jones FR (ed) Sea fisheries research. Elek Scientific Books, London, p 117-137

Holeton GF. 1976. Respiratory morphometrics of white and red blooded Antarctic fish. Comp Biochem Physiol 54 (A):215-220

Hollerman WD, Boyd CE. 1980. Nightly aeration to increase production of channel catfish. Trans Am Fish Soc 109:446-452

Holliday FGT, Blaxter JHS, Lasker R. 1964. Oxygen uptake of developing eggs and larvae of the herring (*Clupea harengus*). J Mar Biol Assoc UK 44:711-723

Homans RES, Vladykov VD. 1954. Relation between feeding and the sexual cycle of haddock. J Fish Res Board Can 11:535-542

Hopson AJ. 1972. A study of the Nile Perch [*Lates niloticus* (L), Pisces: Centropomi230 dae] in Lake Chad. In: Overseas Research Publication 19, Overseas Development Administration, London, p 1-93

Houde E. 1989. Comparative growth, mortality, and energetics of marine fish larvae: temperature and implied latitudinal effects. Fish Bull 87:471-495

Hu WJ, Du JG, Su SK, et al. 2022. Effects of climate change in the seas of China: Predicted changes in the distribution of fish species and diversity. Ecol Indic 134: 108489.

Hubbs CL. 1926. The structural consequence and modifications of the development rate in fishes, considered in reference to certain problems of evolution. Am Nat 60:57-81

Huet H. 1986. Textbook of fish culture, 2nd edn. Fishing New Books, Farnham [Translation of: Traite de pisciculture (1971) Ch de Wyngaert, Brussels]

Hughes GM. 1970. Morphological measurements on the gills of fishes in relation to their respiratory function. Folia Morphol (Praha) 18:78-95

Hughes GM. 1974. Comparative physiology of vertebrate respiration. Heinemann Educational Books, London

Hughes GM. 1979. Morphometry of fish gas exchange in relation to their respiratory function. In: Ali ME (ed) Environmental physiology of fishes. Plenum, New York, NY, p 33-56

Hughes GM. 1983. Allometry of gill dimensions in some British and American decapod Crustacea. J Zool 200:83-97

Hughes GM. 1984a. General anatomy of the gills. In: Hoar WJ, Randall DJ (eds) Fish physiology 10. Academic Press, Orlando, FL, 1-72

Hughes GM. 1984b. Scaling of respiratory area in relation to oxygen consumption in vertebrates. Experientia 40: 519-524

Hughes GM. 1984c. Measurement of gill area in fishes: practices and problems. J Mar Biol Assoc UK 64:637-655

Hughes L. 2000. Biological consequences of global warming: is the signal already apparent? Trends Ecol Evol 15: 56-61

Hughes GM, Morgan M. 1973. The structure of fish gills in relation to their respiratory function. Biol Rev Camb Philos Soc 48:419-475

Hunter JR, Butler JL, Kimbrell C, Lynn EA. 1990. Bathymetric patterns in size, age, sexual maturity, water content, and caloric density of Dover sole, *Microstomus pacificus*. CCOFI Rep 31:132–144

Huntsman AG. 1919. Growth of the young herring (so–called sardines) of the Bay of Fundy, In: Canadian Fisheries Expedition 1914–1915. Department of the Naval Service, Ottawa, 165–171

Hutchings JA, Myers RA. 1993. Effect of age on the seasonality of maturation and spawning of Atlantic cod, *Gadus morhua*, in the Northwest Atlantic. Can J Fish Aquat Sci 50:2468–2474

Huusko A, Maki–Petays A, Stickler M, Mykra H. 2011. Fish can shrink under harsh living conditions. Funct Ecol 25:628–633

Huxley JS. 1932. Problems of relative growth. The Dial Press, New York, NY

Huxley T. 1894. Biogenesis and abiogenesis (the Presidential Address to the British Association for the Advancement of Science for 1870). In: T Huxley (ed) Discourses. BiblioBazaar, Charleston, SC, 154–179

Idler DR, Bitners I. 1960. Biochemical studies on Sockeye Salmon during spawning and migration. IX. Fat, protein and water in the major internal organs and cholesterol in the liver and gonads of the standard fish. J Fish Res Board Can 17:113–122

Idler DR, Tsuyuki I. 1958. Biochemical studies on Sockeye Salmon during spawning and migration. I. Physical measurements, plasma cholesterol and electrolyte levels. Can J Biochem Physiol 36:783–791

Iles TD. 1964. The duration of maturation stages in herring. J Cons Cons Int Explor Mer 29:166–188

Iles TD. 1967. Growth studies on North Sea herring. 1. The second year's growth (I–group) of East Anglian herring 1939–1963. J Cons Cons Int Explor Mer 31:56–76

Iles TD. 1968. Growth studies on North Sea herring. 2. O–group growth of East Anglian herring. J Cons Cons Int Explor Mer 32:98–116

Iles TD. 1971. Growth studies on North Sea herring. 3. The growth of East Anglian herring during the adult stage of the life history for the years 1940–1967. J Cons Cons Int Explor Mer 33:386–420

Iles TD. 1973. Dwarfing or stunting in the genus *Tilapia* (Cichlidae): a possibly unique recruitment mechanism. Rapp P–V Reun Cons Perm Int Explor Mer 164:247–254

Iles TD. 1974. The tactics and strategy of growth in fishes. In: Harden–Jones ER (ed) Sea fisheries research. Elek Science, London, 331–345

Imsland AK. 1999. Sexual maturation in turbot (*Scophthalmus maximus*) is related to genotypic oxygen affinity: experimental support for Pauly's juvenile–to–adult transition hypothesis. ICES J Mar Sci 56:320–325

IPCC. 2007. Summary for policymakers. In: Solomon S, Qin D, Manning M, Chen Z and others (eds) Climate change 2007: the physical science basis. Contribution of Working Group I to the Fourth Assessment Report of the Intergovernmental Panel on Climate Change. Cambridge University Press, Cambridge, p 1–18

IPCC. 2014. Summary for policymakers. In: Field CB, Barros VR, Dokken DJ, Mach KJ and others (ed.) Climate Change 2014: Impacts, adaptation, and vulnerability. Part A: Global and sectoral aspects. Contribution of Working Group II to the Fifth Assessment Report of the Intergovernmental Panel on Climate Change. Cambridge University Press, Cambridge, 1–32

Isalgue A, Coch H, Serra R. 2007. Scaling laws and the modern city. Physica A 382:643-649

Iverson SJ, Frost KJ, Lang SL. 2002. Fat content and fatty acid composition of forage fish and invertebrates in Prince William Sound, Alaska: factors contributing to among and within species variability. Mar Ecol Prog Ser 241:161-181

Ivlev VS. 1966. The biological productivity of waters. J Fish Res Board Can 23:1727-1759

Jackson GD. 1989. Age and growth of the tropical nearshore loliginid squid *Sepioteuthis lessoniana* determined from statolith growth-ring analysis. Fish Bull 88:113-118

Jackson GD. 1994. Application and future potential of statolith increment analysis in squids and sepioids. Can J Fish Aquat Sci 51:2612-2625

Jackson JR. 2007. Earliest references to age determination of fishes and their early application to the study of fisheries. Fisheries (Bethesda, Md) 32:321-328

Jackson ST. 2009. Alexander von Humboldt and the general physics of the Earth. Science 324:596-597

Jackson GD, Alford RA, Choat H. 2000. Can length frequency analysis be used to determine squid growth? ICES J Mar Sci 57:948-954

Jansen T, Kainge P, Singh L, Wilhelm M and others. 2015. Spawning patterns of shallow-water hake (*Merluccius capensis*) and deep-water hake (*M. paradoxus*) in the Benguela Current Large Marine Ecosystem inferred from gonadosomatic indices. Fish Res 172:168-180

Jarre A, Clarke MR, Pauly D. 1991. Re-examination of growth estimates in oceanic squids: the case of *Kondakovia longimana* (Onychotheutidae). ICES J Mar Sci 48:195-200

Jian C, Cheng S, Chen J. 2003. Temperature and salinity tolerances of yellowfin sea bream, *Acanthopagrus latus*, at different salinity and temperature levels. Aquacult Res 34:175-185

Jobling M. 1988. A review of the physiological and nutritional energetics of cod, *Gadus morhua* L., with particular reference to growth under farmed conditions. Aquaculture 70:1-19

Jobling M. 1997. Temperature and growth: modulation of growth rate via temperature change. In: Wood C, McDonald D (eds) Global warming: implication for marine and freshwater fish. Cambridge University Press, Cambridge, 225-254

Jones R. 1976. Growth of fishes. In: Cushing DH, Walsh JJ (eds) The ecology of the seas. Blackwell Scientific, London, p 251-279

Jones R. 1982. Ecosystems, food chains and fish yieds. In: Pauly D, Murphy GI (eds) Theory and management of tropical fisheries. ICLARM Proceedings Series 9, Manila, p 195-240

Jones DR, Schwarzfeld T. 1974. The oxygen cost to the metabolism and efficiency of breathing in trout (*Salmo gairdneri*). Respir Physiol 21:241-254

Jones RE, Petrell RJ, Pauly D. 1999. Using modified length-weight relationships to assess the condition of fishes. Aquacult Eng 20:261-276

Jørgensen C, Ernande B, Fiksen O, Dieckman U. 2006. The logic of skipped spawning in fish. Can J Fish Aquat Sci 63:200-211

Jutfelt F, Norin T, Ern R, Overgaard J and others. 2018. Oxygen- and capacity-limited thermal tolerance: blurring ecology and physiology. J Exp Biol 221: jeb169615

Kaiser A, Klok CJ, Socha JJ, Lee WL, Quinlan MC, Harrison J. 2007. Increase in tracheal investment with beetle size support hypothesis of oxygen limitation on insect gigantism. Proc Natl Acad Sci USA 104:13198-13203

Kajimura M, Cooke SJ, Glover CN, Wood CM. 2004. Dogmas and controversies in the handling of nitrogenous wastes: The effect of feeding and fasting on the excretion of ammonia, urea and other nitrogenous waste products in rainbow trout. J Exp Biol 207:1993-2002

Kanie Y, Mikami S, Yamada T, Hirano H, Hamada T. 1979. Shell growth of *Nautilus macromphalus* in captivity. Venus 38:129-134

Karachle PK, Stergiou KI. 2010. Gut length for several marine fish: relationships with body length and trophic implications. Mar Biodivers Rec 3: e106

Karlson P. 1970. Kurzes Lehrbuch der Biochemie. Georg Thieme Verlag, Stuttgart

Kasapidis P, Peristeraki P, Tserpes G, Magoulas A. 2007. First record of the Lessepsian migrant *Lagocephalus sceleratus* (Gmelin 1789. (Osteichthyes: Tetraodontidae) in the Cretan Sea (Aegean, Greece). Aquat Invasions 2:71-73

Kaschner K, Ready JS, Agbayani E, Rius J and others (eds) 2008 AquaMaps Environmental Dataset: Half-Degree Cells Authority File (HCAF), www.aquamaps.org

Kassahn KS, Crozier RH, Portner HO, Caley MJ. 2009. Animal performance and stress: responses and tolerance limits at different levels of biological organisation. Biol Rev Camb Philos Soc. 84:277-292

Kay R, Alder J. 1999. Coastal planning and management. 2nd edn. Taylor & Francis, New York, NY

Kearney R. 1975. The stock structure of skipjack resources and the possible implications of the development of skipjack fisheries in the Central and Western Pacific. In: Uchida RN, Kearney R (eds) Studies on skipjack in the Pacific. FAO Fish Tech Pap 144, FAO, Rome, p 59-69

Keskin C, Pauly D. 2014. Changes in the 'mean temperature of the catch': application of a new concept to the north-eastern Aegean Sea. Acta Adriat 55:213-218

Keyl F. 2009. The cephalopod *Dosidicus gigas* of the Humboldt Current system under the impact of fishery and environmental variability. PhD thesis, Bremen University

Kimball ME, Miller JM, Whitfield PE, Hare JA. 2004. Thermal tolerance and potential distribution of invasive lionfish (*Pterois volitans/miles* complex) on the east coast of the United States. Mar Ecol Prog Ser 283:269-278

Kinne O. 1960. Growth, food intake, and food conversion in a euryplastic fish exposed to different temperatures and salinities. Physiol Zool 33:288-317

Kita J, Tsuchida S, Setoguma T. 1996. Temperature preference and tolerance, and oxygen consumption of the marbled rockfish, *Sebastiscus marmoratus*. Mar Biol 125:467-471

Kitchell JF, Stewart DJ, Weininger D. 1977. Applications of a bioenergetics model to perch (*Perca flavescens*) and walleye (*Stizostedion vitreum*). J Fish Res Board Can 34:1922-1935

Kjesbu OS. 1989. The spawning activity of cod, *Gadus morhua* L. J Fish Biol 34:195-206

Kobayashi M, Hattori A. 2006. Spacing pattern and body size composition of the protandrous anemonefish *Amphiprion frenatus* inhabiting colonial host anemone. Ichthyol Res 53:1-6

Koch F, Wieser W. 1983. Partitioning of energy in fish: Can reduction of swimming activity compensate for the cost of production? J Exp Biol 107:141-146

Kock KH. 1992. Antarctic fish and fisheries. Cambridge University Press, Cambridge

Kolata GB. 1977. Catastrophe theory: the emperor has no clothes. Science 196:287-351

Kolding J. 1993. Population dynamics and life-history styles of Nile tilapia *Oreo chromis niloticus*, in Ferguson's Gulf, Lake Turkana, Kenya. Environ Biol Fishes 37:25-46

Kolding J, Haug L, Stefansson S. 2008. Effect of ambient oxygen on growth and reproduction in Nile tilapia (*Oreochromis niloticus*). Can J Fish Aquat Sci 65:1413-1424

Kooijman S. 2000. Dynamic energy and mass budgets in biological systems. Cambridge University Press, Cambridge

Kramer DL. 1987. Dissolved oxygen and fish behavior. Environ Biol Fishes 18:81-92

Kramer DL, McClure M. 1982. Aquatic surface respiration, a widespread adaptation to hypoxia in tropical freshwater fishes. Environ Biol Fishes 7:47-55

Kroeker KJ, Kordas RL, Crim R, Hendriks IE and others. 2013. Impacts of ocean acidification on marine organisms: quantifying sensitivities and interaction with warming. Glob Change Biol 19:1884-1896

Krüger F. 1964. Neuere mathematische Formulierungen der biologischen Temperaturfunktion und des Wachstums. Helgol Wiss Meeresunters 9:108-124

Krugman P. 2018. Donald and the Deadly Deniers. The New York Times, October 16, 2018, NY

Kuhn T. 1962. The structure of scientific revolutions. University of Chicago Press, Chicago, IL

Kuo CM, Nash CE. 1975. Recent progress on the control of ovarian development and induced spawning of the grey mullet (*Mugil cephalus* L.). Aquaculture 5:19-29

Lagler KF, Bardach JE, Miller RR, Passino DRM. 1977. Ichthyology, 2nd Edn. John Wiley & Sons, New York, NY

Lakatos I. 1978. The methodology of scientific research programmes. Philosophical papers, Vol 1, Cambridge University Press, Cambridge

Lam VWY, Cheung WWL, Close C, Pauly D. 2008. Modelling seasonal distributions of pelagic marine fishes and squids. In: Cheung WWL, Lam VWY, Pauly D (eds) Modelling present and climate-shifted distribution of marine fishes and invertebrates. Fisheries Centre Research Report 16(3), University of British Columbia, Vancouver, p 51-62

Landman NH, Druffel ERM, Cochran JK, Donahue DJ, Jull AJT. 1988. Bomb-produced radiocarbon in the shell of the chambered *Nautilus*: rate of growth and age at maturity. Earth Planet Sci Lett 89:28-34

Landman NH, Cochran JK, Chamberlain JA Jr, Hirschberg DJ. 1989. Timing of septal formation in two species of *Nautilus* based on radiometric and aquarium data. Mar Biol 102:65-72

Lane N. 2002. Oxygen: the molecule that made the world. Oxford University Press, Oxford

Larkin PA, Terpenning JG, Parker RR. 1957. Size as a determinant of growth rate in rainbow trout *Salmo gairdneri*. *Trans Am Fish Soc* 86:84-96

Le Cren ED. 1951. The length-weight relationship and the seasonal cycle in gonad weight and condition in the perch (*Perca fluviatilis*). J Anim Ecol 20:201-219

Le Cren ED. 1992. Exceptionally big individual perch (*Perca fluviatilis* L.) and their growth. J Fish Biol 40: 599-625

Lea E. 1911. Report on the international herring investigations during the year 1910. 3. A studyon the growth of herrings. J Cons Cons Int Explor Mer S1(61):35-57

Lea E. 1919. Report on the age and growth of the herring in Canadian waters. In: Canadian Fisheries Expedition 1914-1915. Department of the Naval Service, Ottawa, p 75-164

Lee PG. 1994. Nutrition of cephalopods: fueling the system. In: Portner HO, O'Dor RK, Macmillan DI (eds), Physiology of cephalopod molluscs. Gordon & Breach, Basel, p 35-51

Lefevre S, Wang T, Phuong NT, Bayley M. 2013. Partitioning of oxygen uptake and cost of surfacing during swimming in the air-breathing catfish *Pangasianodon hypophthalmus*. J Comp Physiol B 183:215-221

Lefevre S, McKenzie DJ, Nilsson GE. 2017. Models projecting the fate of fish populations under climate change need to be based on valid physiological mechanisms. Glob Change Biol 23:3449-3459

Lefevre S, McKenzie DJ, Nilsson GE. 2018. In modelling effects of global warming, invalid assumptions lead to unrealistic projections. Glob Change Biol 24:553-556

Lehman JP. 1959. L'evolution des vertebres inferieurs. Monographies Dunod 22, Paris

Levin LA. 2002. Deep-ocean life where oxygen is scarce. Am Sci 90:436-444

Levitt PR, Gross N. 1994. Higher superstition: the academic left and its quarrels with science. John Hopkins University Press, Baltimore, MD

Li Z, Shan X, Jin X, Dai F. 2011. Long-term variations in body length and age at maturity of the small yellow croaker (*Larimichthys polyactis* Bleeker, 1877. in the Bohai Sea and the Yellow Sea, China. Fish Res 110: 67-74

Liamin KA. 1956. Investigations into the life-cycle of summer-spawning herring of Iceland. Trudy P.I.N.R.O. 9: 146-175 (translation from Russian: Special Scientific Report (Fisheries), US Fish and Wildlife Service 337: 166-202, 1959)

Liang C, Xian W, Pauly D. 2018. Impacts of ocean warming on china's fisheries catch: application of the 'mean temperature of the catch'. Front Mar Sci 5:26

Liebig J. 1840. Chemistry and its application to agriculture and physiology. Taylor & Walton, London

Liem KL. 1981. Larvae of air-breathing fishes as countercurrent flow devices in hypoxic environments. Science 211:1177-1179

Liley NR. 1970. Hormones and reproductive behavior in fishes. In: Hoar WS, Randall DJ (eds) Fish physiology, Vol III. Academic Press, New York, NY, 73-116

Linnaeus C. 1758. Systema natur. per regna tria natur., secundum classes, ordines, genera, species, cum characteribus, differentiis, synonymis, locis. Tomus I. Editio decima, reformata. Impensis Laurentii Salvii. Holmi.

Lipinski MR. 1993. The deposition of statoliths: a working hypothesis. In: Okutani T, O'Dor RR, Kubodera T (eds) Recent advances in fisheries biology. Tokai University Press, Tokyo, 241-262

Lipinski MR, Roeleveld MA. 1990. Minor extension of the von Bertalanffy growth theory. Fish Res 9:367-371

Liston JJ. 2006. A fish fit for Ozymandias? The ecology, growth and osteology of *Leedsichthys* (Pachycormidae, Actinopterygii). PhD Thesis, University of Glasgow Liston JJ, Newbrey M, Challands T, Adams CC. 2013. Growth, age and size of the Jurassic pachycormid *Leedsichthys problematicus* (Osteichthyes: Actinopterygii). In: Arratia G, SchultzeH, Wilson H (eds) Mesozoic fishes 5 - global diversity and evolution. Verlag Dr Friedrich Pfeil, Munchen, 145-175

Liu RK, Walford RL. 1966. Increased growth and life span with lowered ambient temperature in the annual fish *Cynolebias adloffi*. Nature 212:1277-1278

Longhurst AR. 2007. Ecological geography of the sea, 2nd edn. Elsevier, Amsterdam

Longhurst AR, Pauly D. 1987. Ecology of tropical oceans. Academic Press, San Diego, CA

Lorenzen K. 2000. Population dynamics and management. In: Beveridge MCM, McAndrew BJ (eds), Tilapias: biology and exploitation. Kluwer Academic Publishers, Dordrecht, 163-226

Love RM, Robertson I. 1967. Studies on North Sea cod. 4. Effects of starvation. 2 Changes in the distribution of muscle fraction. J Sci Food Agric 18:217-220

Low WP, Lane DJW, Ip YK. 1988. A comparative study of terrestrial adaptations of the gills in three mudskippers: *Periophthalmus chryspilos*, *Boreophthalmus boddarti*, and *Periphthalmodon schlosseri*. Biol Bull 175:434-438

Lowe-McConnell RH. 1982. Tilapias in fish communities. In: Pullin RSV, Lowe-Mc-Connell RH (eds) The biology and culture of Tilapias. ICLARM Conference Proceedings 7, Manila, 83-113

Luiz OJ, Balboni AP, Kodja G, Andrade M, Marum H. 2009. Seasonal occurrences of *Manta birostris* (Chondrichthyes: Mobulidae) in southeastern Brazil. Ichthyol Res 56:96-99

Luoto M, Poyry J, Heikkinen RK, Saarinen K. 2005. Uncertainty of bioclimate envelope models based on the geographical distribution of species. Glob Ecol Biogeogr 14:575-584

Lutz RA, Rhoads DC. 1977. Anaerobiosis and a theory of growth line formation. Science 198:1222-1227

Machiels MAM. 1987. A dynamic simulation model for growth of the African catfish, *Clarias gariepinus* (Burchell 1822). IV. The effect of feed formulation on growth andfeed utilization. Aquaculture 64:305-323

Machiels MAM, Henken AM. 1986. A dynamic simulation model for growth of the African catfish. *Clarias gariepinus* (Burchell 1822). I. Effect of feeding level on growth and energy metabolism. Aquaculture 56:29-52

Machiels MAM, Henken AM. 1987. A dynamic simulation model for growth of the African catfish. *Clarias gariepinus* (Burchell 1822). II. Effects of feed composition on growth and energy metabolism. Aquaculture 60:33-53

Machiels MAM, van Dam AA. 1987. A dynamic simulation model for growth of the African catfish, *Clarias gariepinus* (Burchell 1822). III. The effect of body composition on growth and feed intake. Aquaculture 60:55-71

Macpherson E, Duarte CM. 1991. Bathymetric trends in demersal fish sizes: Is there a general relationship? Mar Ecol Prog Ser 71:103-112

Madan JJ, Wells MJ. 1996. Why squids can breathe easy. Nature 380:590

Mallatt J. 1996. Ventilation and the origin of jawed vertebrates: a new mouth. Zool J Linn Soc 117:329-404

Malthus T. 1798. An Essay on Principle of Populations. Reprinted 1970 by Penguin Books, Harmondsworth Mandic M, Regner S. 2009. Length-weight relationship, sex ratio and length at maturation of *Merluccius merluccius* (Linnaeus 1758. from the Montenegrin Shelf. In: IV International Conference 'Fishery,' May 27-29, 2009. Institute of Animal Science, Faculty of Agriculture, University of Belgrade, Belgade, p 268- 274

Mangold K. 1963. Biologie des cephalopodes benthiques et nectoniques de la Mer Catalane. Vie Milieu 13(Supplement):1-285

Mangum CP, Hochachka PW. 1998. New directions in comparative physiology and biochemistry: mechanisms, adaptations and evolution. Physiol Zool 71:471-484

Markaida U, Quinonez-Velasquez C, Sosa-Nishizaki O. 2004. Age, growth and maturation of jumbo squids *Dosidicus gigas* (Cephalopoda: Ommastrephidae) from the Gulf of California, Mexico. Fish Res 66:31-47

Marshall NB. 1965. The Life of fishes. Weidenfeld & Nicholson, London Marshall AD, Compagno LJV, Bennett MB. 2009. Redescription of the genus *Manta* with resurrection of *Manta alfredi* (Krefft, 1868. (Chondrichthyes; Myliobatoidei; Mobulidae). Zootaxa 2301:1-28

Maynard-Smith J. 1974. The theory of games and the evolution of animal conflicts. J Theor Biol 47:209-221

McCarty JP. 2001. Ecological consequences of recent climate change. Conserv Biol 15:320-331

McClain C, Rex MA. 2001. The relationship between dissolved oxygen concentration and maximum size in turrid gastropods: application of quantile regression. Mar Biol 139:681-685

McClain CR, Balk MA, Benfield MC, Branch TA and others. 2015. Sizing ocean giants: patterns of intraspecific size variation in marine megafauna. PeerJ 3: e715

McKenzie DJ, Steffensen JF, Taylor EW, Abe AS. 2012. The contribution of air-breathing to aerobic scope and exercise performance in the banded knifefish *Gymnotus carapo* L. J Exp Biol 215:1323-1330

McLendon G, Radany E. 1978. Is protein turnover thermodynamically controlled? J Biol Chem 253:6335-6337

Menasveta P. 1981. Lethal temperature of marine fishes of the Gulf of Thailand. J Fish Biol 18:603-607

Menzel DW. 1960. Utilization of food by a Bermuda Reef fish, *Epinephelus guttatus*. J Cons Cons Int Explor Mer 25:216-222

Messmer V, Pratchett MS, Hoey AS, Tobin AJ, Coker DJ, Cooke SJ, Clark TD. 2017. Global warming may disproportionately affect larger adults in a predatory coral reef fish. Glob Change Biol 23:2230-2240

Meyer KA, Schill DJ, Elle FS, Lamansky JA. 2003. Reproductive demographics and factors that influence length at sexual maturity of Yellowstone cutthroat trout in Idaho. Trans Am Fish Soc 132:183-195

Michalsen K, Johannesen E, Bogstad B. 2008. Feeding of mature cod (*Gadus morhua*) on the spawning ground in Lofoten. ICES J Mar Sci 65:571-580

Mikhailovskaya AA. 1957. The biology and fishery of the Gulf of Onega herring. In: Materials for a Complex Study of the White Sea 1:74-89 (Translated from Russian, 1962)

Miller PJ. 1979. Adaptiveness and implications of small size in teleosts. In: Miller PJ (ed) Fish phenology: anabolic adaptiveness in teleosts. Symp Zool Soc Lond 44 Academic Press, London, p 263-306

Milroy TH. 1908. Changes in the chemical composition of the herring during the reproductive period. Biochem J 3: 366-390

Mio S. 1965. The comparative study on the growth of fishes based on growth rate indices. Bull Jpn Sea Natl Fish Res Lab 15:85-94

Mitani F. 1970. A comparative study on growth patterns of marine fishes. Symposium on growth of fishes. Bull Jpn Soc Sci Fish 36:258-265

Mitchell JS, Dill LM. 2005. Why is group size correlated with the size of the host sea anemone in the false clown anemonefish? Can J Zool 83:372-373

Mohr E. 1921. Altersbestimmung bei tropischen Fischen. Zool Anz 53:87-95

Mohr E. 1927. Bibliographie der Alters- und Wachstums-Bestimmung bei Fischen. J Cons Cons Int Explor Mer 2: 236-258

Mohr E. 1930. Bibliographie der Alters- und Wachstums-Bestimmung bei Fischen. II Nachtrage und Fortsetzung. J Cons Cons Int Explor Mer 5:88-100

Mohr E. 1934. Bibliographie der Alters- und Wachstums-Bestimmung bei Fischen. III Nachtrage und Fortsetzung. J Cons Cons Int Explor Mer 9:377-391

Montgomery DR. 2012. Dirt: the erosion of civilizations. University of California Press, Berkeley, CA

Morales-Nin B. 1988. Caution in the use of daily increments for ageing tropical fishes. Fishbyte News Net Trop Fish Sci 6:5-6

Morales-Nin B. 2000. Review of the growth regulation processes of otolith daily increment formation. Fish Res 46: 53-67

Morris CC. 1991. Statocyst fluid composition and its effects on calcium carbonate precipitation in the squid *Alloteuthis subulata* (Lamarck 1798): toward a model for biomineralization. Bull Mar Sci 49:379-388

Morris E. 2018. The ashtray (or the man who denied reality). Chicago University Press, Chicago, IL

Motta PJ, Maslanka M, Hueter RE, Davis RL and others. 2010. Feeding anatomy, filter-feeding rate, and diet of whale sharks *Rhincodon typus* during surface ram filter feeding off the Yucatan Peninsula, Mexico. Zoology 113: 199-212

Mugiya Y, Ichimura T. 1989. Otolith resorption induced by anaerobic stress in the goldfish, *Carassius auratus*. J Fish Biol 35:813-818

Mugiya Y, Watanabe N, Yamada J, Dean JM, Dunkelberger DG, Shimizu M. 1981. Diurnal rythms in otolith formation in the goldfish *Carassius auratus*. Comp Biochem Physiol 68:659-662

Muir BS. 1969. Gill size as a function of fish size. J Fish Res Board Can 26:165-170

Muir BS, Hughes GM. 1969. Gill dimensions for three species of tunny. J Exp Biol 51:271-285

Munch SB, Salinas S. 2009. Latitudinal variation in life with species is explained by the metabolic theory. Proc Natl Acad Sci USA 106:13860-13864

Munro JL. 1988. Growth, mortality and potential aquaculture production in *Tridacna gigas* and *T. derasa*. In: Copland JW, Lucas JS (eds) Giant clams in Asia and the Pacific. ACIAR Monograph 9, Canberra, 218-220

Munro JL, Pauly D. 1983. A simple method for comparing the growth of fishes and invertebrates. Fishbyte News Net Trop Fish Sci 1:5-6

Muus BJ, Dahlstrom P. 1974. Sea fishes of Britain and North-Western Europe. Collins, London

Navaluna NA, Pauly D. 1988. Seasonality in the recruitment of Philippine fishes as related to monsoon wind patterns. In: Yanez-Arancibia A, and D. Pauly D (eds) Proceedings of the IREP/OSLR Workshop on the Recruitment of Coastal Demersal Communities, Campeche, Mexico, 21-25 April 1986. Supplement to IOC Workshop Rep. No. 44, 167-179 (Published with editors' names omitted)

Naylor JK, Taylor EW, Bennett DB. 1997. The oxygen uptake of ovigerous edible crabs (*Cancer pagurus*) (L.) and their eggs. Mar Freshwat Behav Physiol 30:29-44

Neat FC, Taylor AC, Huntingford FA. 1998. Proximate costs of fighting in male cichlid fish: the role of injuries and energy metabolism. Anim Behav 55:875-882

Nedelcu AM, Marcu O, Michod RE. 2004. Sex as a response to oxidative stress: a twofold increase in cellular reactive oxygen species activates sex genes. Proc Biol Sci 271:1591-1596

Nelson TC. 1928. On the distribution of critical temperatures for spawning and for ciliary activity in bivalve mollusks. Science 67:220-221

Nevarez-Martinez MO, Mendez-Tenorio FJ, Cervantes-Valle C, Lopez- Martinez J, Anguiano-Carrasco ML. 2006. Growth, mortality, recruitment, and yield of jumbo squid (*Dosidicus gigas*) off Guyamas, Mexico. Fish Res 79:38-47

Nickelson TE, Larson GL. 1974. Effect of weight loss on the decrease of length of coastal cutthroat trout. Prog Fish-Cult 36:90-91

Nigmatullin CM, Nesis KN, Arkhipkin AI. 2001. A review of the biology of the jumbo squid *Dosidicus gigas* (Cephalopoda: Ommastrephidae). Fish Res 54:9-19

Niimi AJ, Beamish FWH. 1974. Bioenergetics and growth of largemouth bass (*Micropterus salmoides*) in relation to body weight and temperature. Can J Zool 52:447-456

Nikolioudakis N, Skaug HJ, Olafsdottir AH, Jansen T, Jacobsen JA, Enberg K. 2018. Drivers of the summer-distribution of Northeast Atlantic mackerel (*Scomber scombrus*) in the Nordic Seas from 2011 to 2017: a Bayesian hierarchical modeling approach. ICES J Mar Sci, doi:10.1093/icesjms/fsy085

Nikolsky GW. 1957. Spezielle Fischkunde. VEB Deutscher Verlag der Wissenschaften, Berlin

Nikolsky GW. 1963. The ecology of fishes. Academic Press, London

Nordenskiold E. 1946. The history of biology. Tudor Publishing, New York, NY

Nordhaus I, Wolff M, Diele K. 2006. Litter processing and population food intake of the mangrove crab *Ucides cordatus* in a high intertidal forest in northern Brazil. Estuar Coast Shelf Sci 67:239-250

Norin T, Mills SC, Crespel A, Cortese D, Killen SS, Beldade R. 2018. Anemone bleaching increases the metabolic demands of symbiont anemonefish. Proc R Soc B 285, doi:10.1098/rspb.2018.0282

Norton SF, Eppley ZA, Sidell BD. 2000. Allometric scaling of maximal enzyme activities in the axial musculature of striped bass, *Morone saxatilis* (Waldbaum). Physiol Biochem Zool 73:819–828

Nottestad L, Giske J, Holst JC, Huse G. 1999. A length-based hypothesis for feeding migrations in pelagic fish. Can J Fish Aquat Sci 56(S1):26–34

O'Dor RK, Dawe EG. 1998. *Illex illecebrosus.* In: Rodhouse PG, Dawe EG, O'Dor RK (eds) Squid recruitment dynamics: the genus *Illex* as a model, the commercial *Illex* species and influences on variability. FAO Fisheries Technical Paper 376, p 77–104

O'Dor RK, Hoar JA. 2000. Does geometry limit squid growth? ICES J Mar Sci 57:8–14

O'Dor RK, Wells MJ 1987. Energy and nutrient flow. In: Boyle PR (ed) Cephalopod life cycles, Vol II. Academic Press, Orlando, FL, p 109–133

Ocampo I, Villarreal H, Vargas M, Portillo G, Magallon F. 2000. Effect of dissolved oxygen and temperature on growth, survival and body composition of juvenile *Farfantepenaeus californiensis* (Holmes). Aquacult Res 31: 167–171

Odum WE. 1968. The ecological significance of fine particle selection by the striped mullet *Mugil cephalus.* Limnol Oceanogr 13:92–98

Ogle DH. 2017. An algorithm for the von Bertalanffy seasonal cessation in growth function of Pauly et al.. 1992). Fish Res 185:1–5

Okuzawa K. 2002. Puberty in teleosts. Fish Physiol Biochem 26:31–41

Olaosebikan BD, Raji A. 1998. Field guide to Nigerian freshwater fishes. Federal College of Freshwater Fisheries Technology, New Bussa

Olsen EM, Lilly GR, Heino M, Morgan MJ, Brattey J, Dieckmann U. 2005. Assessing changes in age and size at maturation in collapsing populations of Atlantic cod (*Gadus morhua*). Can J Fish Aquat Sci 62:811–823

Olson KR, Fromm PO. 1971. Excretion of urea by two teleosts exposed to different concentrations of ambient ammonia. Comp Biochem Physiol 40:999–1007

Orr JC, Fabry VJ, Aumont O, Bopp L and others. 2005. Anthropogenic ocean acidification over the twenty-first century and its impact on calcifying organisms. Nature 437:681–686

Osman MFM. 1988. Der Energieumsatz bei Tilapien (*Oreochromis niloticus*) im Hunger-, Erhaltungs- und Leistungstoffwechsel (Energy conversion in tilapias during fasting and at maintenance and production levels). PhD dissertation. Georg-August University of Gottingen (in German).

Overnell J, Batty RS. 2000. Scaling of enzyme activity in larval herring and plaice: effects of temperature and individual growth rate on aerobic and anaerobic capacity. J Fish Biol 56:577–589

Paleczny M, Karpouzi V, Hammill E, Pauly D. 2016. Global seabird populations and their food consumption. In: Pauly D, Zeller D(eds) Global atlas of marine fisheries: a critical appraisal of catches and ecosystem impacts. Island Press, Washington, DC, p 125–136

Paloheimo JE, Dickie LM. 1966. Food and growth of fishes. III. Relations among food, body size, and growth efficiency. J Fish Res Board Can 23:1209–1248

Palomares ML, Pauly D. 1998. Predicting food consumption of fish populations as functions of mortality, food type, morphometrics, temperature and salinity. Mar Fish Res 49:447-453

Palomares MLD, Pauly D. 2009. The growth of jellyfishes. Hydrobiologia 616:11-21

Palomares MLD, Cheung WWL, Lam VWY, Pauly D. 2016. The distribution of exploited marine biodiversity. In: Pauly D, Zeller D(eds) Global atlas of marine fisheries: a critical appraisal of catches and ecosystem impacts. Island Press, Washington, DC, 46-58

Palzenberger M, Pohla H. 1992. Gill surface area of water breathing freshwater fishes. Rev Fish Biol Fish 2: 187-192

Pandian T. 1967. Intake, digestion, absorption and conversion of food in the fishes *Megalops cyprinoides* and *Ophiocephalus striatus*. Mar Biol 1:16-32

Pannella G. 1971. Fish otoliths: daily growth layers and periodical patterns. Science 173:1124

Pannella G. 1974. Otolith growth patterns: an aid in age determination in temperate and tropical fishes. In: Bagenal TB (ed) The ageing of fish. Unwin Brothers, Old Woking, 28-39

Parker A. 2003. In the blink of an eye: how vision kick-started the big bang of evolution. Simon & Schuster, London

Parker RR, Larkin PA. 1959. A concept of growth in fishes. J Fish Res Board Can 16:721-745

Parmesan C, Yohe G. 2003. A globally coherent fingerprint of climate change impacts across natural systems. Nature 421:37-42

Parrish BB, Saville A. 1965. The biology of the north-east Atlantic herring populations. Oceanogr Mar Biol Annu Rev 3:323-373

Paton DN (ed). 1898. Report of investigations on the life history of the salmon in fresh water. Command Paper 8787, Fishery Board for Scotland, Edinburgh

Pauly D. 1975. On the ecology of a small West African lagoon. Ber Dtsch Wiss Komm Meeresforsch 24:46-62

Pauly D. 1976. The biology, fishery and potential for aquaculture of *Tilapia melanotheron* in a small West African lagoon. Aquaculture 7:33-49

Pauly D. 1978a) A preliminary compilation of fish length growth parameters. Berichte des Institut fur Meereskunde an der Universitat Kiel 551

Pauly D. 1978b) A critique of some literature data on the growth, reproduction and mortality of the lamnid shark *Cetorhinus maximus* (Gunnerus). ICES CM/D: H-17

Pauly D. 1979. Gill size and temperature as governing factors in fish growth: a generalization of von Bertalanffy's growth formula. Berichte des Institut fur Meereskunde an der Universitat Kiel 63

Pauly D. 1980a. On the interrelationships between natural mortality, growth parameters and mean environmental temperature in 175 fish stocks. J Cons Cons Int Explor Mer 39:175-192

Pauly D. 1980b. A new methodology for rapidly acquiring basic information on tropical fish stocks: growth, mortality and stock-recruitment relationships. In: Saila S, Roedel P (eds) Stock Assessment for Tropical Small-Scale Workshop, Sept. 19-21 1979, University of Rhode Island. International Center for Marine Resources Development, Kingston, RI, 154-172

Pauly D. 1980c. The use of a pseudo catch-curve for the estimation of mortality rates in *Leiognathus splendens* (Pisces: Leiognathidae) in Western Indonesian Waters. Ber Dtsch Wiss Komm Meeresforsch 28:56-60

Pauly D. 1981. The relationship between gill surface area and growth performance in fish: a generalization of von Bertalanffy's theory of growth. Ber Dtsch Wiss Komm Meeresforsch 28:251-282

Pauly D. 1982a. Further evidence for a limiting effect of gill size on the growth of fish: the case of the Philippine goby (*Mistichthys luzonensis*). Kalikasan/Philippines. J Biol 11:379-383

Pauly D. 1982b. Studying single-species dynamics in a tropical multispecies context. In: Pauly D, Murphy GI (eds) Theory and management of tropical fisheries. ICLARM Proc Ser 9, Manila, 33-70

Pauly D. 1984a. A mechanism for the juvenile-to-adult transition in fishes. J Cons Cons Int Explor Mer 41: 280-284

Pauly D. 1984b. Fish population dynamics in tropical waters: a manual for use with programmable calculators. ICLARM Stud Rev 8

Pauly D. 1986. A simple method for estimating the food consumption of fish populations from growth data and food conversion experiments. Fish Bull 4:827-842

Pauly D. 1989. A theory of fishing for a two-dimensional world. Fishbyte. Newsl Netw Trop Fish Sci 7:28-31 (Reprinted as Essay no. 12, 104-111 In: Pauly D. 1994. On the sex of fish and the gender of scientists: essays in fisheries science. Chapman & Hall, London)

Pauly D. 1990. Length-converted catch curves and the seasonal growth of fishes. Fishbyte. Newsl Netw Trop Fish Sci 8:33-38

Pauly D. 1991. Growth performance in fishes: rigorous description of patterns as a basis for understanding causal mechanisms. Aquabyte 4:3-6

Pauly D. 1994a. on the sex of fish and the gender of scientists: essays in fisheries science. Chapman & Hall, London

Pauly D. 1994b. Quantitative analysis of published data on the growth, metabolism, food consumption, and related features of the red-bellied piranha, *Serrasalmus nattereri* (Characidae). Environ Biol Fishes 41:423-437

Pauly D. 1994c. Un mecanisme explicatif des migrations des poissons le long des cotes du Nord-Ouest africain. In: Barry-Gerard M, Diouf T, Fonteneau A(eds) L'evaluation des ressources exploitables par la peche artisanale senegalaise — documents scientifiques presentes lors du Symposium, 8-13 fevrier 1993, Dakar, Senegal. ORSTOM Editions, Paris, Tome 2, p 235-244

Pauly D. 1994d. Resharpening Ockham's razor. Naga, the ICLARM Quarterly, 17(2):7-8

Pauly D. 1997a. Small-scale fisheries in the tropics: marginality, marginalization and some implication for fisheries management. In: Pikitch EK, Huppert DD, Sissenwine MP (eds), Global trends: fisheries management. American Fisheries Society Symposium 20, Bethesda, MD, p 40-49

Pauly D. 1997b. Geometrical constraints on body size. Trends Ecol Evol 12:442-443

Pauly D. 1998a. Tropical fishes: patterns and propensities. J Fish Biol 53 (sA):1-17

Pauly D. 1998b. Why squids, though not fish, may be better understood by pretending they are. S Afr J Mar Sci

20:47-58

Pauly D. 1998c. Beyond our original horizons: the tropicalization of Beverton and Holt. Rev Fish Biol Fish 8:307-334

Pauly D. 2002a. Consilience in oceanographic and fishery research: a concept and some digressions. In: McGlade J, Cury P, Koranteng KA, Hardman-Mountford NJ (eds) The Gulf of Guinea large marine ecosystem: environmental forcing and sustainable development of marine resources. Elsevier Science, Amsterdam, 41-46

Pauly D. 2002b. Growth and mortality of basking shark *Cetorhinus maximus*, and their implications for whale shark *Rhincodon typus*. In: Fowler SL, Reid T, Dipper FA (eds) Elasmobranch biodiversity: conservation and management. Proceedings of an International Seminar and Workshop held in Sabah, Malaysia. Occasional
Papers of the IUCN Survival Commission No. 25, Gland, p 199-208

Pauly D. 2004. Darwin's fishes: An encyclopedia of ichthyology, ecology and evolution. Cambridge University Press, Cambridge

Pauly D. 2007. The Sea Around Us Project: documenting and communicating global fisheries impacts on marine ecosystems. Ambio 36:290-295

Pauly D. 2010. Gasping fish and panting squids: oxygen, temperature and the growth of water-breathing animals, 1st edn. Excellence in Ecology Series Vol 22, International Ecology Institute, Oldendorf/Luhe

Pauly D. 2018. Learning from peer-reviews: the Gill-Oxygen Limitation Theory and the growth of fishes and aquatic invertebrates. In: Pauly D, Ruiz-Leotaud V (eds) Marine and freshwater miscellanea. Fisheries Centre Research Reports 26(2). University of British Columbia, Vancouver, p 53-70

Pauly D. 2019. Female fish grow bigger — let's deal with it. Trends Ecol Evol, doi: 10.1016/j.tree.2018.12.007

Pauly D. 2021. The gill-oxygen limitation theory (GOLT) and its critics. Science Advances, 7: eabc6050

Pauly D, Binohlan C. 1996. FishBase and AUXIMS tools for comparing life-history patterns, growth and natural mortality of fish: applications to snapper and groupers. In: Arreguin-Sanchez F, Munro JL, Balgos MC, Pauly D (eds) Biology, fisheries and culture of tropical groupers and snappers. Manila: ICLARM Conf Proc 48, p 218-243

Pauly D, Calumpong H. 1984. Growth and mortality of the sea-hare *Dolabella auricularia* (Gastropoda: Aplysiidae) in the Central Visayas, Philippines. Mar Biol 79:289-293

Pauly D, Cheung WWL. 2018a. Sound physiological knowledge and principles in modelling shrinking of fishes under climate change. Glob Change Biol 24: e15-e26

Pauly D, Cheung WWL. 2018b. On confusing cause and effect in the oxygen limitation of fish. Glob Change Biol 24: e743-e744

Pauly D, Christensen V. 2002. Ecosystem models. In: Hart P, Reynolds J (eds) Handbook of fish and fisheries, Vol 2. Blackwell Publishing, Oxford, p 211-227

Pauly D, David N. 1980. An objective method for determining growth from length-frequency data. ICLARM Newsletter 3:13-15 (also Pauly D, David N. 1980. A BASIC program for the objective extraction of growth parameters from length- frequency data. ICES Council Meeting 1980/D:7 Statistics Committee 1)

Pauly D, Gaschütz G. 1979. A simple method for fitting oscillating length growth data, with a program for pocket calculators. Demersal Fish Committee, ICES CM D/6:24

Pauly D, Greenberg A (eds). 2013. ELEFAN in R: A new tool for length-frequency analysis. Fisheries Centre Research Reports 21(3), University of British Columbia, Vancouver

Pauly D, Ingles J. 1981. Aspects of the growth and natural mortality of exploited coral reef fishes. In: Gomez ED, Birkeland CE, Buddemeyer RW, Johannes RE, Marsh JA, Tsuda RT (eds) The reef and man. Proc Fourth Int Coral Reef Symp, Vol 1. Marine Science Center, University of the Philippines, Quezon City, 89-98

Pauly D, Keskin C. 2017. Temperature constraints shaped the migration routes of mackerel (*Scomber scombrus*) in the Black Sea. Acta Adriat 58:339-346

Pauly D, Morgan GR (eds). 1987. Length-based methods in fisheries research. ICLARM Conf Proc 13

Pauly D, Munro JL. 1984. Once more on growth comparison in fish and invertebrates. Fishbyte. Newsl Netw Trop Fish Sci 2:21

Pauly D, Pullin RSV. 1988. Hatching time in spherical, pelagic marine fish eggs in response to temperature and egg size. Environ Biol Fishes 22:261-271

Pauly D, Zeller D. 2016. Catch reconstructions reveal that global marine fisheries catches are higher than reported and declining. Nat Commun 7:10244

Pauly D, Ingles J, Neal R. 1984a. Application to shrimp stocks of objective methods for the estimation of growth, mortality and recruitment-related parameters from length-frequency data (ELEFAN I and II). In: Gulland JA, Rothschild BI (eds) Penaeid shrimps — their biology and management. Fishing News Books, Farnham, 220-234

Pauly D, Aung S, Rijavec L, Htein H. 1984b. The marine living resources of Burma: a short review. In: Report of the 4th Session of the Standing Committee on Resources Research and Development, of the Indo-Pacific Fishery Commission, Jakarta, 23-29 August 1984. FAO Fisheries Report 318, 96-108

Pauly D, Soriano-Bartz M, Moreau J, Jarre A. 1992. A new model accounting for seasonal cessation of growth in fishes. Aust J Mar Freshwater Res 43:1151-1156

Pauly D, Moreau J, Gayanilo FC Jr. 2000a. Auximetric analyses. In: Froese R, Pauly D (eds) FishBase 2000: concepts, design and data sources. WorldFish Center, Los Banos, 145-150

Pauly D, Christensen V, Walters CJ. 2000b. Ecopath, Ecosim, and Ecospace as tools for evaluating ecosystem impact of fisheries. ICES J Mar Sci 57:697-706

Pauly D, Casal C, Palomares MLD. 2000c. DNA, cell size and fish swimming. In: Froese R, Pauly D (eds) FishBase 2000: concepts, design and data sources. ICLARM, Los Banos, Box 34, 254

Pauly D, Christensen V, Guenette S, Pitcher TJ and others. 2002. Towards sustainability in world fisheries. Nature 418:689-695

Pauly D, Alder J, Bennett E, Christensen V, Tyedmers P, Watson R. 2003. The future for fisheries. Science 302: 1359-1361

Paxton JR. 1989. Synopsis of the whalefishes (family Cetomimidae) with descriptions of four new genera. Rec Aust

Mus 41:135-206

Pearl R, Reed LJ. 1925. Skew-growth curves. Proc Natl Acad Sci USA 11:16-22

Pearson RG, Dawson TP. 2003. Predicting the impacts of climate change on the distribution of species: Are bioclimate envelope models useful? Glob Ecol Biogeogr 12:361-371

Pearson RG, Munro JL. 1991. Growth, mortality and recruitment rates of giant clams, *Tridacna gigas* and *T. derasa*, at Michaelmas Reef, central Great Barrier Reef, Australia. Aust J Mar Freshwater Res 42:241-262

Pearson RG, Dawson TP, Berry PM, Harrison PA. 2002. SPECIES: a spatial evaluation of climate impact on the envelope of species. Ecol Modell 154:289-300

Peck LS, Chapelle G. 1999. Amphipod gigantism dictated by oxygen availability? A reply to John I Spicer and Kevin J Gaston. Ecol Lett 2:401-403

Peck LS, Chapelle G. 2003. Reduced oxygen at high altitude limits maximum size. Proc Biol Sci 270(Suppl 2): S166-S167

Peck LS, Conway LZ. 2000. The myth of metabolic cold adaptation: oxygen consumption in stenothermal Antarctic bivalves. In: Taylor EM, Crame JA (eds) The evolutionary biology of the Bivalvia. Geological Society of London Special Publications, Volume 177, p 441-445

Pedersen BH. 1997. The cost of growth in young fish larvae, a review of new hypotheses. Aquaculture 155: 259-269

Perry AL, Low PJ, Ellis JR, Reynolds JD. 2005. Climate change and distribution shifts in marine fishes. Science 308:1912-1915

Perry SF, Jonz MG, Gilmour KM. 2009. Oxygen sensing and the hypoxic ventilation response. In: Richard JG, Farrell AT, Brunner CJ (eds) Hypoxia. Fish Physiology 27. Academic Press, London, 193-253

Peters HM. 1963. Eizahl, Eigewicht un Gelegeentwicklung in der Gattung *Tilapia* (Cichlidea, Teleostei). Int Rev Gesamten Hydrobiol 48: 547-576 [also available as: Peters HM (1983) Fecundity, egg weight and oocyte development in tilapias (Cichlidae, Teleostei). Translated from German and edited by D Pauly. ICLARM Translation 2]

Petersen CG. 1891. Eine Methode zur Bestimmung des Alters und des Wuchses der Fische. Mitteilungen des Deutschen Seefischerei-Vereins II:226-235

Peyon P, Zanuy S, Carrillo M. 2001. Action of leptin on *in vitro* luteinizing hormone release in the European seabass (*Dicentrarchus labrax*). Biol Reprod 65:1573-1578

Philippart CM, van Aken HM, Beukema JJ, Bos OG, Cadee GC, Dekker R. 2003. Climate-related changes in recruitment of the bivalve *Macoma balthica*. Limnol Oceanogr 48:2171-2185

Pielou EC. 1979. Biogeography. John Wiley, New York, NY Pietsch TW. 1976. Dimorphism, parasitism and sex: reproductive strategies among deepsea ceratioid anglerfishes. Copeia 781-793

Pinsky ML, Worm B, Fogarty MJ, Sarmiento JL, Levin SA. 2013. Marine taxa track local climate velocities. Science 341:1239-1242

Pitcher TJ, MacDonald PDM. 1973. Two models for seasonal growth in fishes. J Appl Ecol 10:599-606

Platt JR. 1964. Strong inference. Science 146:347-353

Poloczanska ES, Brown CJ, Sydeman WJ, Kiessling W and others. 2013. Global imprint of climate change on marine life. Nat Clim Chang 3:919-925

Pörtner HO. 2010. Oxygen- and capacity-limitation of thermal tolerance: a matrix for integrating climate-related stressor effects in marine ecosystems. J Exp Biol 213:881-893

Pörtner HO, Farrell AP. 2008. Physiology and climate change. Science 322:690-692

Pörtner HO, Knust R. 2007. Climate change affects marine fishes through the oxygen limitation of thermal tolerance. Science 315:95-97

Pörtner HO, Zielinski S. 1998. Environmental constraints and the physiology of performance in squids. S Afr J Mar Sci 20:207-201

Pörtner HO, Berdal B, Blust R, Brix O and others. 2001. Climate induced temperature effects on growth performance, fecundity and recruitment in marine fish: developing a hypothesis for cause and effect relationships in Atlantic cod (*Gadus morhua*) and common eelpout (*Zoarces viviparus*). Cont Shelf Res 21:1975-1997

Pörtner HO, Langenbuch M, Reipschlager A. 2004. Biological impact of elevated ocean CO2 concentration: lessons from animal physiology and Earth history. J Oceanogr 60:705-718

Pörtner HO, Langenbuch M, Michaelidis B. 2005. Synergistic effect of temperature extremes, hypoxia and in CO2 on marine animals: from Earth history to global change. J Geophys Res 110:C09S10

Post JR, Lee JA. 1996. Metabolic ontogeny of teleost fishes. Can J Fish Aquat Sci 53:910-923

Power G. 1978. Fish population structure in Arctic lakes. J Fish Res Board Can 35:53-59

Priede IG. 1985. Metabolic scope in fishes. In: Tyler P, Calow P (eds) Fish energetics: new perspectives. Croom Helm, London, 33-64

Prince ED, Goodyear CP. 2006. Hypoxia-based habitat compression of tropical pelagic fishes. Fish Oceanogr 15: 451-464

Pullin RSV, Capili JB. 1987. Genetic improvement of tilapias: problems and prospects. In: Pullin RSV, Bhukaswan T, Tonguthai K, Maclean JL (eds) Second International Symposium on Tilapia in Aquaculture. ICLARM Conference Proceedings, Manila, p 259-266

Putter A. 1920. Studien uber physiologische Ahnlichkeit. VI. Wachstumsahnlichkeiten. Pfluegers Arch Gesamte Physiol 180:298-340

Quince C, Abrams PA, Shuter BJ, Lester NP. 2008. Biphasic growth in fish I: Theoretical foundations. J Theor Biol 254:197-206

Rabalais NN, Cai WJ, Carstensen J, Conley DJ and others. 2014. Eutrophication-driven deoxygenation in the coastal ocean. Oceanography (Wash DC) 27:172-183

Ralston S. 1985. A novel approach to aging tropical fish. ICLARM Newsletter 8:14-15

Ralston S. 1987. Mortality rates of snappers and groupers. In: Polovina JJ, Ralston S (eds) Tropical snappers and groupers: biology and fisheries management. Westview Press, Boulder, CO, p 375-404

Randall JE. 1956. A revision of the surgeon fish genus *Acanthurus*. Pac Sci 10:159-235

Randall JE. 1973. Size of the great white shark (*Carcharodon*). Science 181:169-170

Randall JE, Earle JL, Pyle RL, Parrish JD, Hayes T. 1993. Annotated checklist of the fishes of Midway Atoll, northwestern Hawaiian Islands. Pac Sci 47:356-400

Rechcigl M Jr. 1971. Intracellular protein turnover and the roles of synthesis and degradation of regulation of enzyme levels. In: Rechcigl M Jr (eds) Enzyme synthesis and degradation in mammalian systems. Karger, Basel, 236-310

Regier H, Holmes JA, Pauly D. 1990. Influence of temperature changes on aquatic ecosystem: an interpretation of empirical data. Trans Am Fish Soc 119:374-389

Reibisch J. 1899. Uber die Einzahl bei *Pleuronectes platessa* und die Alterbestimmung dieser Form aus den Otolithen. Wissenschaftliche Meeresuntersuchungen 4:231-248

Reich PB, Tjoelker MG, Machado JL, Oleksyn J. 2006. Universal scaling of respiratory metabolism, size and nitrogen in plants. Nature 439:457-461

Remane A. 1967. Die Geschichte der Tiere. In: Heberer G (ed) Die Evolution der Organismen, Vol I. Gustav Fischer Verlag, Stuttgart, p 589-677

Ribbink AJ. 1987. African lakes and their fishes: conservation and suggestions. Environ Biol Fishes 19:3-26

Rice AL. 1963. The food of the Irish Sea herring in 1961 and 1962. J Cons Cons Int Explor Mer 28:188-200

Richards FJ. 1959. A flexible growth function for empirical use. J Exp Bot 10:290-300

Richardson J. 1846. Report on the ichthyology of the Seas of China and Japan. British Association for the Advancement of Science Reports (for 1845 meeting) 15:187-320

Ricker WE. 1958. Handbook of computation for biological statistics of fish populations. Bull Fish Res Board Can 119

Ricker WE. 1975. Computation and interpretation of biological statistics of fish populations. Bull Fish Res Board Can 191

Ricker WE. 1979. Growth rates and models. In: Hoar WS, Randall DJ, Brett JR (eds) Fish Physiology 8. Academic Press, New York, NY, p 677-743.

Rideout RM, Rose GA, Burton M. 2005. Skipped spawning in female iteroparous fish. Fish Fish 6:50-62

Rijnsdorp AD. 1989. Maturation of male and female North Sea plaice (*Pleuronectes platessa* L.). J Cons Cons Int Explor Mer 46:35-51

Rijnsdorp AD, van Stralen M, van der Veer HW. 1985. Selective tidal transport of north sea plaice larvae *Pleuronectes platessa* in coastal nursery areas. Trans Am Fish Soc 114:461-470

Ritchie A. 1937. The food and feeding habits of the haddock (*Gadus aeglefinus*) in Scottish waters. Scientific Investigations of the Fishery Board for Scotland 2

Roberts CM, Bohnsack JA, Gell F, Hawkins JP, Goodridge R. 2001. Effect of marine reserves on adjacent fisheries. Science 294:1920-1923

Robertson T. 1923. The chemical basis of growth and senescence. JB Lippincott, Philadelphia, PA

Robertson OH, Wexler BC. 1960. Histological changes in the organs and tissues of migrating and spawning Pacific salmon (genus *Oncorhynchus*). Endocrinology 66:222-239

Rodhouse PG. 1998. Physiological progenesis in cephalopod molluscs. Biol Bull 195:17-20

Roff D. 1986. Predicting body size with life history models. Bioscience 36:316-323

Rohner CA, Pierce SJ, Marshall AD, Weeks SJ, Bennett MB. 2013. Trends in sightings and environmental influences on a coastal aggregation of manta rays and whale sharks. Mar Ecol Prog Ser 482:153-168

Rombough P, Moroz B. 1990. The scaling and potential importance of cutaneous and branchial surfaces in respiratory gas exchange in young chinook salmon (*Oncorhynchus tshawytscha*). J Exp Biol 154:1-12

Rombough P, Moroz B. 1997. The scaling and potential importance of cutaneous and branchial surfaces in respiratory gas exchange in larval and juvenile walleye. J Exp Biol 200:2459-2468

Roper CFE, Sweeney MJ, Nauen CE. 1984. Cephalopods of the world: an annotated and illustrated catalogue of species of interest to fisheries. FAO, Rome

Rowat D, Gore M. 2007. Regional scale horizontal and local scale vertical movements of whale sharks in the Indian Ocean off Seychelles. Fish Res 84:32-40

Rubner M. 1911. Uber den Eiweissansatz. Pfluegers Arch Physiol 1/2:67-84

Ruffino ML, Isaac VJ. 1995. Life cycle and biological parameters of several Brazilian Amazon fish species. Naga, the ICLARM Quarterly 18(4):41-45

Ruhlen M. 1994. The origin of languages: tracing the evolution of the mother tongue. John Wiley, New York, NY

Russell ES. 1914. Report on market measurements in relation to the English haddock fishery during the years 1901-1911. Fisheries Investigations, Series 2, HM Stationary Office, London 1(1)

Safina C. 2018. Are we wrong to assume fish can't feel pain? The Guardian https://www.theguardian.com/news/2018/oct/30/are-we-wrong-to-assume-fish-cantfeel-pain

Sakai S, Harrison RD, Momose K, Kuraji K and others. 2006. Irregular droughts trigger mass flowering in aseasonal tropical forests in Asia. Am J Bot 93:1134-1139

Samb B, Pauly D. 2000. On 'variability' as a sampling artefact: the case of Sardinella in North-western Africa. Fish Fish 1:206-210

Saunders RL. 1962. The irrigation of the gills in fishes: II. Efficiency of oxygen uptake in relation to respiratory flow activity and concentrations of oxygen and carbon dioxide. Can J Zool 40:817-862

Saunders RL. 1963. Respiration of the Atlantic Cod. J Fish Res Board Can 20:373-386

Saunders WB. 1983. Natural rates of growth and longevity of *Nautilus belauensis*. Paleobiology 9:280-288

Savitz J. 1969. Effects of temperature and body weight on endogenous nitrogen excretion in the bluegill sunfish (*Lepomis macrochirus*). J Fish Res Board Can 26:1813-1821

Savitz J. 1971. Effects of starvation on body protein utilization of bluegill sunfish (*Lepomis macrochirus* Rafinesque) with a calculation of caloric requirements. Trans Am Fish Soc 100:18-21

Schmidt-Nielsen K. 1984. Scaling. Why is animal size so important? Cambridge University Press, Cambridge

Schumann D, Piiper J. 1966. Der Sauerstoffbedarf der Atmung bei Fischen nach Messungen an der narkotisierten Schleie (*Tinca tinca*). Pflugers Arch 288:15-26

Sebens KP. 1987. The ecology of indeterminate growth in animals. Annu Rev Ecol Syst 18:371-407

Sebens KP. 2002. Energetic constraints, size gradients, and size limits in benthic marine invertebrates. Integr Comp Biol 42:853-861

Seibel BA. 2007. On the depth and scale of metabolic rate variation: scaling of oxygen consumption rate and enzymatic activity in the class Cephalopoda (Mollusca). J Exp Biol 210:1-11

Sella M. 1929. Migrazioni e habitat del tonno (*Thunnus thynnus*) studiati col metodo degli ami, con osservazioni su l'accrescimento, etc. Memoria Reale Comitato Talassografico Italiano 156:511-542

Sharp GD, Dizon AE. 1978. The physiological ecology of tuna. Academic Press, New York, NY

Shick JM. 1990. Diffusion limitation and hyperoxic enhancement of oxygen consumption in zooxanthellate sea anemones, zoanthids, and corals. Biol Bull 179:148-158

Shubin N. 2008. Your inner fish: a journey into the 3.5 billion-year history of the human body. Pantheon Books, New York, NY

Shul'man GE. 1974. Life cycles of fish: physiology and biochemistry. Israel Program of Scientific Translations, Jerusalem and Wiley and Sons, New York, NY

Silvert W, Pauly D. 1987. On the compatibility of a new expression for gross conversion efficiency with the von Bertalanffy growth equation. Fish Bull 85:139-140

Sims DW, Southall EJ, Richardson AJ, Reid PC, Metcalfe JD. 2003. Seasonal movements and behaviour of basking sharks from archival tagging: no evidence of winter hibernation. Mar Ecol Prog Ser 248:187-196

Skomal GB, Zeeman SI, Chisholm JH, Summers EL, Walsh HJ, McMahon KW, Thorrold SR. 2009. Transequatorial migrations by basking sharks in the western Atlantic ocean. Curr Biol 19:1019-1022

Smale MJ, Buchan PR. 1981. Biology of *Octopus vulgaris* off the east coast of South Africa. Mar Biol 65:1-2

Smith-Vaniz WF, Collette BB, Luckhurst BE. 1999. Fishes of Bermuda: history, zoogeography, annotated checklist and identification keys. American Fisheries Society of Ichthyologist and Herpetologists Special Publication No. 4. Allen Press, Lawrence, KS Snow PJ, Plenderleith MB, Wright LL. 1993. Quantitative study of primary sensory neurone populations of three species of elasmobranch fish. J Comp Neurol 334:97-103

Sokal A, Bricmont J. 1998. Intellectual impostures: postmodern philosophers' abuse of science. Profile Books, London

Somer IF. 1988. On a seasonally oscillating growth function. Fishbyte. Newsl Net Trop Fish Sci 6:8-11

Somero GN, Childress JJ. 1980. A violation of the metabolism-size scaling paradigm: activities of glycolytic enzymes in muscles increase in larger size fish. Physiol Zool 53:322-337

Somero GN, DeVries AL. 1967. Temperature tolerance of some Antarctic fishes. Science 156:257-258

Somero GN, Doyle D. 1973. Temperature and rates of protein degradation in the fish *Gillichthys mirabilis*. Com Biochem Physiol B 46:463-474

Soriano M, Pauly D. 1989. A method for estimating the parameters of a seasonally oscillating growth curve from growth increments data. Fishbyte. Newsl Net Trop Fish Sci 7:18-21

Soriano M, Moreau J, Hoenig JM, Pauly D. 1992. New functions for the analysis of two-phase growth of juvenile and adult fishes, with application to Nile perch. Trans Am Fish Soc 121:486–493

Sperber O, From J, Sparre P. 1977. A method to estimate the growth rate of fishes, as a function of temperature and feeding level, applied to rainbow trout. Medd Dan Fisk- Havunders 7:275–317

Spicer JI, Gaston K. 1999. Amphipod gigantism dictated by oxygen availability? Ecol Lett 2:397–403

Spratt JD. 1978. Age and growth of the market squid, *Loligo opalescens* Berry in Monterey Bay. California Department of Fish and Game Fish Bulletin 169:35–44

Stauffer RC (ed). 1975. Charles Darwin's natural selection: being the second part of his big species book. Cambridge University Press, Cambridge

Stenger VI. 2007. God, the failed hypothesis. Prometheus Books, Amherst, NY

Stensiö E. 1958. Les cyclostomes fossiles ou ostracodermes. In: Grasse P (ed) Traite de Zoologie. Tome XIII, premier fascicule. Masson et Cie, Paris, 173–425

Stevens ED. 1992. Oxygen molecules as units to dimension the sieve of fish gills. Environ Biol Fishes 33:317–318

Stewart NE, Shumway DL, Doudoroff P. 1967. Influence of Oxygen Concentration on the Growth of Juvenile Largemouth Bass. J Fish Res Board Can 24:475–494

Stocking Brown P. 1994. Early women ichthyologists. Environ Biol Fishes 41:9–30 [Reprinted in: Balon EK, Bruton MN, Noakes DIG (eds) Women in ichthyology: an anthology in honour of ET, Ro and Genie. Kluwer Academic Publishers, Dordrecht, 9–32]

Stone R. 2007. The last of the leviathans. Science 316:1684–1688

Storer TI, Usinger RL. 1967. General zoology. McGraw-Hill, New York, NY

Stott FC. 1984. The growth of *Cetorhinus maximus* (*Gunnerus*) — a reply to criticism. ICES Council Meeting/H:2

Strogatz S. 2009. Math and the city. The New York Times, May 19, 2009, New York, NY

Summers WC. 1971. Age and growth of *Loligo pealei*: a population study of the common Atlantic coast squid. Biol Bull 141:189–201

Suzuki Y, Kondo A, Bergstrom J. 2008. Morphological requirements in limulid and decapod gills: A case study in deducing the function of lamellipedian exopod lamellae. Acta Palaeontol Pol 53:275–283

Swift J. 1726. Travels into several remote nations of the world. in four parts. by lemuel gulliver, first a surgeon, and then a captain of several ships. Benjamin Moote, London

Syväranta J, Harrod C, Kubicek L, Cappaera V, Houghton JDR. 2012. Stable isotopes challenge the perception of ocean sunfish *Mola mola* as obligate jellyfish predators. J Fish Biol 80:225–231

Szarski H, Delewska E, Leja S, Olenchnowiczawa S, Predygier Z, Slankowa L. 1956. The digestive system of the bream (*Abramis brama* L.). Stud Soc Sci Torun Sect E 3:113–146 (In Polish with English summary)

Taylor CC. 1958. Cod growth and temperature. J Cons Perm Int Explor Mer 23: 366–370

Taylor CC. 1962. Growth equations with metabolic parameters. J Cons Perm Int Explor Mer 27:270–286

Taylor MH, Mildenberger TK. 2017. Extending electronic length frequency analysis in R. Fish Manag Ecol 24: 330–338

Te Winkel LE. 1935. A study of *Mistichthys luzonensis* with special reference to conditions correlated with reduced size. J Morphol 58:463-535

Temming A. 1994a. Food conversion efficiency and the von Bertalanffy growth function. Part I: A modification of Pauly's model. Naga, the ICLARM Quarterly 17(1):38-39

Temming A. 1994b. Food conversion efficiency and the von Bertalanffy growth function. Part II and conclusion: extension of the new model to the generalized von Bertalanffy growth function. Naga, the ICLARM Quarterly 17(4):41-45

Temming A, Hermann JP. 2009. A generic model to estimate food consumption: linking von Bertalanffy's growth model with Beverton and Holt's and Ivlev's concepts of net conversion efficiency. Can J Fish Aquat Sci 66:683-700

Teo SL, Boustany A, Dewar H, Stokesbury MJ and others. 2007. Annual migrations, diving behavior, and thermal biology of Atlantic bluefin tuna, *Thunnus thynnus*, on their Gulf of Mexico breeding grounds. Mar Biol 151:1-8

Thiel K. 1977. Experimentelle Untersuchungen uber das Wachstum von Karpfenbrut (*Cyprinus carpio* L.) in Abhangigkeit von Temperatur und uberhohtem Sauerstoffgehalt des Wassers. MSc thesis, Hamburg University

Thom R. 1975. Structural stability and morphogenesis: an outline of a general theory of models. Translated by DH Fowler. Benjamin-Cummings, Reading, MA

Thomas P. 2008. The endrocrine system. In: Di Guilio RT, Hinton DE (eds) The toxicology of fishes. CRC Press, Boca Baton, FL, p 53-61

Thompson DW (Translator). 1910. Historia animalium. In: The work of Aristotle. Vol. 4, Clarendon Press, Oxford

Thompson DW. 1917. (reprinted 1942). On growth and form. Cambridge University Press, Cambridge

Thorarensen H, Gustavsson H, Gunnarsson S, Arnason J, Steinarsson A, Bjornsdottir R, Imsland AK. 2017. The effect of oxygen saturation on the growth and feed conversion of juvenile Atlantic cod (*Gadus morhua* L.). Aquaculture 475:24-28

Thorpe JE. 1986. Age at first maturity in Atlantic salmon, *Salmo salar*: freshwater period influences and conflicts with smolting. Publ Spec Can Sci Halieut Aquat 89:7-14

Thorpe JE. 1990. Variation in life-history strategy in salmonids. Pol Arch Hydrobiol 37:3-12

Thums M, Meekan M, Steven J, Wilson S, Polovina J. 2013. Evidence for behavioural thermoregulation by the world's largest fish. J R Soc Interface 10:20120477

Tiews K. 1963. Synopsis of biological data on bluefin tuna *Thunnus thynnus* Linnaeus 1758 (Atlantic and Mediterranean). In: Proceedings of the world scientific meeting on the biology of tunas and related species, La Jolla, California, USA, 2-4 July 1962. FAO Fish Rep 6, FAO, Rome, 422-481

Tinbergen L, Verwey J. 1945. Zur Biologie von *Loligo vulgaris*. Arch Neerl Zool 3:333-364

Tocher DR. 2003. Metabolism and function of lipids and fatty acids in teleosts fish. Rev Fish Sci 11:107-184

Torres A, Froese R. 2000. The oxygen table. In: Froese R, Pauly D (eds), FishBase 2000: concepts, design data sources. WorldFish Center, Los Banos, 237-240

Tran-Duy A, Smit B, van Dam AA, Schrama JW. 2008a. Effects of dietary starch and energy level on maximum feed intake, growth and metabolism of Nile tilapia, *Oreochromis niloticus*. Aquaculture 277:213-219

Tran-Duy A, Schrama JW, van Dam AA, Verreth JAJ. 2008b. Effects of oxygen concentration and body weight on maximum feed intake, growth and hematological parameters of Nile tilapia, *Oreochromis niloticus*. Aquaculture 275:152-162

Trippel EA, Kjesbu OS, Solemdal P. 1997. Effects of adult age and size structure on reproductive output in marine fishes. In: Chambers RC, Trippel EA (eds) Early life history in fish populations. Chapman & Hall-Kluwer, Dordrecht, 31-61

Tsikliras AC, Stergiou KI. 2014. Mean temperature of the catch increases quickly in the Mediterranean Sea. Mar Ecol Prog Ser 515:281-284

Tsuchida S. 1995. The relationship between upper temperature tolerance and final preferendum of Japanese marine fish. J Therm Biol 20:35-41

Tullis A, Block BA, Sidell BD. 1991. Activities of key metabolic enzymes in the heater organs of scombroid fishes. J Exp Biol 161:383-403

Turay I, Vakily JM, Palomares MLD, Pauly D. 2006. Growth, food and reproduction of the mudskipper, *Periophthalmus barbarus* on mudflats of Freetown, Sierra LeoneIn: Palomares MLD, Stergiou KI, D Pauly D (eds) Fishes in databases and ecosystems. Fisheries Centre Research Reports 14(4), University of British Columbia, Vancouver, 49

Turchin P. 2008. Arise 'cliometrics'. Nature 454:34-35

Ueno S, Imai C, Mitsutani A. 1995. Fine growth rings found in statolith of a cubomedusa *Carybdea rastoni*. J Plankton Res 17:1381-1384

Urbanski HF. 2001. Leptin and puberty. Trends Endocrinol Metab 12:428-429

Ursin E. 1963a. On the incorporation of temperature in the von Bertalanffy growth equation. Medd Dan Fisk- Havunders 4:1-16

Ursin E. 1963b. On the seasonal variation of growth rate and growth parameters in Norway pout (*Gadus esmarki*) in the Skagerrak. Medd Dan Fisk- Havunders 4:17-29

Ursin E. 1967. A mathematical model of some aspects of fish growth, respiration, and mortality. J Fish Res Board Can 24:2355-2453

Ursin E. 1979. Principles of growth in fishes. In: Miller PJ (ed) Fish phenology: anabolic adaptiveness in teleosts. Symposia of the Zoological Society of London 44. Academic Press, London, 63-87

Vakily JM. 1992. Determination and comparison of bivalve growth, with emphasis on Thailand and other tropical areas. ICLARM Tech Rep 36:125

Vakily JM, Pauly D. 1995. Seasonal movements of sardinella off Sierra Leone. In: Bard FX, Koranteng KA (eds) Dynamique et usage des ressources en sardinelles de l'upwelling cotier du Ghana et de la Cote d'Ivoire. Actes de la rencontre du DUSRU, 5-8 Octobre 1993, Accra, Ghana. Editions ORSTOM, Paris, p 425-436

van Dam AA, Pauly D. 1995. Simulation of the effects of oxygen on food consumption and growth of Nile tilapia, *Oreochromis niloticus* (L.). Aquacult Res 26:427-440

van Dam AA, Penning De Vries FWT. 1995. Parameterization and calibration of a model to simulate effects of feeding level and feed composition on growth of *Oreochromis niloticus* (L.) and *Oncorhychus mykiss* (Walbaum). Aquacult Res 26:415-425

van der Meer MB, van Dam A. 1998. Modelling growth of *Colossoma macropomum* (Cuvier): comparison of an empirical and explanatory model. Aquacult Res 29:313-332

van Dijk PL, Tesch C, Hardewig II, Portner HO. 1999. Physiological disturbance at critically high temperatures: comparison between stenothermal Antarctic and eurythermal temperate eelpouts (Zoarcidae). J Exp Biol 202: 3611-3621

van Oosten J. 1923. The whitefishes (*Coregonus clupeaformis*). A study of the scales of whitefishes of known ages. Zoologica (NY) 2:380-412

Verrill AE. 1881. The cephalopods of the northeastern coast of America. Part II. The smaller cephalopods including the squid and the octopus, with other allied forms. Trans Conn Acad Arts Sci 5:260-446

Vincent RE. 1960. Some influences of domestication upon three stocks of brook trout (*Salvelinus fontinalis* Mitchill). Trans Am Fish Soc 89:35-52

Virgin CE, Sapolsky R. 1997. Styles of male social behavior and their endocrine correlates among low-ranking baboon. Am J Primatol 42:25-39

von Bertalanffy L. 1934. Untersuchungen uber die Gesetzlichkeit des Wachstums. I Allgemeine Grundlagen der Theories, mathematische und physiologische Geseztlichkeiten des Wachstums bei Wassertieren. Wilhelm Roux Arch Entwickl Mech Org 131:613-652

von Bertalanffy L. 1938. A quantitative theory of organic growth (inquiries on growth laws. II). Hum Biol 10: 181-213

von Bertalanffy L. 1949. Problems of organic growth. Nature 163:156-158

von Bertalanffy L. 1951. Theoretische Biologie — zweiter Band: Stoffwechsel, Wachstum. A Francke Verlag, Bern

von Bertalanffy L. 1960. Principles and theory of growth. In: Nowinski WW (ed) Fundamental aspects of normal and malignant growth. Elsevier, Amsterdam, 137-259

von Bertalanffy L. 1964. Basic concepts in quantitative biology of metabolism. Helgol Wiss Meeresunters 9:5-37

von Bertalanffy L, Muller I. 1943. Untersuchungen uber die Gesetzlichkeit des Wachstums. VIII. Die Abhangigkeit des Stoffwechsels von der Korpergrosse und der Zusammenhang von Stoffwechseltypen und Wachstumstypen. Riv Biol 35:48-95

Vornanen M, Stecyk JAW, Nilsson GE. 2005. The anoxia-tolerant crucian carp (*Carassius carassius* L.) In: Richard JG, Farrell AT, Brunner CJ (eds) Hypoxia. Fish Physiology 27. Academic Press, London, 397-441

Wallis RL. 1975. Thermal tolerance of *Mytilus edulis* of eastern Australia. Mar Biol 30:183-191

Walters CJ, Juanes F. 1993. Recruitment limitation as a consequence of natural selection for use of restricted feeding habitats and predation risk taking by juvenile fish. Can J Fish Aquat Sci 50:2058-2070

Walters CJ, Martell SJD. 2004. Fisheries ecology and management. Princeton University Press, Princeton, NJ

Wang T, Lefevre S, Huong DTT, Cong NV, Bayley M. 2009. The effect of hypoxia on growth and digestion. In: Richard JG, Farrell AT, Brunner CJ (eds) Hypoxia. Fish Physiology 27. Academic Press, London, 361-306

Warburg O. 1930. The metabolism of tumors. Constable, London

Ward P. 2006. Out of thin air: dinosaurs, birds, and earth's ancient history. National Academies Press / Joseph Henry Press, Washington, DC

Watanabe Y, Sato K. 2008. Functional dorsoventral symmetry in relation to liftbased swimming in the ocean sunfish *Mola mola*. PLoS One 3: e3446

Watson R, Kitchingman A, Gelchu A, Pauly D. 2004. Mapping global fisheries: sharpening our focus. Fish Fish 5:168-177

Watson R, Cheung WWL, Anticamara J, Sumaila UR, Zeller D, Pauly D. 2013. Global marine yield halved as fishing intensity redoubles. Fish Fish 14:493-503

Weatherley AH, Gill HS. 1987. The biology of fish growth. Academic Press, London

Webb PW. 1978. Partitioning of energy into metabolism and growth. In: Gerking SD (ed) Ecology of freshwater fish production. Blackwell Scientific Publications, Oxford, 184-214

Wegner NC 2015. Elasmobranch gill structure. In: Shadwick A, Farrell A, Brauner C(eds) Physiology of elasmobranch fishes: structure and interaction with environment, Vol. 34A, Academic Press/Elsevier, Amsterdam, 101-151

Wegner N. 2016. Elasmobranch gill stucture. In: Chadwick RE, Farrell AP and Brauer CJ (eds) Physiology of elasmobranch fishes; stucture and inteaction with the environment. Academic Press, London, 102-153

Wegner NC, Sepulveda CA, Bull KB, Graham JB. 2010. Gill morphometrics in relation to gas transfer and ram ventilation in high-energy demand teleosts: Scombrids and Billfishes. J Morphol 271:36-49

Weibel ER, Taylor CR, Hoppeler H. 1991. The concept of symmorphosis: a testable hypothesis of structure-function relationship. Proc Natl Acad Sci USA 88:10357-10361

Welch DW, Ishida Y, Nagasawa K. 1998. Thermal limits and ocean migrations of sockeye salmon (*Oncorhynchus nerka*): long-term consequence of global warming. Can J Fish Aquat Sci 55:937-948

Wells MJ. 1990. Oxygen extraction and jet propulsion in cephalopods. Can J Zool 68:815-824

Wells MJ. 1994. The evolution of a racing snail. In: Portner HO, O'Dor RK, Macmillan DI (eds) Physiology of cephalopod molluscs. Gordon & Breach, Basel, 1-12

Went AEJ. 1972. Seventy years agrowing: a history of the International Council for the Exploration of the Sea 1902-1972. Rapp P-V Reun Cons Perm Int Explor Mer 165

West GB, Brown JH. 2004. Life's universal scaling law. Phys Today 57:36-42

West GB, Brown JH, Enquist BJ. 1997. A general model for the origin of allometric scaling laws in biology. Science 276:122-126

West GB, Brown JH, Enquist BJ. 2001. A general model for ontogenic growth. Nature 413:628-631

West GB, Enquist BJ, Brown JH. 2002. Modelling universality and scaling. Reply to Banavar et al. Nature 420: 626-627

West GB, Savage VM, Gillooly J, Enquist BJ, Woodruff WH, Brown JH. 2003. Why does metabolic rate scale with body size? Nature 421:713

Whitfield J. 2004. Ecology's big, hot idea. PLOS Biol 2: e440

Whitney RJ. 1942. The relation of animal size to oxygen consumption in some fresh-water turbellarian worms. J Exp Biol 19:168-175

Wilson EO. 1998. Consilience: the unity of knowledge. Alfred A Knopf, New York, NY

Winberg GG. 1960. Rate of metabolism and food requirements of fishes. Fisheries Research Board of Canada, Translation Series 194

Winberg GG. 1961. New information on metabolic rate in fishes. Voprosy Ikhtiologii 1:157-165 (Fisheries Research Board of Canada, Translation Series 362)

Wohlschlag DE. 1960. Metabolism of an Antarctic fish and the phenomenon of cold adaptation. Ecology 41:287-292

Woo NYS, Fung ACY. 1980. Studies on the biology of the Red Sea bream *Chrysophrys major*. I. Temperature tolerance. Mar Ecol Prog Ser 3:121-124

Woodcock A, Davis M. 1980. Catastrophe theory: a new way of understanding how things change. Penguin Books, Harmondworth

Woodhead AD. 1960. Nutrition and reproductive capacity in fish. Proc Nutr Soc 19:23-28

Woods HA, Moran AL, Arango CP, Mullen L, Shield C. 2009. Oxygen hypothesis of polar gigantism not supported by performance of Antarctic pycnogonids in hypoxia. Proc Biol Sci 276:1069-1075

Worm B, Barbier EB, Beaumont N, Duffy JE and others. 2006. Impacts of Biodiversity Loss on Ocean Ecosystem Services. Science 314:787-790

Wosnitza C. 1984. The growth of *Arapaima gigas* (Cuvier) after stocking in a Peruvian lake. Arch FischWiss 35: 1-5

Wu RSS. 2009. Effects of hypoxia on fish reproduction and development. In: Richard JG, Farrell AT, Brunner CJ (eds) Hypoxia. Fish Physiology 27. Academic Press, London, p79-141

Wynne-Edwards VC. 1929. The reproductive organs of the herring in relation to growth. J Mar Biol Assoc UK 16: 49-65

Xie XJ, Sun R. 1990. The bioenergetics of the southern catfish (*Silurus meridionalis* Chen) I. Resting metabolic rate as a function of body weight and temperature. Physiol Zool 63:1181-1195

Yanez-Arancibia A, Dominguez ALL, Pauly D. 1994. Coastal lagoons as fish habitats. In: Kjerfve B (ed) Coastal lagoon processes. Elsevier Science Publishers, Amsterdam, 363-376

Yatsu A. 2000. Age estimation of four oceanic squids, *Ommastrephes bartramii*, *Dosidicus gigas*, *Stenoteuthis oualaniensis* and *Illex argentinus* (Cephalopoda: Ommastrephidae) based on statolith microstructure. Jpn Agric Res Q 34:75-80

York M. 1993. Toward a Proto-Indo-European vocabulary of the sacred. Word 44:235-254

Zahavi A, Zahavi A. 1997. The handicap principle: a missing piece of Darwin's puzzle. Oxford University Press, New York, NY

Zeeman EC. 1977. Catastrophe theory: selected papers 1972—1977. Benjamin-Cummings, Reading, MA

Zeller D. 2017. Qualitative observations on *Plectropomus leopardus* behavior: testable expressions of the oxygen-limitation theory? In: Pauly D, Hood L, Stergiou KI (eds) Belated contributions on the biology of fish, fisheries and features of their ecosystems. Fisheries Centre Research Reports 25(1), University of British Columbia, Vancouver, 68-71

Zeller D, Pauly D. 2001. Visualisation of standardized life history patterns. Fish Fish 2:344-355

Zeller D, Pauly D (eds). 2007. Reconstruction of marine fisheries catches for key countries and regions (1950-2005). Fisheries Centre Research Reports 15(2), University of British Columbia, Vancouver

Zeller D, Booth S, Davis G, Pauly D. 2007. Re-estimation of small-scale fishery catches for US flag-associated island areas in the western Pacific: the last 50 years. United States Fisheries Bulletin 105:266-277

Zeller D, Harper S, Zylich K, Pauly D. 2015. Synthesis of under-reported small-scale fisheries catch in Pacific-island waters. Coral Reefs 34:25-39

Zimmer C. 1996. Breathe before you bite. Discover Magazine, March 1996, 34